部分已建成学校案例

项目名称：吴江实验小学苏州湾校区

学校概况：10 轨 60 班，总建筑面积 69974.65m²

校园鸟瞰　　　　　　　　　　　　　　　　　摄影：建筑译者姚力

主立面　　　　　　　　　　　　　　　　　　摄影：建筑译者姚力

公共活动空间　　　　　　　　　　　　　　　摄影：建筑译者姚力

项目名称：扬州市梅岭小学花都汇校区

学校概况：12 轨 72 班，总建筑面积 55298.32m²

校园鸟瞰　　　　　　　　　　　　　　　　　　摄影：建筑译者姚力

东立面　　　　　　　　　　　　　　　　　　　摄影：建筑译者姚力

共享大厅　　　　　　　　　　　　　　　　　　摄影：建筑译者姚力

项目名称：苏州高新区景山实验初级中学
学校概况：14 轨 42 班，总建筑面积 50378.52m²

校园内景一　　　　　　　　　　　　　　　　　摄影：建筑译者姚力

校园内景二　　　　　　　　　　　　　　　　　摄影：建筑译者姚力

餐厅　　　　　　　　　　　　　　　　　　　　摄影：建筑译者姚力

项目名称：杭州师范大学附属湖州鹤和小学
学校概况：8 轨 48 班，总建筑面积 31633.62m²

东立面 摄影：建筑译者姚力

西北侧院落 摄影：建筑译者姚力

开放式架空空间 摄影：建筑译者姚力

中小学校暖通设计实用指南

李琦波　编著

中国建筑工业出版社

图书在版编目(CIP)数据

中小学校暖通设计实用指南 / 李琦波编著. — 北京：中国建筑工业出版社，2021.7
ISBN 978-7-112-26220-5

Ⅰ．①中… Ⅱ．①李… Ⅲ．①中小学—房屋建筑设备—采暖设备—建筑设计—指南②中小学—房屋建筑设备—通风设备—建筑设计—指南③中小学—房屋建筑设备—空气调节设备—建筑设计—指南 Ⅳ．①TU83-62

中国版本图书馆 CIP 数据核字（2021）第 117568 号

责任编辑：张义胜 杜 洁
责任校对：焦 乐

中小学校暖通设计实用指南

李琦波 编著

*

中国建筑工业出版社出版、发行（北京海淀三里河路 9 号）

各地新华书店、建筑书店经销

北京科地亚盟排版公司制版

北京建筑工业印刷厂印刷

*

开本：787 毫米×1092 毫米 1/16 印张：20 插页：2 字数：493 千字
2021 年 7 月第一版 2021 年 7 月第一次印刷
定价：85.00 元
ISBN 978-7-112-26220-5
（37730）

序　　一

非常高兴能以一名建筑师的身份为暖通专业的书籍写序言。虽然《中小学校暖通设计实用指南》是一本关于暖通工程设计方面的专业书籍，但这本书还是与我有很多关联。

首先，作者李琦波是我多年的同事，我们是共同的工作伙伴。书中所选的18个案例，其中"扬州市梅岭小学花都汇校区""吴江实验小学苏州湾校区""苏州大学高邮实验学校""江苏省六合高级中学新建教学综合体"等9所学校，我都是主要建筑师之一；剩下的其他9所学校，虽然主要工作是其他建筑师负责完成，但因为也都是公司近年完成的项目，所以我一样都有所了解。其次，建筑设计是一项需要多工种密切配合的协同过程，无论是建筑专业、结构专业还是机电专业都只是建筑总体设计中的一个分项，具有不可分割的相互关联。这其中除了结构跟建筑空间的关系最为密切之外，设备工种中，暖通专业因为风管和风口的尺寸基本都比较大，对空间的影响也比较大，甚至可以说，建筑设计的各工种协调中，除了结构之外，建筑专业和暖通专业的相互关联是第二密切的。第三，建筑的形式美很重要，结构的安全性也很重要，但随着经济的不断发展与人们日常生活水平的不断提高，建筑空间中环境的舒适性要求也越来越高，通风同时还是卫生防疫及消防排烟等安全问题最直接的技术手段。建筑设计必须完整地回应全方位的评价体系，建筑专业在多年的设计传统中从来都肩负着各工种之间相互协调的主要责任。

我们经常说"要理论联系实际"，讲的就是实践的重要性。但理论研究不能脱离实践，主要是针对理论研究者说的。研究方法还有另一条更为具体的路径，就是直接从实践出发。李琦波的这本指南就是从实践中的积累到经验上的归纳，然后再总结与提升。我非常喜欢书名中的"实用"两个字。这不是一本关于暖通设计理论的书籍，也没有试图探索某种新的学术前沿，而是从具体的工程实践出发，以实用为目标，面对问题并努力解决问题。我同样非常钦佩作者积极的学术态度。李琦波是我们公司暖通专业的负责人，日常工作本已很忙，在这么繁忙的工作中还能完成这么有内容又有价值的著作，其中的辛苦与努力可想而知！

这本书的另一个特点是聚焦性很强，直接聚焦在中小学校工程类型上。这些年虽然我也设计了很多中小学校，但我毕竟不是暖通专业的技术人员，不能在专业技术上给这本书做专业上的评价。但目前中小学校建设依然是城市建设中最大量的工程设计类型，希望本书的及时出版能在对的地方为大家提供有价值的参考。

书中一定有诸多的不足，这些不足还同时包括具体项目设计中的各种不足。写作的过程中，李琦波曾经专门过来问我，在正式的出版物中直面自己问题是否会对公司产生不好的影响。我的意见是不用回避问题，我们都不是完人，我们能努力的是在不断反思中不断完善，但回避问题才是更大的问题！况且，所有工程中的不足肯定也不全是作者的责任，无论是作为项目的负责人还是公司的负责人，我都会和作者一起真诚地接受大家的批评与帮助。

苏州九城都市建筑设计有限公司总建筑师

序　二

随着国家经济的蓬勃发展，社会对教育越来越重视，国家、社会对中小学校的投入越来越多，在这个时期《中小学校暖通设计实用指南》得以应运而生。

作者李琦波是一位深入第一线的暖通设计师，本书中的案例均是他近年来亲自参与设计的项目，现场各阶段照片是他自己在工地上拍摄的。他耐心细致地收集了各个项目的业主需求、方案设计、互提资料、施工图设计、施工交底、施工现场巡视、现场验收、实际运行效果等资料，对发现的问题进行归类、总结。这在现阶段作为设计师能够不断地深入现场、做好服务、总结经验是不多见的。

李琦波精心编著的《中小学校暖通设计实用指南》是一本图文并茂、深入浅出、实用性很强的暖通专著，可供暖通专业人士从基本概念、方案设计、设备选择、节能、消防等全方位对中小学校设计了解和参考。同时随着社会的发展，中小学校建筑的功能越来越多样化，如食堂、游泳馆、学生宿舍等建筑既是教育建筑又类似其他公共建筑，本书提供的一些设计方案也可供广大暖通设计师在其他公共建筑设计中学习、借鉴。

另外，本书对施工图审查、消防审查、消防验收等问题进行了收集及解答，由于各地对规范的理解和执行的尺度稍有不同，其看法或做法仅为个人观点，供读者参考。

启迪设计集团暖通总工程师

前　言

教育是立国之本，强国之基，国家的强盛兴旺离不开教育。十年树木，百年树人，教育不仅可以提高国民的整体素质，也关系到国家的前途和命运。

学校是承载学生教育的载体，学校的教育水平、文化氛围、校园环境都对学生的成长有着重要的影响。学校建筑主要分为幼儿园、中小学校、高等学校。其中，小学是人生教育的起步阶段、基础阶段，具有举足轻重的作用；中学是人生教育的重要阶段、塑型阶段，具有承上启下的作用。中小学校也是人生受教育停留时间最长的阶段，对儿童、青少年的成长过程有着极其重要的作用。

随着经济的发展、人们生活水平的提高，国家、社会、家长对学校的要求越来越高，学校的设计标准、建造标准、交付标准也在逐年提升。设计理念越来越先进、建筑功能越来越丰富、设备设施越来越齐全。学校建设不仅反映当地教育水平、办学理念，而且代表城市形象和地方文化。同时，由于各地经济、文化发展不平衡，学校建筑仍然存在地域性的差别，相比东部沿海地区，中、西部地区的教育资源相对落后，学校建设还有很大上升空间。

党的十八届五中全会提出，促进人口均衡发展，坚持计划生育的基本国策，完善人口发展战略，全面实施一对夫妇可生育两个孩子政策，积极开展应对老龄化行动。根据国家统计局公布的数据，2019 年中国出生人口为 1465 万人，其中二孩占出生人口比例达 57%。以江苏省为例，全省基础教育学龄人口总体呈持续增长态势，2020 年学位总缺口达 185.3 万个，需增加 1986 所学校。为了确保学生有学上、有书读，省政府要求 2019 年新建、扩建幼儿园 300 所、义务教育学校 350 所、普通高中 30 所。为进一步优化生育政策，2021 年 5 月 31 日，国家召开会议，决定实施一对夫妻可以生育三个子女政策及配套支持措施。因此，随着人口政策的不断放开，今后若干年全国各地将不断新建、改建、扩建各类学校，以弥补教育资源的不足。

按照建筑的使用功能，中小学校整体上属于公共建筑中的教育建筑，而且是重要的公共建筑，与其他类型的公共建筑相比又有很大的不同，主要体现在：

（1）中小学校属于人员密集场所，且未成年人较多；

（2）中小学校通常不对外开放，实行封闭式管理；

（3）校园人数稳定，作息时间规律，除双休日、法定节假日外，还有寒暑假；

（4）行政办公具有办公建筑的特点；

（5）风雨操场、游泳馆、舞蹈教室具有体育建筑的特点；

（6）食堂、图书馆、报告厅具有商业建筑的特点；

（7）学生宿舍、学生公寓、教师宿舍、教师公寓具有居住建筑的特点。

由此可见，中小学校建筑在设计中不仅具有特殊性、多样性、复杂性的特点，而且还应满足独立性、整体性、统一性的要求；除了要满足中小学校最基本的教学功能外，还应兼顾学生的身心健康成长和校园的文化环境建设。

本书共19章，紧密结合实际工程，详细介绍中小学校建筑中的暖通设计，包括规范要求、技术要点、设计思路、注意事项、专业配合、常见问题等。根据各章节内容，本书框架分为基础类、功能类、系统类、应用类四大部分。

基础类章节：第1章 基础知识、第2章 设计前的准备、第3章 设计要点；功能类章节：第5章 教室、第6章 实验室、第7章 报告厅、第8章 图书馆、第9章 办公、第10章 风雨操场、第11章 餐厅、第12章 厨房、第13章 宿舍、第14章 游泳馆、第15章 服务用房；系统类章节：第4章 空调冷热源、第16章 供暖、第17章 绿色建筑；应用类章节：第18章 专业互提资、第19章 常见问题。

本书内容以暖通设计为主，也附带部分建筑、结构、水电等相关专业知识。书中内容包括但并不局限于中小学校建筑，大多数章节如报告厅、图书馆、办公、餐厅、厨房、游泳馆、服务用房以及专业互提资、常见问题等也普遍适用于其他类型的公共建筑。

当前，由于各种主客观原因，很多设计人员没有或很少亲临项目现场，对项目中的各种设计内容以及出现的问题仅仅停留在理论、规范、图纸、想象层面上，并没有切身的体会。本书最大的亮点就是围绕实际工程进行叙述，并附带现场图片（共八百余张），图文并茂、通俗易懂。与理论型的书刊相比，本书的实用性更强，可供建设单位、设计单位、审图单位、施工单位、消防单位、内装单位、验收单位、设备厂家等专业人士阅读和参考。

书中所引用的案例、素材来自2016～2021年期间笔者参与过的18个学校项目，涵盖学校建设全周期。其中，书中彩图以及部分章节开头图片（第2章、第3章、第5章、第7章、第8章、第11章、第14章）由姚力拍摄，其余图片均为笔者亲自拍摄、筛选，希望可以通过具体项目并结合现场图片真实、形象、直观、具体地反映中小学校暖通设计相关内容以及工程中经常出现的问题，有助于读者理解和借鉴。需要注意的是，图片拍摄于项目的不同阶段，有些在施工过程中，有些在项目验收中，有些在交付使用中，在内容和形式上难免存在一些不足，图片仅用于反映书中所特指的内容，还望读者知晓，以免造成误解。

《建筑防烟排烟系统设计标准》GB 51251—2017实施日期为2018年8月1日，由于本书涉及的中小学校项目数量较多、时间跨度较长，有些项目已按该规范执行，有些早期项目尚未执行该规范。另外，关于防排烟系统的设计，地域性较强，各地要求和做法有所不同，甚至差异较大。考虑到防排烟系统事关建筑和人员的安全性，本书中所有关于防排烟系统的做法或看法均代表作者个人观点，仅供读者参考，不作为设计依据，实际工程应根据项目所在地的相关要求进行设计。

由于作者水平有限，书中难免有不当之处，还请读者谅解。如发现本书中有错误、异议或需要改进的地方，欢迎读者提出宝贵意见和建议，并发送至邮箱：235849620@qq.com，以便后期修订，不胜感激！

最后，谨以此书献给苏州九城都市建筑设计有限公司成立二十周年！

目　　录

第1章

基础知识

1.1 学校术语

教育建筑

供人们开展教学活动所使用的建筑物。

中小学校

泛指对儿童、青少年实施初等教育和中等教育的学校，包括小学、初级中学、高级中学、寄宿制高级中学、九年制学校等。

小学

对儿童、少年实施初等教育的场所，共有 6 个年级（部分地区 5 个年级），属义务教育。

初级中学

对青、少年实施初级中等教育的场所，共有 3 个年级（部分地区 4 个年级），属义务教育。

高级中学

对青年实施高级中等教育的场所，共有 3 个年级。

寄宿制高级中学

为学生提供食宿的高级中学。

九年制学校

对儿童、青少年连续实施初等教育和初级中等教育的学校，共有 9 个年级，属义务教育。目前存在六三制（小学 6 年，初中 3 年）和五四制（小学 5 年，初中 4 年）两种模式，如上海，实行五四制，预备班（相当于六年级）划入初中。

绿色校园

为师生提供安全、健康、适用和高效的学习及使用空间，最大限度地节约资源、保护环境、减少污染，并对学生具有教育意义的和谐校园。

轨制

年级平行班数，即单个年级可以招收班级的数量，是教育规划上的度量单位，用于反映学校的办学规模，如小学 4 轨（24 班）、初级中学 6 轨（18 班）、九年制学校 4 轨（36 班）。为保证学校教育质量、管理效率和办学效益，学校规模应控制在一定范围内，不宜太大。

校舍

包括教学及辅助用房、办公用房、后勤生活用房。

教学用房

供教学专用的房间。

教室

学校内进行课程讲授与学习的空间。

普通教室

指单班教室，供班级上课及开展活动的用房。

合班教室

指两个班及以上开展教学及活动的用房，包括阶梯教室、多媒体教室。

实验室

学校内进行观察、实验和教学使用的专用教室。

阶梯教室

地面以台阶状逐步升高以创造良好的视线，用于学校中进行合班上课的公共教室。

风雨操场

用于上体育课，进行体操、器械运动、球类活动及比赛等体育活动，并兼作表演、演出、集会等各种集体活动的场所，与田径运动场地、球类场地、固定体育器械场地共同称为体育运动场地。

食堂

供学生、教师就餐的场所，一般具有饮食品种多样、消费人群固定、供餐时间集中等特点。

图书馆

用于收集、整理、保管、陈列各类书刊资料、电子资料，并供学生、教师借阅、阅览、查询资料的场所。

报告厅

用于召开会议、演讲、报告、培训、多媒体教学、观影的场所，当设置舞台时，还可用于表演或演出。其中，首层观众席称为池座；首层观众席以上楼层的观众席称为楼座。

游泳馆

供游泳教学、比赛、训练的专用场所。

宿舍

供师生睡眠、休息、学习并有统一管理的场所，内设卫生间、淋浴间、开水间、洗衣用房、值班室等配套用房。

1.2 建筑术语

建筑净高

指楼、地面完成面至结构梁底或板下突出物间的垂直距离，当室内顶棚或风道（管道）低于梁底时，净高计至顶棚或风道（管道）底。

变形缝

为防止建筑物在外界因素作用下，结构内部产生附加变形和应力，导致建筑物开裂、碰撞甚至破坏而预留的构造缝，包括伸缩缝、沉降缝和抗震缝。

耐火极限

在标准耐火试验条件下，建筑构件、配件或结构从受到火的作用时起，至失去承载能力、完整性或隔热性时止所用时间，用小时（h）表示。

耐火等级

根据有关规范或标准的规定，建筑物、构筑物或建筑构件、配件、材料所应达到的耐火性分级，中小学校建筑的耐火等级一般不低于二级。

泛水

为防止水平楼面或水平屋面与垂直墙面接缝处的渗漏，由水平面沿垂直面向上翻起的防水构造。

敞开楼梯

楼梯周边没有墙体、门窗或其他建筑构配件分隔的楼梯，发生火灾时，它不能阻止烟、火的蔓延，不能保证使用者的安全，只能作为楼层空间的垂直联系。

敞开楼梯间

楼梯四周有一面敞开，其余三面为具有相应燃烧性能和耐火极限实体墙或外门窗（洞口）围护的楼梯间。

封闭楼梯间

在楼梯间入口处设置门，以防止火灾的烟和热气进入的楼梯间。

防烟楼梯间

在楼梯间入口处设置防烟的前室、开敞式阳台或凹廊（统称前室）等设施，且通向前室和楼梯间的门均为防火门，以防止火灾时的烟和热气进入的楼梯间。

中庭

贯通两层及两层以上，且与周围场所连通的室内空间。

高大空间

与周围场所有固定防火分隔，且净高大于 6m 的室内空间。

周围场所

与中庭或高大空间相邻的每层使用空间。

回廊

连通中庭和周围场所的走廊。

门厅

位于建筑物入口处，用于人员集散并联系建筑室内外的枢纽空间。

天井

被建筑围合的露天空间，主要用于解决建筑采光和通风。

顶棚

建筑物房间内的顶板，无吊顶时为楼板，有吊顶时为吊顶板。

看台

供观众观看比赛的台阶式座席设施，分为活动式看台和固定式看台。

天桥

又称工作天桥或工作走廊。沿主舞台的侧墙、后墙墙身一定高度设置，是工作人员安装、操纵和检修舞台上部机械设备的地方，也是安放舞台灯光的部位。

人员密集场所

主要指面积较大、同一时间聚集人数较多的场所。学校建筑为人员密集场所，包括教学楼、宿舍楼、图书馆、食堂、报告厅、多功能厅、浴室等。

经常有人停留场所

经常有人停留或工作，时间超过 5min 的建筑场所。

人员活动场所

指有人员经常停留或经过的场所。

环境敏感目标

对环境变化易产生反应的对象，指以居住、医疗卫生、文化教育、科研、行政办公等为主要功能的场所。

无窗房间

指内区房间或虽靠外墙但无窗（或设固定窗）的房间。

固定窗

设置在设有机械防烟排烟系统的场所中，窗扇固定、平时不可开启，仅在火灾时便于人工破拆以排出火场中的烟和热的外窗。

消防救援窗

专供消防队员救援使用的窗口。

气窗

指室内与室外直接相连且能进行自然通风的外窗。

大型公共建筑

单体建筑面积超过 2 万 m² 的公共建筑。

重要公共建筑

指发生火灾时，会产生严重后果或较大影响的公共建筑，包括党政机关办公楼，人员密集的大型公共建筑，中小学校教学楼、宿舍楼，医院等建筑物。

绿色建筑

在建筑的全寿命期内，最大限度地节约资源、保护环境、减少污染，为人们提供健康、适用、高效的使用空间，实现人与自然和谐共生的高质量建筑。

既有建筑

已实现或部分实现功能的建筑物，以整体竣工验收完成时间界定。

防灾避难场所

配置应急保障基础设施、应急辅助设施及应急保障设备和物资，用于因灾害产生的避难人员生活保障及集中救援的避难场地及避难建筑，简称避难场所。

1.3 暖通术语

排烟净高

火灾时烟气所能到达的高度。当室内有吊顶时，净高为地面完成面至吊顶下的垂直距离；当室内无吊顶或为镂空吊顶时，净高为地面完成面至上一层楼板底边缘的垂直距离。

储烟仓

位于建筑空间顶部，由挡烟垂壁、梁或隔墙等形成的用于蓄积火灾烟气的空间。储烟仓高度即设计烟层厚度。

清晰高度

烟层下缘至室内地面的高度。

防火阀

安装在通风、空气调节系统的送、回风管道上，平时呈开启状态，火灾时当管道内烟气温度达到 70℃时关闭，并在一定时间内能满足漏烟量和耐火完整性要求，起隔烟阻火作用的阀门。

排烟防火阀

安装在机械排烟系统的管道上，平时呈开启状态，火灾时当排烟管道内烟气温度达到 280℃时关闭，并在一定时间内能满足漏烟量和耐火完整性要求，起隔烟阻火作用的阀门。

排烟阀

安装在机械排烟系统各支管端部（烟气吸入口），平时呈关闭状态并满足漏风量要求，火灾或需要排烟时手动和电动打开，起排烟作用的阀门。

挡烟垂壁

用不燃材料制作，垂直安装在建筑顶棚、梁或吊顶下，能在火灾时形成一定的蓄烟空间的挡烟分隔设施。

手动开启装置

用手操作开启的装置，包括直接开启装置，如窗户的把手，以及利用辅助设施间接开启的装置，如机械驱动开启装置、电动驱动开启装置、气动驱动开启装置。

自动开启装置

无需人为操作，通过监控设备自动开启的装置，如火灾自动报警系统联动开启装置、温度释放装置联动开启装置。

等效长度

指多联机系统室外机组与最远室内机之间的气体管长度与该管路上各局部阻力部件的等效长度之和。

供暖

用人工方法通过消耗一定能源向室内供给热量，使室内保持生活或工作所需温度的技术、装备、服务的总称。供暖系统由热媒制备（热源）、热媒输送和热媒利用（散热设备）三个主要部分组成。

集中供暖

热源和散热设备分别设置，用热媒管道相连接，由热源向多个热力入口或热用户供给热量的供暖方式。

连续供暖

在供暖期内，连续向建筑物供热，以维持室内平均温度均能达到设计温度的供暖方式。

值班供暖

在非工作时间或中断使用的时间内，为使建筑物保持最低室温要求而设置的供暖。

水平温差

教室四角处气温与同等高度的中部气温的差值。

垂直温差

学生坐姿时，足部高度气温与头部高度气温的差值。

热力入口

室外热网与室内用热系统的连接点及其相应的调节、计量装置，宜有专用房间或有门锁的空间。

供暖热指标

单位建筑面积的设计热负荷，也称供暖面积热指标。

资用压差

为克服室内系统阻力，保证系统正常运行，建筑物热力入口处应具备的供回水压差。

EC(H)R-a

空调冷（热）水系统耗电输冷（热）比。设计工况下，空调冷热水系统循环水泵总功耗（kW）与设计冷（热）负荷（kW）的比值。

EHR-h

集中供暖系统耗电输热比。设计工况下，集中供暖系统循环水泵总功耗（kW）与设计热负荷（kW）的比值。

W_s

风道系统单位风量耗功率。设计工况下，空调、通风的风道系统输送单位风量（m^3/h）所消耗的电功率（W）。

有组织进风

以自然或机械方法将所需室外空气通过送风装置送入室内生产或生活区域的通风方式。

有组织排风

以自然或机械方法将室内污染空气通过人为设置的排风装置排至室外的通风方式。

无组织进风

室外空气经门窗、孔洞及不严密处无规则地流入或渗入室内的通风方式。

无组织排风

室内空气经门窗、孔洞及不严密处无规则地流出或渗到室外的通风方式。

烟囱效应

利用建筑中高大空间内部的热压，使热空气上升，从建筑上部风口排出，室外新鲜的冷空气从建筑底部被吸入。室内外温差越大，进、排风口高差越大，热压作用越强。

1.4 其他术语

可再生能源

在自然界中可以不断再生并有规律地得到补充或重复利用的能源，包括太阳能、风能、生物质能、水能、潮汐能、地热能、海洋能等非化石能源。建筑中可再生能源利用主要包括太阳能、浅层地热能、空气能（多地已将空气能列入可再生能源范畴）等。

抗震支吊架

与建筑结构体牢固连接，以地震力为主要荷载的抗震支撑设施。由锚固体、加固吊杆、抗震连接构件及抗震斜撑组成。

$PM_{2.5}$

每立方米空气中含有当量直径小于或等于 $2.5\mu m$ 的细颗粒物的重量，单位是 $\mu g/m^3$。

机动车

以动力装置驱动或牵引，在道路上行驶的，供人员乘用或用于运送物品以及进行工程专项作业的轮式车辆。

非机动车

以人力驱动，在道路上行驶的交通工具以及虽有动力装置驱动但设计最高时速、空车质量、外形尺寸符合国家有关标准的电动自行车、残疾人机动轮椅车等交通工具。

电动汽车

在道路上使用，由电动机驱动的汽车，电动机的动力电源源于可充电电池或其他易携带的能量存储设备。包括纯电动汽车和插电式混合动力汽车，不包括室内电动车、有轨及无轨电车和工业载重电动车等特种车辆。

电动自行车

以车载蓄电池作为辅助能源，具有脚踏骑行能力，能实现电助动或/和电驱动功能的两轮自行车。

爆炸下限

可燃的蒸气、气体或粉尘与空气组成的混合物，遇火源即能发生爆炸的最低浓度。

总挥发性有机化合物

在现行国家标准《民用建筑工程室内环境污染控制标准》GB 50325 的检测条件下，所测得空气中挥发性有机化合物的总量，简称 TVOC。

第2章
设计前的准备

摄影：建筑译者姚力

2.1 了解项目概况

(1) 项目地点、气候特征、市政条件；

(2) 学校类型、学校规模、学校轨制；

(3) 方案效果图、建筑总图、周边建筑；

(4) 建筑面积、建筑高度、建筑单体；

(5) 设计周期、施工周期、交付时间、开学时间；

(6) 项目预算、学校档次、绿色星级；

(7) 甲方要求、校方要求、地方要求；

(8) 改造项目的改造范围、改造面积、改造内容、改造要求。

2.2 熟悉建筑功能

(1) 单体功能、面积、高度、层高、外立面控制线；

(2) 屋顶功能、屋顶构造；

(3) 内装范围、内装风格、室内净高；

(4) 车库类型、位置、面积；

(5) 人防范围、人防等级、人防面积、掩蔽人数。

2.3　查阅地方资料

（1）地方规范、图集；

（2）地方审图、消防、人防等要求；

（3）地方节能、环保、卫生等要求；

（4）地方规划、住建、教育等部门要求；

（5）地方政策性文件；

（6）地方能源种类、价格；

（7）地方特殊规定、做法、要求。

2.4　明确设计范围

（1）防排烟系统设计；

（2）空调系统设计；

（3）新风系统设计；

（4）通风系统设计；

（5）机电抗震设计；

（6）人防系统设计；

（7）供暖系统设计；

（8）绿色建筑设计；

（9）室内装修设计；

（10）装配式建筑设计。

2.5　确定冷热源

（1）能源类型；

（2）空调场所；

（3）空调形式；

（4）外机位置；

（5）末端种类；

（6）供暖需求；

（7）控制方式。

第3章

设计要点

摄影：建筑译者姚力

中小学校项目的设计除了要满足规范中最基本的要求外，还应坚持"以人为本"的原则，处理好"建"与"用"的关系。学校建筑所有的设计最终都是为"教"和"学"服务；为"教师"和"学生"服务；为"教育"和"社会"服务。通过合理、规范、科学的设计为学生、教师提供一个安全、安静、健康、舒适、卫生、环保、绿色、节能、科技的建筑环境。

3.1 消防

消防是设计中最重要的环节，是所有设计的基础，消防设计事关火灾时人员疏散和建筑安全。中小学校不仅属于重要公共建筑，而且属于自救能力较差的人员密集场所。因此，一切设计首先要满足消防设计要求，对于设计中存在有争议的问题，应进行充分论证，并采取"从严"的原则进行设计。

各专业针对消防设计的侧重点不同，建筑侧重"疏散"，结构侧重"耐火"，电气侧重"报警"，给水排水侧重"灭火"，而暖通侧重"控烟"。设计防排烟系统的主要目的是在发生火灾时，通过蓄烟设施将烟气控制在一定范围内，并通过排烟设施将烟气及时排出建筑物，保证人员疏散时不受烟气的影响。

防排烟系统设计主要依据《建筑设计防火规范》GB 50016 和《建筑防烟排烟系统技术标准》GB 51251 这两本标准。前者规定哪些场所需要设置防排烟，后者规定各类场所如何设置防排烟。

与防排烟系统设计有关的各类设施、措施不能遗漏，如防火封堵、防火包覆、抗震支吊架、防火阀门、手动开启装置、联动装置、固定窗等。

3.2 安全

校园的安全问题已成为社会各界关注的热点问题，保护好每一个孩子，使发生在他们身上的意外事故降低到最低限度，已成为中小学校安全教育和管理的重要内容，它直接关系到青少年学生能否安全、健康地成长，也关系到千千万万个家庭的幸福安宁和社会稳定。

校园的安全设计是学校设计工作中最重要的部分，必须认真、细致地处理每一个细节。针对各类安全事故，中小学校建筑相关规范中也有对应要求，如防火、防触电、防坠落、防摔、防滑、防撞、防攀爬、防踩踏、防挤压等；各地也有特别规定，如中小学校建筑禁止在二层以上部位使用玻璃幕墙或面砖贴面。校园安全防护在人防、物防、技防等方面应达到国家和省级要求，并按规定配备卫生保健室、急救箱和药物，配备心理健康教育室。

暖通设计中，针对校园安全常用的措施有：
（1）教室采用壁挂机或吊顶机；
（2）壁式排风机设置防护罩；
（3）舞蹈教室的散热器暗装；
（4）室外机外墙安装时，距地高度大于 2.5m；
（5）室外机地面安装时，设置防护罩；
（6）宿舍的吊扇设置防护罩；
（7）空调插座采用安全型；
（8）直通大气的风机进、出风口设置防护网；
（9）有害气体、可燃气体高空排放；
（10）其他。

3.3 净高

在中小学校建筑中，各类场所的室内净高按功能要求有较大的不同，除满足现行国家标准《中小学校设计规范》GB 50099 的规定外，还应符合相关专业规范的要求，如《办公建筑设计标准》JGJ/T 67、《剧场建筑设计规范》JGJ 57、《图书馆建筑设计规范》JGJ 38、《宿舍建筑设计规范》JGJ 36、《饮食建筑设计标准》JGJ 64 等，具体要求详见本书各功能场所章节。

地下室、局部夹层、走道等有人员正常活动的最低处净高不应小于 2.0m。

由于风管尺寸相对较大，对室内净高影响也较大，但需要明确的是，室内净高并非某一个专业所能决定的，而是由建筑、结构、暖通、电气、给水排水、内装等专业综合协调后确定。必要时，可事先对室内管道交叉、密集场所进行管线综合设计或利用 BIM 软件进行碰撞检查。当室内净高确实无法满足要求时，各专业需要调整相关设计或增加建筑层高。

暖通设计中，影响室内净高的场所有：

（1）有排烟风管经过的区域；

（2）有排油烟风管经过的区域；

（3）需要设置新风系统的教室；

（4）吊顶内有风管和灯槽的区域；

（5）采用上部排风的化学实验室；

（6）采用板式排烟口、多叶排烟口的区域；

（7）竖向支管设置排烟防火阀的区域；

（8）设置挡烟垂壁的区域；

（9）机电管线交叉、密集的区域；

（10）局部降板、局部有大梁的区域；

（11）其他。

3.4 环保

校园环境的好坏，直接影响教学效果和学生身心健康，学生群体尤其是中小学生属于空气污染敏感人群，对环境的要求更为严格。2016 年多地发生的"毒跑道"事件，使得校园环境成为社会广泛关注的热点问题。因此，在中小学校项目中，应采取相关措施保证校园具有安全、安静、卫生、环保的教学和育人环境，充分利用环保新技术，积极打造绿色生态校园，实现学校建筑与生态环境的有机结合。

暖通设计中，主要环保措施如下：

1. 污染物有效排放

（1）厨房油烟经净化、去异味处理后高空排放；

（2）垃圾房、污水间、隔油间的排风经活性炭除臭后高位排放；

（3）卫生间、打印室、复印室、放映间、厨房、泳池区、吸烟室等设置负压排风；

（4）地下汽车库的排风在首层高位排放；

（5）化学实验室桌面排风高空排放；

（6）厨房、锅炉房、制冷机房的事故排风高空排放；

（7）锅炉房、热水机房、柴油发电机房的烟囱通往屋面，烟气高空排放。

2. 保持室内空气品质

（1）室内设置新风或通风设施；

（2）新风入口处设置 $PM_{2.5}$ 过滤器；

（3）会议室、餐厅、报告厅、风雨操场等设置排风设施；

（4）通风、空调系统设置净化、消毒、杀菌装置。

3. 降低室内外噪声

（1）采用低噪声的设备，如离心风机；

（2）采用柔性接头、消声器、减振器、隔声罩等措施；

（3）将噪声大的设备，如水泵、风机等设置在地下室；

（4）将噪声大的设备，如新风机、空调箱等设置在专用机房内；

（5）将噪声大的设备，如排油烟风机、空调室外机等设置在噪声敏感区外。

4. 选用环保产品

（1）采用环保冷媒；

（2）采用高去除效率的油烟净化设备；

（3）采用超低氮的锅炉设备；

（4）采用清洁无污染的材料，室内污染物浓度满足规范要求，详见本书第 13.3.1 节。

因室内装修材料、施工辅助材料以及施工工艺不符合规范规定，造成学校建成后室内环境污染长期难以消除，是目前较为常见的问题。为杜绝此类问题，应严格按现行国家标准《民用建筑工程室内环境污染控制标准》GB 50325 和现行国家标准中关于室内建筑装饰装修材料有害物质限量的相关规定，选用合格的装修材料及辅助材料。同时，鼓励选用比国家标准更健康环保的材料，鼓励改进施工工艺。室内装饰装修工程竣工后，应委托有资质的机构对室内空气质量进行专项检测，并将检测结果公示，接受社会监督。凡检测不合格的学校，不得入住学生。

3.5　节能

中小学校通常属于大型公共建筑，空调系统的能耗占整个建筑能耗的比例为 40%～60%。因此，空调系统的节能是建筑节能的关键，而节能设计是空调系统节能的前提条件。

暖通设计中，常用的节能措施有：

（1）采用高效节能设备，如一级、二级能效设备；

（2）采用变频设备，如变频风机、变频空调、变频水泵等；

（3）采用全热回收型新风机组、空调机组；

（4）采用冷凝热回收、烟气余热回收、凝结水回收技术；

（5）考虑过滤季节全新风运行；

（6）采用自动监控设备，如 CO、CO_2、气候补偿器等能耗监控系统；

（7）设计合理的空调形式和气流组织；

（8）供暖系统分时、分区控制；

（9）利用可再生能源；

（10）设置能量计量装置；

（11）其他，详见本书第 17.4 节。

3.6　其他

中小学校的暖通设计还应兼顾的原则有：

（1）设施齐全；

（2）选型合理；

（3）经济实用；

（4）控制简单；

（5）检修方便；

（6）美观大方。

第4章
空调冷热源

空调冷热源是暖通设计的重点，事关室内人员热舒适度和后期运行费用，暖通专业应根据学校所在地的气候特征、市政条件以及能源价格，经技术经济对比分析后确定。

中小学校的功能场所有教室、实验室、食堂、图书馆、办公、报告厅、风雨操场、游泳馆、宿舍等，这些功能场所又分散布置在教学楼、实验楼、综合楼、行政楼、艺体楼、宿舍楼等独立的建筑物中。针对单体功能独立、使用独立且布置分散的中小学校建筑，空调冷热源应针对不同的功能场所采用独立的空调系统。

本着安全、经济、适用、均衡的原则，在中小学校建筑中，不建议在校内采用集中式中央空调系统，即所有单体共用冷热源。同时，也不建议在教学楼、宿舍楼采用中央空调系统，根据清华大学建筑节能研究中心的报告：

（1）采用中央空调系统，层高至少需要增加 0.5m，设备投资更高，综合土建和设备造价比分体空调方案投资增加 400 元/m²；

（2）中小学校无专业的机电维护系统，而中央空调系统需要专业运行和维护；

（3）中央空调系统运行费用更高，还有较高的维护费用；

（4）中央空调系统需要良好的维护才可能维持室内空气品质，否则即使室外无污染，室内也会有系统的二次污染。

4.1 空调形式

表 4-1 为中小学校各功能场所常用的空调形式。

中小学校常用空调形式   表 4-1

功能场所	教室	办公	餐厅	图书馆	报告厅	宿舍	游泳馆	风雨操场
空调形式	分体空调	多联机	多联机	屋顶空调	分体空调	除湿热泵	仅通风
末端形式	柜机 壁挂机	风管机 嵌入机	风管机 嵌入机	风管机 嵌入机	旋流风口 喷口	壁挂机	喷口 旋流风口	无
外机位置	设备平台	屋顶	屋顶	屋顶	屋顶	设备平台	屋顶	无

注：1. 表中空调形式仅供参考；
2. "教室"包含普通教室、实验室、教师办公室以及小面积的专业教室；
3. "办公"指行政办公楼内的办公室、会议室。

空调设计注意事项：
（1）教室通常采用柜机，校方、内装有要求时，也可采用壁挂机、嵌入机、风管机；
（2）部分大开间或高大空间的专业教室也可采用多联机；
（3）小型餐厅也可采用分体空调＋吊扇；
（4）有条件布置设备平台时，办公也可采用分体空调；
（5）空调的末端形式由内装专业提资，并由暖通专业复核；
（6）风雨操场一般仅设置通风，校方有要求时，也可增设空调系统；
（7）通常情况下，中央空调以及吊顶内的空调（隐蔽工程）由建设单位负责安装到位，分体空调或预留空调后期由校方自行采购安装。

4.2 分体空调

分体空调是中小学校建筑中使用量最大的空调形式，常用于普通教室、专业教室、教师办公室、宿舍、门卫、厨房、消防控制室、变电所、LED 显示屏等场所。由于预算和政府采购政策的要求，中小学校建筑的分体空调基本都为国产品牌，如美的、格力、海尔、海信、奥克斯、志高等。

4.2.1 室内机形式

分体空调的室内机常用形式有壁挂机、柜机、嵌入机、风管机，如图 4-1～图 4-4 所示。通常情况下，设置分体空调的场所采用柜机或壁挂机即可，当校方或内装有特殊要求时，也可采用一拖一嵌入机或一拖一风管机，其优点是室内可以达到中央空调的装修效果。

4.2.2 空调机位

分体空调的室外机一般就近放置在当层靠外墙的空调机位内，机位的尺寸应保证室外机安装、检修、散热要求。室外机后侧进风空间不小于 150mm；室外机左侧及前侧空间不小于 100mm；室外机右侧空间满足接管要求。单台空调机位净尺寸不小于 1300mm（长）×

700mm（深），机位内有雨水管时，长度应增加 300mm。室外机上下叠放时，上层室外机应单独设置支架，不可直接放置在下层室外机上（注：面对室外机，风扇在左侧，接管在右侧）。

机位应设置检修门，机位内应设置排水地漏。室内机采用柜机时，应在外墙距地 100~200mm 处留洞；室内机采用壁挂机、嵌入机、风管机时，应在外墙贴梁底处留洞。洞口应设置在机位内，洞口直径 100mm，并设置 PVC 套管，内高外低，内外洞口设置白色套帽。

图 4-1　壁挂机（普通教室）

图 4-2　柜机（专业教室）

图 4-3　一拖一嵌入机（普通教室）

图 4-4　一拖一风管机（行政办公）

机位不可布置在狭窄的天井或凹槽内，相邻机位不可布置在内转角或正对布置。在邻近人行道的建筑上安装室外机时，机位底部距地面的高度不应小于 2.5m，并做好排水措施。

机位应采取遮挡措施，详见本书第 5.4.3 节。采用百叶遮挡时，百叶开口率应大于 80%，百叶宜向下倾斜，水平倾斜角度不大于 15 度。

4.2.3　室内外机管长

当室内机采用柜机或壁挂机时，室内机应靠近机位安装，室内外机的管长不宜大于 5m；当室内机采用嵌入机或风管机时，室内外机连接要求详见表 4-2。

室内外机管长和高差❶　　　　　　　　　　表 4-2

室内机容量	1HP、1.5HP	2HP、3HP	5HP
最大管长	15	20	30
最大高差	5	10	20

注：表中数据针对国产品牌。

4.2.4　空调能效

空调能效等级应满足现行国家标准《房间空气调节器能效限定值及能效等级》GB 21455的规定。热泵型空调根据全年能源消耗效率（APF）进行分级，详见表 4-3；单冷式空调根据制冷季节能源消耗效率（SEER）进行分级，详见表 4-4。

热泵型房间空气调节器能效等级指标值　　　　　　表 4-3

额定制冷量（CC）(W)	全年能源消耗效率（APF）				
	能效等级				
	1 级	2 级	3 级	4 级	5 级
CC≤4500	5.00	4.50	4.00	3.50	3.30
4500<CC≤7100	4.50	4.00	3.50	3.30	3.20
7100<CC≤14000	4.20	3.70	3.30	3.20	3.10

---

❶ 不同厂家空调匹数对应的制冷量略有不同，每匹空调对应制冷量为 2.4～2.8kW。

单冷式房间空气调节器能效等级指标值 表 4-4

额定制冷量（CC）(W)	制冷季节能源消耗效率（SEER）				
	能效等级				
	1 级	2 级	3 级	4 级	5 级
CC≤4500	5.80	5.40	5.00	3.90	3.70
4500＜CC≤7100	5.50	5.10	4.40	3.80	3.60
7100＜CC≤14000	5.20	4.70	4.00	3.70	3.50

当采用定频空调时，APF 和 SEER 不应小于能效等级 5 级指标值；当采用变频空调时，APF 和 SEER 不应小于能效等级 3 级指标值。其他关于分体空调的内容，详见本书第 5.4 节。

4.3 多联机

多联机是中小学校建筑中使用最灵活的空调形式，常用于行政办公、会议室、图书馆、餐厅等场所。利用其室内外机管长和高差的优势，多联机还可用于无法使用分体空调的场所，如无法就近设置空调机位的教室、办公、厨房等。

多联机系统的主要特点：

（1）系统简单，设计灵活，安装方便，无需专人维护；

（2）冷媒在末端直接与空气换热，制冷或制热速度快；

（3）系统为模块式组合，室外机采用变频控制，部分负荷下能效高；

（4）冬季室外温度较低时，COP 值偏低，制热效果不佳，需要考虑辅助电加热；

（5）管道较长时，机组衰减大，需要控制室内外机的管长和高差；

（6）制冷剂为氟利昂，泄漏不易被发现，且检修难度大。

4.3.1 室内机形式

多联机系统的室内机形式较为丰富，有四面出风嵌入机、两面出风嵌入机、风管机、壁挂机、落地机等。其中，嵌入机和风管机（统称吊顶机）是中小学校建筑中最常用的两种室内机形式，如图 4-5 所示。

(a)   (b)

图 4-5 室内机形式（一）

（a）四面出风嵌入机（图书馆）；（b）两面出风嵌入机（电梯厅）

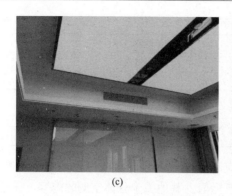
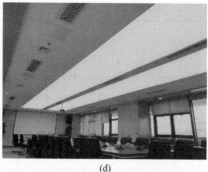

(c)　　　　　　　　　　　　　　(d)

图 4-5　室内机形式（二）

（c）风管机侧出风（办公室）；（d）风管机顶出风（会议室）

多联机的室内机一般均标配冷凝水提升泵，方便现场安装和冷凝水排放。在采用提升管时，提升高度不宜超过 300mm；提升高度的横管应以较大坡度连接到汇总管；提升管距离室内机出口位置应在 300mm 以内，如图 4-6 所示。冷凝水的支管与水平干管连接应从干管上面接入或从侧面用 45°斜三通朝排水方向接入，不应采用合流正三通。室内机安装时，采用 10 号圆杆和膨胀螺栓固定在顶板上。

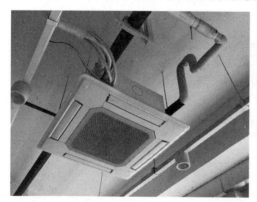

图 4-6　带冷凝水提升泵的室内机

4.3.2　室外机形式

根据出风方向，多联机的室外机形式分为侧出风和顶出风，如图 4-7 所示。

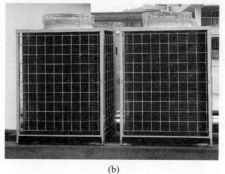

(a)　　　　　　　　　　　　　　(b)

图 4-7　室外机形式

（a）侧出风；（b）顶出风

目前，市场上侧出风形式的多联机容量范围为 3～12HP，部分厂家为 14HP。

顶出风形式的多联机由基本模块组成，各模块间可自由组合，以 2HP 为单元递增，容量范围为 8～128HP。其中，最常用的容量范围为 8～36HP。

4.3.3　室外机摆放

在中小学校建筑中，多联机的室外机摆放位置有：屋顶、地面、设备平台。当室外机摆放在屋顶时，应尽量靠近屋顶内区布置，并远离排烟风口、排油烟风口，如图 4-8 所示；当室外机摆放在地面时，应考虑噪声对周围房间的影响，并设置安全防护罩，如图 4-9 所示；当室外机摆放在有顶的设备平台时，侧出风形式的室外机摆放要求可参考分体空调，顶出风形式的室外机应设置导流风管，如图 4-10 所示。

图 4-8　室外机摆放在屋顶

图 4-9　室外机摆放在地面

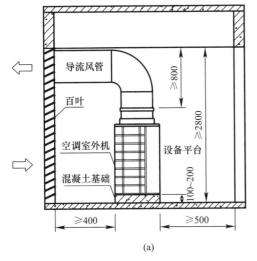

(a)

(b)

图 4-10　室外机摆放在设备平台

（a）设计要求；（b）导流风管

设备平台要求：进深不小于 1800mm，净高不低于 2800mm；室外机正面距内墙不小于 500mm，用于检修；室外机背面距百叶不小于 400mm，用于进风；设备平台内设置排水地漏，用于室内机冷凝水或室外机化霜水排放；贴邻安静的房间布置时，设备平台内应采取隔声措施。

外墙百叶要求：百叶开口率应大于80％，百叶宜向下倾斜，水平倾斜角度不大于15°；排风风速控制在7～8m/s，进风风速控制在1.5～2.0m/s；需要根据百叶局部阻力系数校核室外机的机外余压。

4.3.4 室外机基础

室外机基础应靠近冷媒管井布置，以节约铜管用量，减少空调衰减。室外机应设置在混凝土基础上，混凝土强度等级不低于C20。基础应与屋面板一起浇筑，再铺设防水卷材、保温层、面层（倒置式屋面），并在地脚螺栓周围作密闭处理。基础设置在防水层上方时，基础下方的防水层应做卷材增强层，必要时在其上浇筑细石混凝土，厚度不小于50mm。

室外基础应至少高出建筑完成面200mm，室内基础可高出楼板面100mm，屋面易积雪的地区应按积雪高度适当加高基础。基础宜采用条状形，条与条之间应保持高度相同且表面平整，基础比室外机底部轮廓大50～100mm。基础预留螺栓孔，室外机应固定在基础上，基础与室外机之间设置橡胶减振垫，基础上焊接一条镀锌扁铁接防雷地线，如图4-11所示。

图4-11　混凝土基础与防雷地线

若采用槽钢作为基础，应选用10号槽钢制作，槽钢不可直接设置在屋面上，室外机运行时的振动容易破坏屋面防水层。槽钢自身应固定牢固，各连接节点必须焊接牢固，防止松动和振动。基础周围应有防水措施，保证槽钢基座中间不积水，槽钢应有防腐措施。

4.3.5 室内外机配电

采用多联机系统时，室内外机应分别供电。其中，室外机为三相380V电源，室内机为单相220V电源，室内外机之间只有信号线连接，而无电源线连接，如图4-12所示。室内机的配电不可从室外机的配电箱引出，室外机的每个模块可串联连接电源也可单独连接电源。

同一系统的室外机应采用一个配电设备独立供电，匹配相应的空气开关，如图4-13所示。机组运行时不得将其中一台室外机电源切断；同一系统的室内机应采用一个配电设备独立供电，匹配相应的空气开关，机组运行时不得将其中一台室内机电源切断。

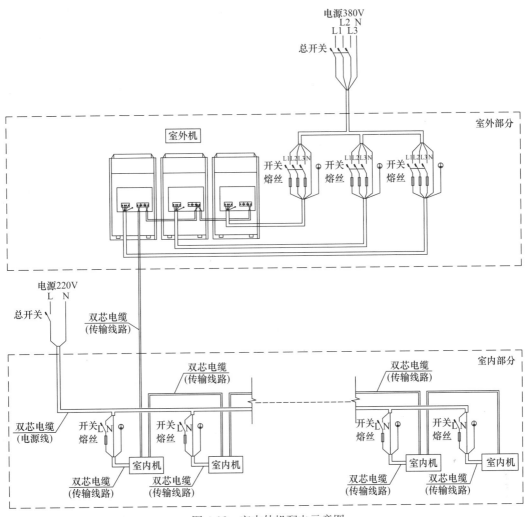

图 4-12　室内外机配电示意图

图 4-13　室外机预留配电箱

4.3.6　室内外机配管

多联机冷媒管等效长度应满足对应制冷工况下满负荷时的能效比（EER）不低于 2.8

的要求。项目编标时，多联机系统需要统计冷媒管用量，以下为某国产品牌室内外机及系统的配管尺寸，供编标单位参考。

1. 室内机配管

室内机配管尺寸详见表4-5。

室内机配管尺寸   表 4-5

室内机容量 （kW）	配管尺寸（R410A）	
	气管（mm）	液管（mm）
≤4.5	φ12.7	φ6.4
5.6～14.0	φ15.9	φ9.5

注：支配管长度超过10m时，需加粗一号，但不得超过主配管尺寸。

2. 室外机配管尺寸

室外机配管尺寸详见表4-6。

室外机配管尺寸   表 4-6

室外机容量 （HP）	配管尺寸（R410A）	
	气管（mm）	液管（mm）
8	φ22.2	φ12.7
10	φ25.4	φ12.7
12	φ28.6	φ12.7
14～16	φ28.6	φ15.9
18～22	φ31.8	φ15.9
24	φ34.9	φ15.9
26～32	φ34.9	φ19.1
34～48	φ41.3	φ19.1
50～64	φ44.5	φ22.2

注：室外机配管尺寸与系统配管尺寸取大值。

3. 系统配管尺寸

系统配管尺寸详见表4-7。

系统配管尺寸   表 4-7

系统下游室内机总容量（X） （kW）	配管尺寸（R410A）	
	气管（mm）	液管（mm）
$X<16.6$	φ19.1	φ9.5
$16.6 \leqslant X<23.0$	φ22.2	φ9.5
$23.0 \leqslant X<33.0$	φ22.2	φ12.7
$33.0 \leqslant X<46.0$	φ28.6	φ12.7
$46.0 \leqslant X<66.0$	φ28.6	φ15.9
$66.0 \leqslant X<92.0$	φ34.9	φ19.1
$92.0 \leqslant X<135.0$	φ41.3	φ19.1
$X>135.0$	φ44.5	φ22.2

注：系统配管尺寸与室外机配管尺寸取大值。

当冷媒管设置在室外时，为防止受雨水腐蚀、紫外线照射老化，应将冷媒管安装在桥架内或外包防水层。桥架高出屋面至少 200mm，防止被雨水浸泡。桥架或防水层可采用镀锌钢板、不锈钢、铝板等耐腐蚀材料，如图 4-14～图 4-16 所示。

(a)

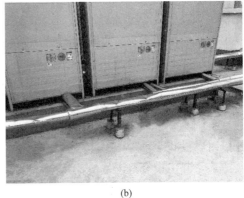
(b)

图 4-14　冷媒管采取防水措施
(a) 安装在桥架内；(b) 外包防水铝板

图 4-15　冷媒管未采取防水措施

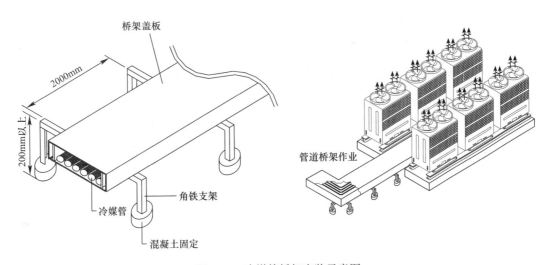

图 4-16　冷媒管桥架安装示意图

4.3.7 冷媒管井

冷媒管不可直接伸出屋面，应设置冷媒管井通往屋面。管井伸出屋面时，应与屋面板一起浇筑，高度不小于300mm。先用柔性防水材料做泛水，泛水高度不小于250mm，最后一道泛水应采用卷材，并用管箍或压条将卷材上口压紧，再用密封材料封口。

室内冷媒管井应在每层临公共区域的一侧设置检修门，检修门槛或井内楼地面宜高出本层楼地面，且不应小于100mm，冷媒管井的尺寸应满足安装和检修要求。

冷凝水优先采用设置竖向立管的方式进行排放，可将立管设置在冷媒管井内，并一直通往地下汽车库（非人防区域），间接排放至附近集水井，如图4-17所示。若地下室为人防区域时，可转至首层间接排放至室外雨水井。

冷媒管井内设有冷凝水立管时，应设置排水地漏。冷媒管及冷凝水立管穿楼板时，可预留钢套管，套管尺寸150～200mm；也可在楼板预留部分插筋，待冷媒管安装完毕后再浇筑楼板，如图4-18所示。管道和钢套管之间应用防火泥等不燃材料进行防火封堵，如图4-19所示。冷媒管出屋顶时，应在管井的侧墙上设置塑料套管，内高外低，如图4-20所示。

图4-17 冷凝水排至地下室集水井

图4-18 冷媒管井预留插筋

图4-19 冷媒管井防火封堵

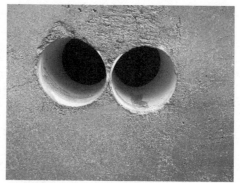

图4-20 冷媒管井侧墙套管

4.3.8 新风机组

在中小学校建筑中，采用多联机的场所均应设置新风系统，新风用于满足室内卫生要求和人员舒适度。与多联机配套使用的新风机组为热回收型新风机组（全热交换器）和全新风机组，如图 4-21 所示。

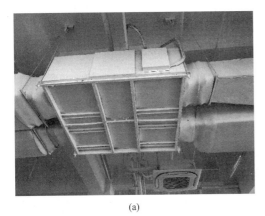

（a）　　　　　　　　　　　　　　　（b）

图 4-21　新风机组
（a）全热交换器；（b）全新风机组

热回收型新风机组通过内部换热部件让室内排风与室外新风进行热交换，夏季新风从排风中获得冷量；冬季新风从排风中获得热量，从而达到降低新风负荷的目的。常见的热回收方式有：纸质热回收、板式热回收、热管热回收、转轮热回收、溶液热回收等。

全新风机组采用直接膨胀法，对室外新风进行加热或冷却处理。全新风机组通常采用定出风温度控制，如某品牌新风机组的送风温度设定为：制冷 18℃，制热 25℃（部分机型 22℃）。小风量的全新风机组可与空调室内机连接在同一组室外机上，但全新风机组的容量不能超过室外机容量的 30%，且全新风机组与空调室内机的容量之和必须介于室外机容量的 50%～100% 之间。

在中小学校项目中，食堂、图书馆等大开间场所应优先采用热回收型新风机组；行政办公、会议室等小房间较多的场所可采用全新风机组。

新风设计相关要求：

（1）新风入口距室外地坪的高度不应小于 2.0m，当设置在绿化带时，不宜小于 1.0m；

（2）新风机组宜设置粗效、中效过滤器，中效过滤器宜采用 Z1 过滤器；

（3）设有集中排风时，宜采用热回收型新风机组，热回收效率不应低于 60%；

（4）当新风机组噪声较大时，应将机组设置在新风机房内，详见本书第 15.2.5 节；

（5）新风应直接送入室内，不宜接入室内机的送风管，更不可接入室内机的回风管；

（6）新风入口与排风出口宜设置在不同方向，如图 4-22 所示，如设置在同一方向，应保证水平间距不小于 10m，或排风口高出新风口至少 3m；

图 4-22　新、排风口设置在不同方向

（7）新风入口应避免设置在卫生间、厨房、化学实验室等有污浊气体或气味的房间附近；新风入口设置可关闭的阀门，严寒地区设置电动保温密闭阀门，并与新风机联锁；

（8）采用热回收型新风机组时，建议采用新风与排风不交叉的热交换方式，如热管热回收，如图 4-23 所示。另外，热回收型新风机组宜带旁通功能，方便过渡季节使用。

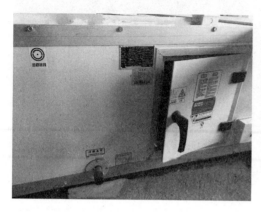

图 4-23　热管热回收新风机组

4.3.9　控制

多联机系统提供多种控制方式，主要有：无线遥控器、有线控制器、集中控制器。其中，无线遥控器一对一控制，适用于所有室内机；有线控制器一对一固定控制某台室内机，面板由室内机供电，不用电池，固定在墙上，不会丢失；集中控制器最多可对 64 台室内机进行控制，可实现室内机群组管理，图 4-24 为新风机组有线控制面板。

图 4-24　新风机组控制面板

4.4　屋顶空调

屋顶空调是集制冷、制热于一体的风冷型空调设备，机组将新风和回风混合后集中处理，制冷系统所有部件都在一个箱体内（整体式），处理好的空气经风管直接送入室内，相当于自带制冷系统（冷热源）的空调箱，又称直膨式空调机组或简称直膨机。

屋顶空调不仅具有基本的制冷、制热功能，根据需求还可选择再热、加湿、排风机、热回收、回风旁通等功能。屋顶空调在形式上属于全空气系统，在中小学校建筑中，常用于高大空间场所，如报告厅、风雨操场、游泳馆等。

4.4.1　机组形式

屋顶空调由两大部分组成，即空气处理机组（室内机）和风冷冷凝器（室外机）。两者合并设置时为整体式，如图 4-25 所示；两者分开设置时为分体式，如图 4-26 所示。

图 4-25　整体式屋顶空调

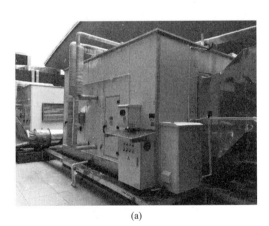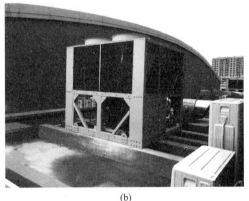

(a) (b)

图 4-26　分体式屋顶空调
（a）空气处理机组；（b）风冷冷凝器

整体式屋顶空调可直接放置在屋顶，分体式屋顶空调的室内机可放置在屋顶也可放置在室内空调机房内，室外机应放置在屋顶，并保证良好的通风散热条件。

4.4.2　接管方式

在中小学校建筑中，由于立面造型和平面布局的多样性和复杂性，使得屋顶空调需要根据不同摆放位置满足风管进出室内的设计要求。有些项目，风管需从屋顶进入室内；有些项目，风管需从侧墙进入室内；有些项目，风管需从楼板进入室内。图 4-27 为屋顶空调具备的六种接管方式，暖通设计时，可根据屋顶空调的摆放位置选择有利的接管方式。

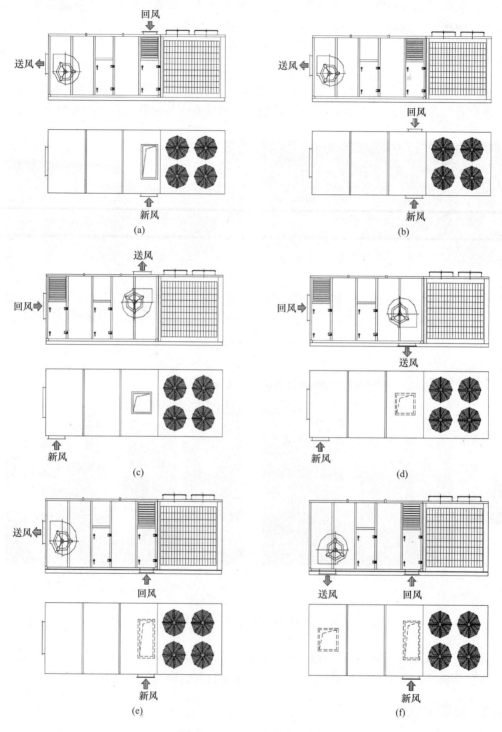

图 4-27　屋顶空调接管方式

(a) 顶部回风、端部送风；(b) 侧面回风、端部送风；(c) 端部回风、顶部送风；

(d) 端部回风、底部送风；(e) 底部回风、端部送风；(f) 底部回风、底部送风

4.4.3　管长和高差

为使机组达到良好的使用性能，当采用分体式屋顶空调时，连接室内外机的铜管水平长度一般不超过 30m，垂直高度一般不超过 20m，弯头不大于 10 个。若铜管过长，会降低机组的制冷量、制热量，同时所需制冷剂量也会增加。另外，如果接管弯头过多，也会增加制冷剂的流动阻力，使得压缩机负荷增加，制冷量、制热量降低。

暖通设计时，应优先采用整体式屋顶空调，当屋顶面积较小时，可采用分体式屋顶空调，空气处理机组和风冷冷凝器可叠加摆放；当空气处理机组放置在室内时，风冷冷凝器应尽量靠近空气处理机组摆放。为防止机组回油不良导致压缩机损坏，当风冷冷凝器安装位置高于空气处理机组时，应在回气管上每隔 5～6m 设置一个存油弯，如图 4-28 所示。

图 4-28　冷媒管存油弯

4.5　风冷热泵

风冷热泵属于中央空调水系统，夏季制冷，冬季制热，无需冷却塔。末端采用风机盘管时，可代替多联机用于餐厅、图书馆、办公等场所；末端采用空调箱时，可代替屋顶空调用于报告厅、风雨操场、游泳馆等场所。因此，在中小学校项目中，当单体建筑既有小空间场所又有高大空间场所，且可以合用一套系统时，可采用风冷热泵系统，如报告厅的观众厅、舞台、后台用房；图书馆的门厅、阅览室、配套用房；游泳馆的泳池区、更衣间、辅助用房。

风冷热泵系统的主要特点：

（1）系统成熟，运行稳定，无需专人维护；

（2）除主机和末端外，还需配置水泵、定压补水、水处理、阀门等设备；

（3）水管接头、阀门较多，有漏水隐患；

（4）系统作用半径相对较大，受管长和高差的影响较小；

（5）水泵的噪声相对较大，需要考虑降噪、隔声措施。

4.5.1　机组形式

根据机组数量，风冷热泵分为整体式和模块式，如图 4-29 所示。

根据压缩机类型，整体式机组主要分为涡旋式和螺杆式，在实际项目中，通常设置 1～2 台机组，单台机组体积相对较大。暖通设计时，屋顶或地面应有足够的空间摆放机组、配套设备以及布置管道，并保证机组具有良好的通风散热条件。

模块式机组的并联台数一般不超过 16 台，需要设定其中一台为主机，其余台数为从机。机组群控系统根据用户侧的负荷大小控制模块运行的台数，并结合每个模块的总运行时间、损耗情况进行自动分配，通常优先启动累计运行小时数最少的模块，让各模块的运行时间尽量接近以保持同样的运行寿命。模块式机组的台数较多时（大于或等于 4 台），末端负荷变化基本可以通过台数进行调节，单模块无需采用变频机组。

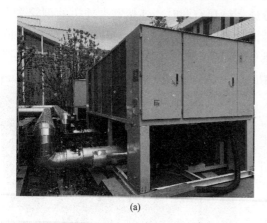 

(a)   (b)

图 4-29　风冷热泵
(a) 整体式；(b) 模块式

为保证每个模块之间的阻力平衡，机组应采用同程布置。为便于对各压缩机的开、停机进行独立控制，每个模块单元需要一组独立电源进线，每组电源进线均需配备空气开关。

寒冷地区的中小学校采用风冷热泵时，应选用低温型热泵机组，制热性能系数不应小于 2.0。当冬季有市政热源条件时，可通过板式换热器制取空调热水，并共用空调末端和管道，夏季采用风冷热泵制冷，冬季切换至市政热源制热，保证室内空调效果。

4.5.2　末端

风冷热泵系统的末端为风机盘管和空调箱，风机盘管一般用于室内净高 4m 以下的场所，如办公室、会议室等小空间场所；空调箱一般用于门厅、中庭、风雨操场、观众厅、舞台、游泳馆等高大空间场所，末端风口常用旋流风口、喷口、温控风口等。暖通设计时，风机盘管应尽量采用同程布置，空调箱可采用异程布置。

风机盘管与多联机的室内机类似，可根据室内风格自由选择末端形式。空调箱需要设置在空调机房内，机房不宜贴邻安静的房间布置，且机房需要采取隔声措施，关于空调机房的要求详见本书第 15.2.6 节。

4.5.3　水泵

风冷热泵系统的水泵通常采用卧式单级清水离心泵，效率不宜小于 80%，转速一般为 1450r/min，比转速为 130～150。空调供回水管的比摩阻可取 150～250Pa/m，水泵扬程一般为 20～25m。

风冷热泵制冷时的供/回水温度为 7℃/12℃，制热时的供/回水温度为 45℃/40℃，两者温差相同，且中小学校项目中使用风冷热泵的面积通常不大，因此冷热水泵无需分开设置。

由于水泵噪声相对较大，且电机需要设置防水措施，当采用风冷热泵的场所有地下室时（非人防区域），可将水泵及配套设备放置在地下室设备用房内。

4.5.4　运行控制

在中小学校建筑中，各功能场所使用时间规律、人员数量稳定，与商业建筑相比，末端负荷变化不大，且寒暑假期间，空调系统几乎不运行。因此，风冷热泵系统采用定频主机和定频水泵即可，通过台数控制，不仅可以减少初投资，而且运行简单，控制方便。

风冷热泵采用一次泵变流量系统，主机定流量、末端变流量，通过压差旁通阀自动控制。风机盘管设置电动两通阀和三速温控开关，空调箱设置动态平衡电动调节阀和温控器。

4.6　其他形式

除上述常用的空调形式外，也有部分学校（一般为高等院校）空调形式采用中央空调水系统、地源热泵系统、溴化锂吸收式系统等。由于这些空调形式相对较为复杂，在中小学校项目中很少使用，本书不再详细介绍。

第5章

教室

摄影：建筑译者姚力

　　教室是中小学校建筑中最重要的功能房间，其数量和面积在建筑中占据较大比例。学校的教、学任务基本都是在教室中完成；学生在校期间，绝大多数时间也是在教室中度过。因此，教室在暖通设计中应重点关注，尤其是在消防、安全、室内舒适度、空气品质方面，通过合理、科学的设计为师生提供一个良好的教育、学习环境。

5.1　教室分类

　　教室从教学功能上分为普通教室和专业教室，专业教室又分为实验类、艺术类、学科类、实践类、综合类，详见表 5-1。

中小学校教室分类

表 5-1

分类	种类	教室名称	备注	
普通教室	基础类	教室	中小学	
专业教室	实验类	物理实验室	力、光、热、声、电	中学
		生物实验室	解剖	
			显微镜观察	

续表

分类	种类	教室名称	备注	
专业教室	实验类	化学实验室	化学反应	中学
		综合实验室	跨学科	
	艺术类	美术教室	中小学	
		音乐教室		
		书法教室		
		舞蹈教室		
	学科类	历史教室	中学	
		地理教室		
		科学教室	小学	
		语言教室	中小学	
		计算机教室		
	实践类	劳动教室	小学	
		技术教室	中学	
	综合类	合班教室	中小学	
		阶梯教室		

注：教室种类及数量应根据学校的建设标准和教学要求确定。

图 5-1 为已投入使用的中小学校建筑中的各类教室。

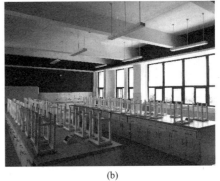

(a)   (b)

(c)   (d)

图 5-1　教室类型（一）

（a）普通教室；（b）实验室；（c）计算机教室；（d）美术教室

图 5-1 教室类型（二）

（e）书法教室；（f）史地教室；（g）舞蹈教室；（h）音乐教室；

（i）劳技教室；（j）合班教室；（k）科学教室；（l）录播教室

5.2　建设要求

5.2.1　面积指标

以江苏省为例，学校生均占地面积，小学不低于 23m²、初中不低于 28m²；老城区学校生均占地面积，小学不低于 18m²、初中不低于 23m²。生均校舍建筑面积（不含宿舍），小学不低于 8m²、初中不低于 9m²。

教学用房的面积指标详见表 5-2。学校实行标准班额办学，小学班额人数指标为每班 45 人，中学班额人数指标为每班 50 人，有条件的地区可推行小班化教学。以江苏省为例，每间普通教室使用面积，小学不低于 65m²、初中不低于 75m²；每间美术教室使用面积不低于 95m²、准备室面积不低于 24m²；每间音乐教室和舞蹈教室使用面积不低于 95m²、器材室面积不低于 24m²。

主要教学用房的使用面积指标（单位：m²/每座）　　　　　表 5-2

房间名称	小学	中学
普通教室	1.36	1.39
计算机教室	2.00	1.92
语言教室	2.00	1.92
美术教室	2.00	1.92
书法教室	2.00	1.92
音乐教室	1.70	1.64
舞蹈教室	2.14	3.15
合班教室	0.89	0.90
实验室	—	1.92

注：表中数据摘自《中小学校设计规范》GB 50099—2011。

5.2.2　室内净高

教学用房的净高要求详见表 5-3。

主要教学用房的最小净高（单位：m）　　　　　表 5-3

教室	小学	初中	高中
普通教室、史地、美术、音乐教室	3.00	3.05	3.10
舞蹈教室	4.50		
科学教室、实验室、计算机教室 劳动教室、技术教室、合班教室	3.10		

注：1. 表中数据摘自《中小学校设计规范》GB 50099—2011；
　　2. 教室净高是根据上课时学生所需的空气量及教室使用面积确定的；
　　3. 阶梯教室最后一排的地面到棚顶的净高不应小于 2.2m。

5.2.3　平面布置

中小学校属于自救能力较差的人员密集场所，当发生突发意外事件时，为有利于学生安全疏散，建筑层数不宜过多。各类小学的主要教学用房不应设在 4 层以上，如图 5-2 所示；各类中学的主要教学用房不应设在 5 层以上，如图 5-3 所示。小学教学楼 4 层以上和中学教学楼 5 层以上，可设置办公、会议等非教学用房。

教室内应采光良好、光线充足，教室与外走廊相连时，可设置敞开楼梯间，楼梯间应满足采光、通风要求，5 层内设置总面积不小于 2.0m² 的可开启外窗或开口。

图 5-2　小学教学楼（4 层）　　　　　图 5-3　中学教学楼（5 层）

5.2.4　相关要求

《中小学校设计规范》GB 50099—2011 中关于教室的一些基本要求如下：

（1）教室的门窗要有利于采光通风，各种教室均设置前后门，门上设置观察窗，门框上部设置采光通风窗，如图 5-4 所示。

（2）教室宜双侧采光，主要采光面应位于学生座位的左侧。

（3）音乐教室应采用隔声门窗，墙面和顶棚应采取吸声措施。

（4）语言教室宜采用架空地板；计算机教室宜采用防静电架空地板（易于导出静电），如图 5-6 所示，楼地面的做法要有利于埋设管线的维修；化学实验室宜采用耐酸碱腐蚀的楼地面。

（5）合班教室的墙面和顶棚应进行声学设计，前后排间距不小于 900mm，座椅宽度不小于 550mm。

（6）容纳 3 个班及以上的合班教室应设计为阶梯教室，如图 5-5 所示。

图 5-4　教室门窗　　　　　　　　　图 5-5　阶梯教室

（7）舞蹈教室应按男女学生分班上课的需要设置；舞蹈教室设置供暖时，散热器应暗装，并采用温包外置式恒温控制阀。

（8）有油烟或气味发散的劳动教室、技术教室应设置有效的排气设施。

图 5-6　计算机教室及架空地板

（9）根据《民用建筑隔声设计规范》GB 50118—2010 的规定，各类教学用房及其辅助用房内的噪声级应满足表 5-4。

室内允许噪声级　　　　　　　　　　　　　　　　　　　　　表 5-4

房间名称	允许噪声级 ［dB(A)］
普通教室	≤45
语言教室	≤40
实验室	≤45
计算机教室	≤45
教师办公室、休息室	≤45
音乐教室、琴房	≤45
舞蹈教室	≤50
教学楼中封闭的走廊、楼梯间	≤50

注：1. 表中房间不包括音乐厅、体育馆和多功能厅等专业用途的空间；
　　2. 教学用房不包括特殊教育学校中的教室；
　　3. 普通教室是指教师采用自然声授课的教室，不包括采用扩声设备的教室；
　　4. 室内噪声采用关窗条件下无教学人员时测得的噪声值。

5.3　排烟设计

根据《建筑设计防火规范》GB 50016—2014（2018 年版）的规定，教室属于经常有人停留且可燃物较多的场所，建筑面积大于 100m² 时需设置排烟设施。普通教室的建筑面积一般小于 100m²，且本身设有外窗，不属于无窗房间，因此无需设置排烟设施；专业教室的建筑面积一般大于 100m²，需设置排烟设施。通常情况下，教室均采用自然排烟，有效开窗面积不小于教室面积的 2%。排烟窗应采用有利于火灾时烟气排出的开启方式，通常采用推拉窗，如图 5-7 所示。

图 5-7　教室自然排烟窗

当排烟窗设置在高位时，应在距地 1.3～1.5m 处设置手动开启装置，如图 5-8 所示，或采用自动排烟窗，如图 5-9 所示。

图 5-8　手动开启装置（普通教室）　　　　图 5-9　电动排烟窗（专业教室）

根据《建筑防烟排烟系统技术标准》GB 51251—2017 的规定，排烟窗应设置在储烟仓以内，而储烟仓的高度跟室内净高有关。当室内空间净高不大于 3m 时，排烟窗可设置在室内净高 1/2 以上；当室内净高大于 3m 时，排烟窗应设置在室内最小清晰高度以上，室内最小清晰高度计算公式如下：

$$H_q = 1.6 + 0.1H'$$

式中　　H_q——最小清晰高度，m；

　　　　H'——排烟空间的建筑净高度，m。

这里需要注意的是，排烟空间的建筑净高度（排烟净高）与建筑净高的定义不同，如图 5-10 所示。建筑净高是指楼、地面完成面至结构梁底或板下突出物间的垂直距离，当室内顶棚或风道（管道）低于梁底时，净高计至顶棚或风道（管道）底。排烟净高是指火灾时烟气所能到达的高度，当室内有吊顶时，净高为地面完成面至吊顶下的垂直距离；当室内无吊顶或为镂空吊顶时，净高为地面完成面至上一层楼板底边缘的垂直距离。

由此可见，对于需要设置排烟设施的教室而言，室内有无吊顶直接影响排烟窗的高度和有效面积计算。有些项目在设计初期要求室内设置吊顶，但在项目后期，由于进度、资金等方面的原因，室内吊顶取消，导致排烟净高变大→最小清晰高度变大→储烟仓下沿提高→排烟窗有效面积减少，消防验收不通过。

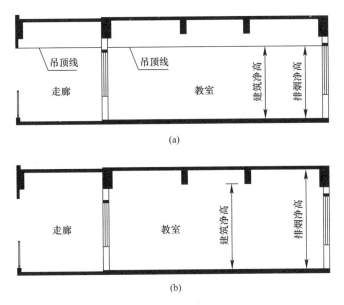

图 5-10　排烟净高与建筑净高

(a) 有吊顶；(b) 无吊顶

对于阶梯教室，计算排烟量时，排烟净高（H_1）为地面最低处至顶棚的垂直距离；计算最小清晰高度时，排烟净高（H_2）为地面最高处至顶棚的垂直距离，如图 5-11 所示。有效排烟窗应设置在地面最高处的最小清晰高度以上，如图 5-12 所示。

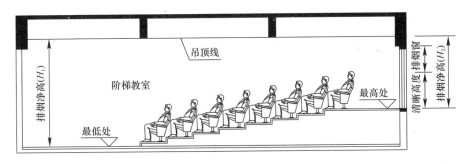

图 5-11　阶梯教室排烟示意图

图 5-12　阶梯教室最高处排烟窗

对于单面布置的教室，会有两面外窗，一面朝向室外，一面朝向外走廊。需要注意的是，部分地区要求排烟窗不可开向疏散走道（外走廊），即教室储烟仓内不得有可开启的外窗开向外走廊，如图 5-13 所示。图中外窗 A 不可用作排烟窗，外窗 B 可用作排烟窗。

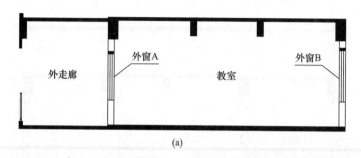

(a)

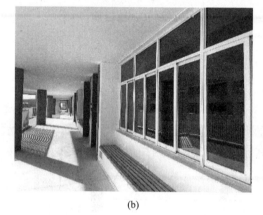 

(b)   (c)

图 5-13 教室外窗

（a）外窗示意图；（b）外窗 A；（c）外窗 B

5.4 空调设计

相关规范对中小学校建筑中的教室并无空调设计要求，而仅有通风及供暖要求。《中小学校体育设施技术规程》JGJ/T 280—2012 中要求舞蹈教室的室内设计温度为 22℃，《中小学校设计规范》GB 50099—2011 中要求舞蹈教室在冬季室温达不到规定温度时，应设置供暖设施。

根据《中小学校设计规范》GB 50099—2011 的规定，在夏热冬暖、夏热冬冷等气候区中的中小学校，当教室用房不设空调且在夏季通过开窗通风不能达到基本热舒适度时，应设置吊式电风扇。小学教室中，电风扇叶片距地面高度不应低于 2.8m；中学教室中，电风扇叶片距地面高度不应低于 3.0m。《中小学校设计规范》GB 50099—2011 中要求计算机教室宜设空调系统。

对于教室而言，空调并非规范要求的必需品，而是由于社会和经济的发展，人们为提高室内热舒适度要求的配套产品。在中小学校项目中，目前常见的做法是：普通教室设置空调机位和吊扇；专业教室由于教学方面的限制一般不设置吊扇，仅设置空调机位。在夏季，优先开启电风扇降温，室外温度较高时，再开启空调制冷。

由于室内净高以及电风扇叶片底部高度的要求，教室设置电风扇时，室内一般无吊顶，电风扇安装在顶板下，如图 5-14 所示；室内有吊顶时，一般不设置电风扇，仅设置空调。

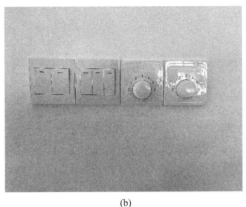

(a)　　　　　　　　　　　　　　　　　　(b)

图 5-14　教室内的电风扇

（a）吊扇；（b）开关

电风扇的吊钩必须预埋在现浇混凝土楼板内，不得使用膨胀螺栓或胀管等固定电风扇，电风扇必须进行 6kg 以上的试吊试验，钢制吊杆的壁厚不得小于 2mm，吊杆之间、吊杆与电机之间的螺纹连接不得小于 20mm。

5.4.1　空调形式

在中小学校建筑中，教室类型较多，暖通设计时，应根据教室的功能、面积、净高、内装风格、空调机位、校方要求等因素确定空调形式。

普通教室以及大多数专业教室，如实验室、美术教室、书法教室、科学教室等，通常采用分体空调，室内机以柜机和壁挂机为主；当教室设置吊顶时，也可采用一拖一风管机或一拖一嵌入机。空调形式均属于分体空调，可采用无组织进风满足室内新风要求。

面积或净高较大的专业教室，如音乐教室、舞蹈教室、合班教室、阶梯教室等，当无法设置空调机位而需将室外机放置在屋顶或较远处时，可采用多联机，利用多联机管长和高差的优势满足空调安装要求。空调形式属于中央空调，应配套设置有组织进风的新风系统。

图 5-15 为教室常用空调形式。

对于高大空间教室，如舞蹈教室、音乐教室，应注意空调气流组织形式，保证冬季空调制热效果，满足室内设计温度，可采用旋流风口并将回风口设置在低位，如图 5-16 所示。

5.4.2　空调机位

普通教室的面积为 80～90m²，各类实验室的面积为 100～120m²，合班教室、阶梯教

室的面积为 $150\sim170m^2$。教室常用分体空调的容量为 3HP 和 5HP，基本上设置 $2\sim4$ 台分体空调就可满足不同功能教室的空调需求。对于个别面积较大的教室，为方便室外机的摆放和散热，可采用室外机为侧出风形式的小型多联机。

图 5-15　教室常用空调形式

（a）柜机；（b）壁挂机；（c）嵌入机；（d）风管机

图 5-16　舞蹈教室空调风口

（a）旋流风口；（b）低位回风口

教室采用分体空调时，常见的做法是：在教室外墙前后分别设置一个空调机位，每个空调机位尺寸不小于 1300mm(宽)×700mm(深)，高度同室内，平面布置如图 5-17 所示。

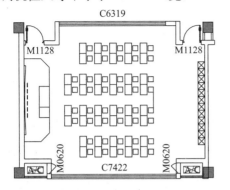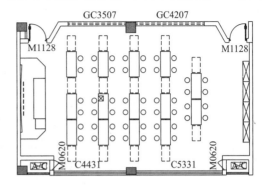

图 5-17　教室空调机位

（a）普通教室；（b）专业教室

相邻教室可共用一个空调机位，两台室外机上下叠加摆放（单独设置支架）。空调机位应设置排水地漏，如图 5-18 所示；空调机位宜在室内侧设置检修门，宽度不小于 0.6m，方便室外机安装和检修，如图 5-19 所示。机位内应预留空调套管，具体要求详见本书第 4.2.2 节。当教室内不设专用机位时，应考虑室外机噪声对课堂的影响，室外机不宜设置在紧靠学生座位的窗外，且安装后宜进行噪声检测。

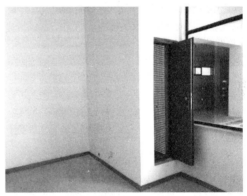

图 5-18　空调机位地漏　　　　　图 5-19　空调机位检修门

5.4.3　机位遮挡

空调机位应采取遮挡和美观处理，减少对建筑立面的影响，如图 5-20 所示。常用的遮挡材质有：百叶、格栅、花隔墙、穿孔铝板，如图 5-21 所示。遮挡材质的开口率应大于 80%，当采用百叶时，不宜采用防雨百叶，百叶水平倾斜角度不大于 15°，百叶叶片之间空隙的垂直间距不应小于 50mm。空调室外机正前方有建筑遮挡物时，室外机距该遮挡物的正面间距不应小于 1.5m。

图 5-22 列举了实际项目中空调机位遮挡存在的一些问题：（a）采用防雨百叶遮挡，百叶过密，影响空调散热；（b）采用花隔墙遮挡，花隔墙开口率较低，约 40%，影响空调散热；（c）采用实墙遮挡，实墙距室外机较近，影响空调散热；（d）采用格栅遮挡，但

空调预留洞未设置在格栅后方，空调管线暴露，影响立面美观。

　　除室外机需要遮挡外，室内机也应注意遮挡问题。当室内机采用柜机或壁挂机时，教室前后应设置一定宽度的实体墙用于安装室内机和空调插座，实体墙的宽度不宜小于1200mm，若宽度较小，会导致室内机超出墙体，影响室内美观，如图5-23所示。

图 5-20　外立面空调机位

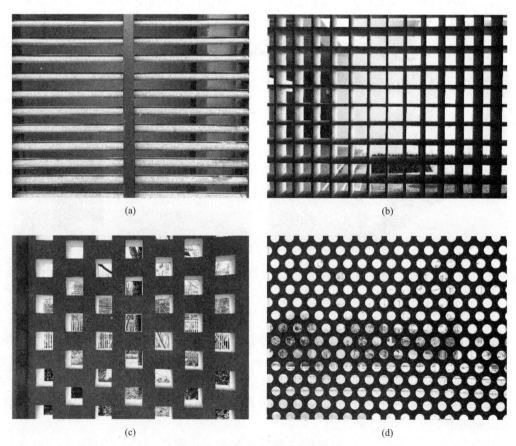

(a)

(b)

(c)

(d)

图 5-21　空调机位常用遮挡材质

(a) 百叶；(b) 格栅；(c) 花隔墙；(d) 穿孔铝板

图 5-22　不符合要求的机位遮挡
（a）防雨百叶；（b）花隔墙；（c）实墙；（d）格栅

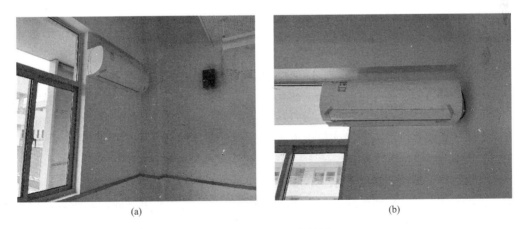

图 5-23　壁挂机与实体墙
（a）满足安装要求；（b）不满足安装要求

5.4.4　空调内外机

如上所述，教室空调室内机常用形式有：柜机、壁挂机、风管机、嵌入机。

1. 电源形式

对于分体空调，3HP以下空调为单相电源，内机供电；3HP以上空调为三相电源，外机供电；3HP空调既有单相电源也有三相电源；部分品牌5HP空调电源也分单相和三相。三相电源的3HP空调一般为定频系列；单相电源的5HP空调一般为变频系列。

空调室内机供电时，应在室内机附近预留空调插座；空调室外机供电时，可在机位内预留电源接线，通过空气开关与室外机连接，也可在室内机附近预留空调插座，将室外机电源设置在室内，方便操作。单相电源采用普通三孔插座，三相电源采用专用四孔插座，有条件时，建议3HP、5HP空调同时预留两种类型插座，如图5-24所示。

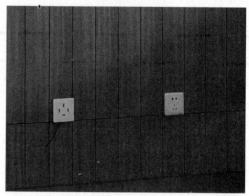

图 5-24 室内空调插座（单相＋三相）

室内机采用柜机时，应在低位预留空调插座；室内机采用壁挂机时，应在高位预留空调插座；室内机采用吊顶机时，应在吊顶内预留电源接线。所有空调插座必须采用安全型。

对于多联机，空调室内外机均需供电。其中，室外机为三相电源，室内机为单相电源，应分别在机位处和吊顶内预留电源接线。

暖通专业在给电气专业提资时，应明确空调电源形式为单相还是三相、内机供电还是外机供电、插座设置在低位还是高位、室内机是否考虑辅助电加热以及辅助电加热功率。当3HP、5HP空调带辅助电加热时，建议按三相电源供电。校方在空调招标采购时，应在招标文件上注明空调的电源形式、供电方式、辅助电加热功率等参数。

2. 辅助电加热

根据《房间空气调节器能效限定值及能效等级》GB 21455—2019 的规定，对于房间空气调节器产品，在室外侧干球温度低于0℃的情况下，允许采用电辅助加热直接加热室内空气作为送入室内制热量的一部分。

目前，市场上的空调主要分为：国产品牌、合资品牌、进口品牌。经调查了解，合资品牌和进口品牌的空调室内机均无辅助电加热功能，而国产品牌的分体空调室内机均有辅助电加热功能，只有部分单冷系列的产品无辅助电加热功能。另外，国产品牌的多联机室内机也均有辅助电加热功能，但属于选配件，在现场安装时，电加热组件可不接入室内电源，如图5-25所示。

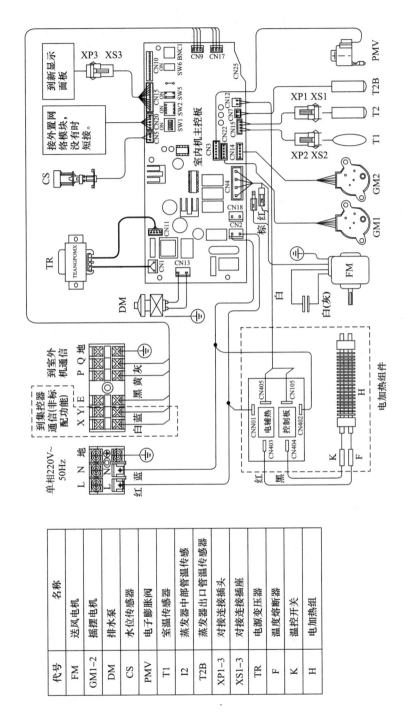

图5-25　多联机室内机电气接线图

代号	名称
FM	送风电机
GM1-2	摇摆电机
DM	排水泵
CS	水位传感器
PMV	电子膨胀阀
T1	室温传感器
I2	蒸发器中部管温传感器
T2B	蒸发器出口管温温度传感器
XP1-3	对接连接插头
XS1-3	对接连接插座
TR	电源变压器
F	温度熔断器
K	温控开关
H	电加热组

暖通设计时，室内机辅助电加热功率可参考表 5-5、表 5-6。

分体空调室内机辅助电加热功率　　　　表 5-5

空调容量	制冷量（kW）	制热量（kW）	最大功率（kW）	电源（V）
1.5HP 壁挂机	3.67	3.9＋(1.05)	1.1＋1.05	220
2HP 壁挂机	5.04	5.86＋(1.4)	1.77＋1.4	220
3HP 壁挂机	7.2	8.2＋(1.0)	2.63＋1.0	220
3HP 柜机	7.2	8.3＋(2.5)	2.45＋2.5	380
5HP 柜机	12.0	13.5＋(3.5)	3.96＋3.5	380

注：1. 辅助电加热功率为括号中的数值；
　　2. 表中数据摘自某国产品牌空调样本。

多联机室内机辅助电加热功率　　　　表 5-6

制冷量（kW）	制热量（kW）	室内机功率（kW）	电源（V）
2.8	3.2＋(1.5)	0.08＋1.5	220
3.6	4.0＋(1.5)	0.08＋1.5	220
4.5	5.0＋(1.5)	0.08＋1.5	220
5.0	5.6＋(1.5)	0.08＋1.5	220
5.6	6.3＋(1.5)	0.08＋1.5	220
6.3	7.0＋(1.5)	0.08＋1.5	220
7.1	8.0＋(2.1)	0.1＋2.1	220
8.0	9.0＋(2.1)	0.1＋2.1	220
9.0	10.0＋(2.7)	0.19＋2.7	380
10.0	11.0＋(2.7)	0.19＋2.7	380
11.2	12.5＋(2.7)	0.19＋2.7	380
12.5	13.5＋(2.7)	0.19＋2.7	380
14.0	16.0＋(2.7)	0.19＋2.7	380

注：1. 辅助电加热功率为括号中的数值；
　　2. 表中数据摘自某国产品牌空调样本。

由上表可知，分体空调单台室内机辅助电加热功率为 1.0～3.5kW；多联机单台室内机辅助电加热功率为 1.0～3.0kW。在中小学校项目中，采用分体空调的教室数量较多，再加上使用多联机的场所，辅助电加热功率不可忽视，更不可忽略。

表 5-7 列举了某学校采购的空调及辅助电加热功率。据统计，分体空调室内机辅助电加热总功率为 342.1kW，多联机室内机辅助电加热总功率为 330kW，全校空调辅助电加热功率总计为 672.1kW。

某学校空调辅助电加热功率统计　　　　表 5-7

分体空调	制冷量（kW）	制热量（kW）	辅助电加热功率（kW）	台数
1.5HP 壁挂机	3.59	3.95	1.05	2
3HP 柜机	7.29	8.3	2.5	3
5HP 柜机	12.0	13.7	3.5	95
合计	1169.05	1334.3	342.1	100

续表

多联机	制冷量（kW）	制热量（kW）	辅助电加热功率（kW）	台数
室内机	4.5	5.0	1.5	3
	5.0	5.6	1.5	9
	5.6	6.3	1.5	8
	8.0	9.0	2.1	31
	9.0	10.0	2.7	14
	11.2	12.5	2.7	70
	14.0	16.0	2.7	3
合计	1303.3	1457.8	330	138
总计	2472.35	2792.1	672.1	238

有些项目在设计时未考虑辅助电加热，但在招标时采购了带辅助电加热的空调，导致在实际使用中经常出现跳闸的现象，校方后期不得不进行电气增容，在变电所内又追加了一台变压器；有些项目在设计时未考虑辅助电加热，导致在冬季使用空调时，校方经常抱怨空调没有效果。

空调是否考虑辅助电加热不仅影响电气容量的选择，也关系到后期空调的使用效果。由于中小学校项目的空调采购属于政府招标采购范围，根据政府招标采购的规定，在没有特殊原因时，空调设备不允许采购进口品牌，再加上采购预算的限制，中小学校的空调基本都是国产品牌。因此，当采用分体空调时，室内机均应按国产品牌考虑辅助电加热；当采用多联机时，暖通专业应在设计初期与校方确认，空调室内机是否考虑辅助电加热，并提资给电气专业。建设单位在进行招标采购时，也应在招标文件中明确辅助电加热的要求及功率。

严寒地区的中小学校项目，冬季采用集中供暖，不考虑热泵空调制热；寒冷地区的中小学校项目，在使用多联机供暖时，室内机应考虑辅助电加热，以保证冬季空调的制热效果；夏热冬冷地区的中小学校项目，应根据项目预算和校方要求决定多联机室内机是否考虑辅助电加热；夏热冬暖地区的中小学校项目，室内机无需考虑辅助电加热。

当室内机具备辅助电加热功能时，应能够实现手动开、闭电辅助加热系统。同时，应在明显位置安装有表达电辅助加热系统工作状态的显示器。

3. 冷媒管

暖通设计时，连接室内外机的冷媒管的室外段应隐藏在空调机位内，不应裸露在外墙上，影响建筑立面美观。另外，当室内机采用壁挂机时，应选用两侧均可出管的壁挂机，且壁挂机应尽量靠近空调机位，减少室内裸露的冷媒管长度，提高室内美观性，详见本书第 19.5.5 节。

5.5　通风设计

室内污染主要分为建筑污染和人员污染，在项目刚建成时，因教室内新购置的桌椅、黑板、储物柜等，使得室内污染物含量较高，如甲醛、TOVC 等。学生尚未入学，建筑污染远大于人员污染，此时应加强教室内的通风换气措施，加快有害物的挥发，并通过有害物质浓度检测，满足室内空气质量标准，室内污染物浓度限值详见本书第 13.3.1 节。学生在校期间，教室属于高密度人群场所，尤其是上课期间需要关闭门窗时，人员污染远大于建筑污染，此时不仅需要满足人员生理所需新风量要求，还要满足室内房间最小换气次数要求。

根据《中小学校设计规范》GB 50099—2011 的条文解释，充足的新鲜空气保证学生能够健康成长，并能保证学生的听课质量。经测定，在换气不足的教室里，由于一个班学生新陈代谢的作用，第二节课以后，学生的注意力就因为缺氧而难以集中。根据日本就学校教室换气量多少对学生学习效率的影响分析显示，换气次数为 $0.4h^{-1}$ 与 $3.5h^{-1}$ 对比时，后者学生的学习效率可提高 5%～9%。同时，随着学生在教室停留时间的增加，换气量大的教室内学生的学习效率可提高 7%～10%。

5.5.1 新风指标

1. 《中小学校教室换气卫生要求》GB/T 17226—2017

保证基本室内空气品质，确保人身体健康的必要通风量计算公式如下：

$$Q = \frac{M}{1000(K - K_0)}$$

式中　Q——必要换气量，$m^3/(h \cdot 人)$；

　　　M——CO_2 的呼出量，$L/(h \cdot 人)$；

　　　K——教室内空气 CO_2 的最高允许浓度，%；

　　　K_0——室外空气的 CO_2 浓度，%。

教室内 CO_2 日平均最高允许浓度应≤0.1%，K 可取 0.1%（旧版规范 K 取 0.15%）；室外空气中 CO_2 浓度 K_0 取 0.03%，上式可简化为：

$$Q = \frac{M}{0.7}$$

换气量（Q），小学生不宜低于 $20m^3/(h \cdot 人)$，初中生不宜低于 $25m^3/(h \cdot 人)$，高中生不宜低于 $32m^3/(h \cdot 人)$。由此也可得出 CO_2 呼出量的参考标准，小学生为 $14L/(h \cdot 人)$，初中生为 $17.5L/(h \cdot 人)$，高中生为 $22.4L/(h \cdot 人)$。

2. 《中小学校设计规范》GB 50099—2011

考虑到教室内学生集中且基本为平静状态，将 CO_2 允许浓度调整为 0.15%，并要求机械通风时，人员所需新风量不低于表 5-8 的规定。

教室人员所需新风量　　　　　　　　　　　　表 5-8

房间名称	人均新风量 [$m^3/(h \cdot 人)$]
普通教室	19
化学、物理、生物实验室	20
语言、计算机教室、艺术类教室	20
合班教室	16

注：1. 人均新风量是指人均生理所需新风量与排除建筑污染物所需新风量之和，其中单位面积排除建筑污染所需新风量取 $1.1m^3/(h \cdot m^2)$；

　　2. 《中小学校体育设施技术规程》JGJ/T 280—2012 中要求舞蹈教室 CO_2 浓度不应大于 0.15%。

表 5-8 中普通教室的人均新风量为 $19m^3/(h \cdot 人)$，是依据室内 CO_2 浓度为 0.1% 时的新风量 $31.8m^3/(h \cdot 人)$ 折算成浓度为 0.15% 时的新风量 $18.3m^3/(h \cdot 人)$ 得来的。由于

室内 CO_2 允许的浓度值提高，新风指标明显低于《中小学校教室换气卫生要求》GB/T 17226—2017 中的要求，同时《中小学校设计规范》GB 50099—2011 也未按小学生、初中生、高中生进行细分。

3.《民用建筑供暖通风与空气调节设计规范》GB 50736—2012

教室属于高密度人群建筑，每人所需最小新风量应根据人员密度取值，详见表 5-9。

高密度人群建筑每人所需最小新风量 [m^3/(h·人)]　　　　　　表 5-9

建筑类型	人员密度 P_F（人/m^2）		
	$P_F \leqslant 0.4$	$0.4 < P_F \leqslant 1.0$	$P_F > 1.0$
教室	28	24	22

结合表 5-2 中的面积指标可知，舞蹈教室 $P_F \leqslant 0.4$，合班教室 $P_F > 1.0$，其余教室 $0.4 < P_F \leqslant 1.0$。因此，普通教室的人均新风量为 24m^3/(h·人)，大于《中小学校设计规范》GB 50099—2011 中普通教室的新风要求，也大于《中小学校教室换气卫生要求》GB/T 17226—2017 中小学生的换气量要求。

综上所述，中小学校教室人均新风量可参照表 5-10 取值。

教室新风量指标　　　　　　表 5-10

房间名称		人均新风量 [m^3/(h·人)]
普通教室	小学	24
	初中	25
	高中	32
舞蹈教室		28
合班教室		22
其他教室		24

根据表 5-10 确定教室新风量后，还应根据教室的面积和净高校核教室的换气次数，并满足《中小学校设计规范》GB 50099—2011 中最小换气次数的要求，详见表 5-11。

教室最小换气次数标准　　　　　　表 5-11

房间名称		换气次数（h^{-1}）
普通教室 舞蹈教室	小学	2.5
	初中	3.5
	高中	4.5
实验室		3.0

注：表中舞蹈教室的换气次数摘自《中小学校体育设施技术规程》JGJ/T 280—2012。

5.5.2　通风换气

《中小学校设计规范》GB 50099—2011 要求优先采用有组织的自然通风设施，除化学、生物实验室外，非严寒和非寒冷地区全年，严寒及寒冷地区除冬季外，优先采用开启外窗的自然通风方式，分为以下几种情况：

1. 非严寒和非寒冷地区

（1）春秋季，未使用空调时，窗户常开，保持通风换气状态。

（2）冬夏季，空调使用时，利用课前和课间 10min 进行通风换气。

2. 严寒及寒冷地区

（1）春秋季，未使用空调时，窗户常开，保持通风换气状态。

（2）夏季，空调使用时，利用课前和课间 10min 进行通风换气。

（3）冬季，空调使用时或散热器供暖时，寒冷地区可利用课前和课间 10min 进行通风换气；严寒地区可在散热器后方的外墙上设置可调节的进风口，并开启教室内墙上的门窗进行通风换气，如图 5-26 所示。

图 5-26　教室内墙上的通风换气窗

除了采用自然通风方式外，可在教室外墙上设置壁式排风装置，利用负压进行通风换气。此方法在通风效果上要优于课间定时开窗通风，但在空调制冷、制热以及供暖季节，同样也会导致室内冷、热负荷变大，增加空调和供暖能耗。

当上述方式均不采用时，也可通过设置新风系统满足室内人员新风量和换气次数要求，并优先采用热回收型新风装置。近些年来，由于室外空气雾霾的影响，人们对室内空气品质的要求越来越高，行业内也经常提出在教室内设置新风系统，并在新风入口处设置 $PM_{2.5}$ 空气过滤器的想法，但笔者却不赞同这些想法。一方面，教室设置新风系统，不仅需要提高建筑层高，增加室内吊顶，而且还需要设置自动喷水灭火系统，如图 5-27 所示，

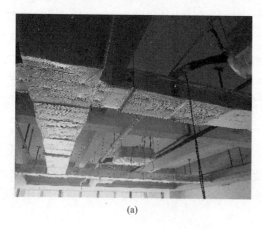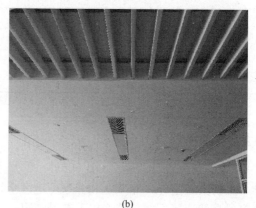

(a)　　　　　　　　　　　　　　　　(b)

图 5-27　设置新风的教室

(a) 吊顶内的新风管；(b) 吊顶上的隐蔽式喷头

工程造价也随之上升。当不同教室合用新风系统时，还会带来串音、防火等问题；另一方面，2003年的SARS病毒以及2020年的新冠病毒告诉我们，在人员密集场所，防止室内人员交叉感染是今后暖通设计中又一重点关注问题。在教室内设置新风系统，虽然可以提高项目档次，但从稀释空气污染物和防止室内人员交叉感染方面，如季节性的流感病毒，效果远不及开窗通风换气。如项目必须设置新风系统，建议每间教室设置独立的新风机组，并采用热管、板式等新风、回风无交叉的热回收方式，同时在新风入口设置空气过滤、杀菌、消毒装置。

第6章

实验室

6.1 建设要求

6.1.1 功能与要求

中小学校的实验室主要为基础课实验室，包括物理、化学、生物实验室，通常配置相应的器材室、准备室（供实验人员做实验前的准备工作）、管理人员办公室等，详见表6-1。

理、化、生实验室的功能与要求

表 6-1

室别	功能	要求
实验室（理、化、生）	能够满足实验教学要求，方便学生熟悉并接触一些实验仪器设备，学习掌握基本实验技能	应努力为方便学生查阅相关资料，方便学生制定实验计划和设计实验方案，进行探究性学习和学科实验活动创造条件
实验员室（理、化、生）	实验员办公	可与准备室合并使用，不能与药品室合并使用
准备室（理、化、生）	进行实验的准备和简单的仪器维修	应邻近所属实验室

续表

室别	功能	要求
仪器室（理、化、生）	存放实验仪器	
药品室（化、生）	存放实验药品	可与准备室合并使用，应采取防潮、通风等措施
危险药品柜（化）	存放危险实验药品	应采取防潮、通风及必需的安全措施
生物园地	进行种植、饲养	南方地区可结合校园绿化在校园空地、楼顶布置设计，北方地区宜设计在暖房内，亦可室内外结合布置

注：1. 本表摘自《中小学理科实验室装备规范》JY/T 0385—2006；
　　2. 实验室布置应避免室内直射阳光，主要采光面位于学生座位左侧。

6.1.2　设计指标

在中小学校项目中，实验室的种类、数量、面积应根据现行国家标准《中小学校设计规范》GB 50099、项目所在地学校的建设标准、校方的教学和使用要求进行设计，详见表6-2。以江苏省为例，小学每间科学实验室使用面积应大于95m²、每间探究性实验室使用面积应大于96m²，初中每间实验室使用面积为96～110m²。

某学校实验室建设标准　　　　　　　　　　　　表6-2

	功能	房间名称	间数	每间面积（m²）	备注
实验室	物理	实验室	5	110	力、光、热、声、电
		仪器室	1	110	
		准备室	3	30	
		工作室	1	30	
	化学	实验室	4	110	3间下排风＋1间上排风
		仪器室	1	110	
		药品室	1	40	含危险品储藏
		准备室	2	30	
		工作室	1	30	
	生物	实验室	4	110	2间显微镜观察＋1间解剖
		仪器室	1	110	
		准备室	2	30	
		标本室	1	80	
		工作室	1	30	
		生物园地	1	80	
	数字化	实验室	1	110	

注：表中数据仅供参考，实际项目遵循当地学校建设标准。

6.2　化学实验室

6.2.1　平面布置

根据《中小学校设计规范》GB 50099—2011 的规定，考虑到化学实验室的每张实验桌下都有给排水管和排风管（下部排风），为不影响其他房间使用并方便检修，化学实验室一般设置在建筑物的首层，且不宜朝西或西南，平面布置如图6-1所示。

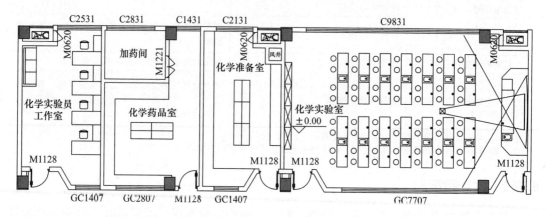

图 6-1 化学实验室平面布置图

6.2.2 全面通风

化学实验室的通风方式分为全面通风和局部通风，全面通风用于保证室内换气次数、满足人员新风量、排出实验过程中少量残余的有害气体；局部通风用于排出实验过程中产生的有害气体。无论是全面通风还是局部通风，每间化学实验室均应设置独立的机械通风系统，补风一般利用门窗渗透自然补风。

1. 通风量计算

全面通风量应分别计算换气次数和人员新风量，两者取大值。其中，实验室的换气次数不得小于 $3.0h^{-1}$，人均新风量取 $24m^3/h$，实验室的室内人数取 50 人。

实验室的面积一般为 $100\sim120m^2$，室内净高不小于 3.1m，按照室内有、无吊顶分别计算，全面通风量一般为 $1400\sim1500m^3/h$。

全面通风采用壁式排风扇，技术参数详见表6-3。

表 6-3

壁式排风扇技术参数

房间名称	风量 (m^3/h)	电压 (V)	功率 (W)	噪声 (dB)	净重 (kg)	数量 $(台)$	备注
化学实验室	834	220	29	43	2.7	2	室内设防护罩 室外设防风罩

2. 风机设置

根据《中小学校设计规范》GB 50099—2011 的调研发现，学校实验室内发生的实验气体的密度除氢气外一般都大于空气的密度。实验室通风换气方式多为机械排风，换气次数为 $3h^{-1}$，补风为门窗渗透自然补风。采用 Air-park 模拟计算软件，对以密度为 $2.55kg/m^3$ 的三氧化硫为实验气体，进行模拟计算，在实验室呼吸区域中，下排风比上排风三氧化硫浓度减少约 4.9%，由此得出结论：实验室采用下排风方式优于上排风方式。

化学实验室应在外墙前后分别设置 1 个壁式排风扇，每个排风扇的风量为 $800\sim1000m^3/h$，排风扇的下沿距地面 $0.10\sim0.15m$，如图 6-2 所示，排风扇的效率不应低于 75%。

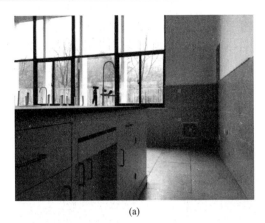

（a）　　　　　　　　　　　（b）

图 6-2　化学实验室全面通风
（a）前部排风扇；（b）后部排风扇

在排风扇的室内侧应设置防护罩，供暖地区应采用保温型防护罩；在排风扇的室外侧应设置挡风罩，排风口应采用防雨雪进入、抗风向干扰的风口形式，如图 6-3 所示。

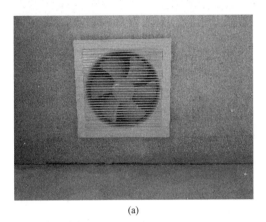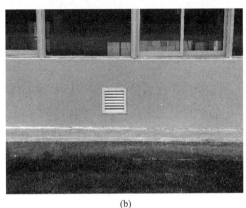

（a）　　　　　　　　　　　（b）

图 6-3　排风扇防护措施
（a）室内侧；（b）室外侧

根据《中小学校设计规范》GB 50099—2011 的规定，强制排风系统的室外排风口宜高于建筑主体，其最低点应高于人员逗留地面 2.5m 以上，笔者认为此条款是针对桌面排风的室外排风口。一方面，化学实验室都设有桌面排风系统，实验过程中的大部分有害气体都被桌面排风罩排出室外，且通往屋面高空排放，仅有少量遗留的气体通过全面排风排出室外；另一方面，虽然化学实验室布置在首层，但室外侧通常情况下为绿化带，如图 6-3（b）所示，绿化带外为人行通道，非人员逗留场所，且中小学校作息时间固定，学生在进行化学实验的过程中，其他师生也在教、学过程中，排风扇无论是对大气还是对人员的影响都微乎其微。如果排风口附近为人员逗留场所，则排风口应满足规范要求，底部高于地面 2.5m 以上。

6.2.3　局部通风

化学实验室的局部通风也叫桌面排风，即在桌面处设置局部排风罩，将实验过程中产生的有害气体第一时间排出室外，可以有效降低室内污染物的浓度，保证师生的健康和安全。

局部通风必须接管道排出室外，严禁无组织收集，且管道不应采用土建风道。根据排风管安装的位置，局部通风可分为上部排风和下部排风。在实际项目中，上、下两种排风方式均有应用，但以下部排风为主。

1. 下部排风

图 6-4 为采用下部排风的化学实验室。

图 6-4　下部排风的化学实验室

采用下部排风时，排风管以及水电管线均设置在室内地面以下，排风机设置在屋顶，并通过风管与桌面排风罩连接，其优点是室内无任何明装管道，如图 6-5～图 6-7 所示。

化学实验室通常布置在首层，施工时，需在地面下开挖一定深度的管沟用于安装排风管道，待管道安装完毕后，用黄沙进行填充保护，管道四周黄沙厚度不超过 50mm，最后在管道上方用回填土填充，厚度不小于 100mm。排风井应优先设置在实验室内，净尺寸不小于 600mm×600mm，当排风井设置在实验室外部时，排风管的敷设深度应避开地梁。

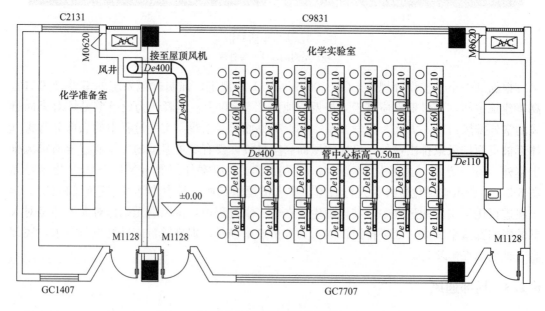

图 6-5　下部排风平面图

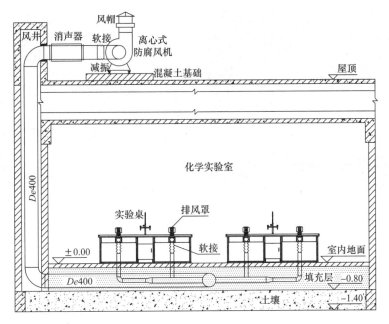

图 6-6 下部排风剖面图

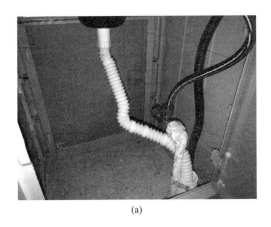

(a)

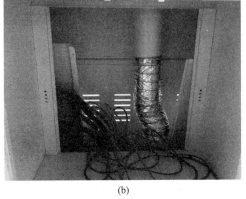

(b)

图 6-7 实验桌下方的机电管线
（a）给水排水管；（b）排风支管

下部排风方式需要提前对管道进行预埋，与土建配合程度高，实验室厂家需要提前介入项目，但该排风方式不影响室内净高，是目前中小学校化学实验室桌面排风常用做法。

化学实验室布置在非首层时，室内需要局部降板或采用架空地板，对结构荷载、建筑层高以及下层房间的影响较大，不推荐在中小学校项目中使用。若必须布置在非首层时，可采用上部排风的方式代替，但给水排水管道、电气管道仍需设置在垫层或架空地板内。

2. 上部排风

图 6-8 为采用上部排风的化学实验室。

采用上部排风时，排风管设置在吊顶内，排风机设置在屋顶，并通过风管、通风塔吊与万向吸风罩连接。如图 6-9、图 6-10 所示。

图 6-8　上部排风的化学实验室

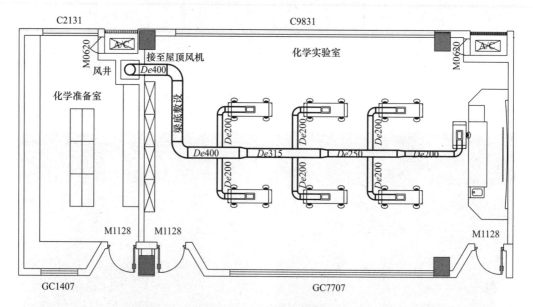

图 6-9　上部排风平面图

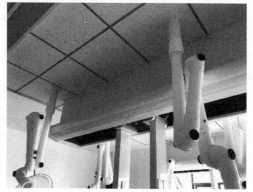

图 6-10　上部排风主管和支管

上、下两种排风方式的对比详见表 6-4。

下部排风与上部排风的比较　　　　表 6-4

排风方式	下部排风	上部排风
实验室位置	首层	任意楼层
风管位置	垫层内	吊顶内
安装高度（mm）	600～700	500～600
层高影响	无	有
土建配合度	高	低
室内管线	无	有
美观性	好	差
噪声影响	小	大
造价	低	高

3. 通风设备

由于化学实验室、通风柜所排出的气体具有一定的腐蚀性，应采用玻璃钢、聚乙烯、聚丙烯等防腐材料制作风管、配件以及柔性接头。当系统中有易腐蚀设备及配件时，应对系统和设备进行防腐处理。

（1）风机

化学实验室桌面排风机应采用防腐型离心风机，可采用玻璃钢材质，若采用普通离心风机，应对风机内进行防腐处理，如刷环氧树脂等防腐涂料。

风机应设置在混凝土基础上，风机与基础之间应设置弹簧减振器。风机与风管之间应设置软接头，风机的入口处应设置消声器。有条件时，风机应设置在机房内或采取防雨措施。风机的风量和全压应满足使用要求，图 6-11 为安装在屋顶上的桌面排风机。

 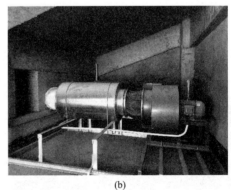

(a)　　　　　　　　　　　　　(b)

图 6-11　屋顶桌面排风机

（a）露天安装；（b）构筑物内安装

桌面排风机技术参数详见表 6-5。

离心式变频防腐风机技术参数　　　　表 6-5

房间名称	风量（m³/h）	电压（V）	功率（kW）	全压（Pa）	噪声 dB(A)	净重（kg）	数量（台）
化学实验室	7500～13470	380	5.5	926～735	55	200	1

注：每间化学实验室单独设置排风机。

（2）风管

化学实验室的局部排风管、通风柜的排风管及其附件均应采用防腐型风管，常用的材质有：PVC 风管、无机玻璃钢风管、PP 风管等。

当排风管设置在垫层内时，一般采用圆形风管；当排风管设置在吊顶或架空地板内时，若采用圆形风管对室内净高有影响，可采用矩形扁风管。圆形风管采用插件连接，矩形风管采用法兰连接。主风管的风速控制在 10～12m/s，支风管的风速控制在 6～8m/s。

排风系统的工作压力为负压，属于中压类别，当采用 PVC 或 PP 风管时，风管板材厚度应满足表 6-6 的要求；当采用无机玻璃钢风管时，风管板材厚度应满足表 6-7 的要求。

PVC（PP）风管板材厚度　　　　表 6-6

风管直径 D	板材厚度（mm）	风管长边尺寸 b	板材厚度（mm）
$D \leqslant 320$	4.0	$b \leqslant 320$	4.0
$320 < D \leqslant 800$	6.0	$320 < b \leqslant 500$	5.0
$800 < D \leqslant 1200$	8.0	$500 < b \leqslant 800$	6.0
$1200 < D \leqslant 2000$	10.0	$800 < b \leqslant 1250$	8.0
$D > 2000$	按设计要求	$1250 < b \leqslant 2000$	10.0

注：表中数据摘自《通风管道技术规程》JGJ/T 141—2017。

无机玻璃钢风管板材厚度　　　　表 6-7

圆形风管直径 D 或矩形风管长边尺寸 b	壁厚（mm）
$D(b) \leqslant 300$	2.5～3.5
$300 < D(b) \leqslant 500$	3.5～4.5
$500 < D(b) \leqslant 1000$	4.5～5.5
$1000 < D(b) \leqslant 1500$	5.5～6.5
$1500 < D(b) \leqslant 2000$	6.5～7.5
$D(b) > 2000$	7.5～8.5

注：表中数据摘自《通风与空调工程施工质量验收规范》GB/T 50243—2016。

采用下部排风时，连接实验桌的排风支管、给水支管、排水支管均应预埋到位，并伸出地面 150～200mm，如图 6-12 所示。

图 6-12　下部排风预留支管

（3）风口

采用下部排风时，每个风口（桌面排风罩）风速应连续可调，且风速基本一致，最大风速下可实现室内换气次数不低于$10h^{-1}$，每个风口的设计风量为$200\sim250m^3/h$。通常情况下，每个风口供2名学生实验使用。

桌面风口有两种形式：明装式和隐藏式。明装式风口平时固定在桌面上，形状类似喇叭口，如图6-13所示；隐藏式风口平时收缩在桌面下，使用时抽出，可升降和360°旋转，材质为ABS工程注塑，如图6-14所示。

图6-13　明装式风口

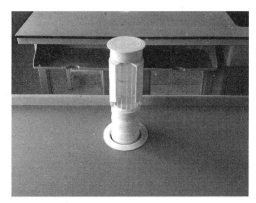

图6-14　隐藏式风口

采用上部排风时，末端为通风塔吊，如图6-15所示，通风塔吊由三部分组成：升降导向主体、通风控制中央主体、通风吸风万向管主体，技术参数详见表6-8。

图6-15　通风塔吊

通风塔吊技术参数 表 6-8

升降导向主体	升降伸缩推杆部分：两套升降伸缩推杆悬挂在顶板，另一端固定在通风控制中央主体上；采用直流推杆电机，同步性好、安装拆卸方便并能承受重载及冲击荷载； 推杆控制开关：采用触摸按键式开关，自行携带电源变压器 螺旋可伸缩式开关控制线； 上下升降内外导向部分：采用铝合金型材一次性成型，表面经防腐氧化处理或纯环氧树脂塑粉高温固化处理，具有较强的耐腐性及耐磨性，采用专用螺栓连接，整体轻便且外形美观
通风控制中央主体	采用 PVC 塑料型材一次性成型，具有较强的耐腐蚀性，整体轻便且外形美观
通风吸风万向管主体	吸风罩：采用硅胶材料，形状如喇叭口，吸风面积大，效果好，具有阻燃、耐腐蚀等功效； 吸风拉手：采用 PP 材料，注塑模成型，表面光洁舒适； 通风管：采用 UPVC 耐腐蚀风管，风量 800m³/h，噪声≤65dB； 电器：多功能插座，隐藏式 LED 日光灯，操作简单，安全可靠

每个通风塔吊的风量为 800m³/h，配置 4 个万向吸风罩，每个万向吸风罩的设计风量为 200m³/h，技术参数详见表 6-9。

万向吸风罩技术参数 表 6-9

组成部件	部件要求
关节	高密度 PP 材质，可 360°旋转调节方向
关节密封圈	不宜老化的高密度橡胶
关节连接杆	304 不锈钢
关节松紧按钮	高密度 PP 材质，内嵌不锈钢轴承，与关节连接杆锁合
气流调节阀	手动调节外部阀门旋钮
拱形集气罩	高密度 PP 材质，直径 375mm
伸缩导管	高密度 PP 材质，直径 75mm
固定底座	高密度 PVC 材质，非粘接而成，模具注塑一体成型

室外排风口（风机出口）应高于建筑物主体，高空排放，但规范并没有明确排风口应高出屋面的高度。由于化学实验室的主要功能是用于化学课程的演示和操作，与专业实验室相比，实验过程中产生的有害气体种类少、浓度低、危害小，且使用频率不高，对大气的污染程度不大，排风口出屋面的高度可结合现行国家标准《中小学校设计规范》GB 50099 和《民用建筑统一设计标准》GB 50352 中针对烟囱的排放要求，即上人屋面，排风口应高出屋面 2.5m；非上人屋面，排风口应高出屋面 0.6m。

（4）控制

排风机应设置专用动力电源，电压 380V，其控制开关宜设置在教师实验桌处。

图 6-16 为教师总控台电源，技术参数如下：面板为 PVC 材质，设有 220V 多用五孔插座输出，均带漏电短路、过载自动保护、复位功能，可由教师控制学生电源的开、关选择，教师能对实验室进行总体、分组控制；交流输出电压：2～24V，每 2V 为一档，共 12 挡，最大电流均为 3A；直流输出电压：在 1.5～24V 范围内连续可调，最大电压由教师设定，输出电流为 2A。

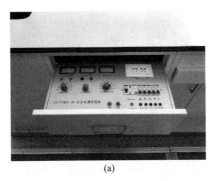
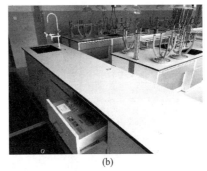

(a)　　　　　　　　　(b)

图 6-16　教师总控台电源

（a）下部排风；（b）上部排风

图 6-17 为学生实验桌电源，技术参数如下：配常规主控，低压交流输出 3～24V，低压直流范围 3～24V；配数字主控，低压交流输出 1～30V，低压直流范围 1～30V。

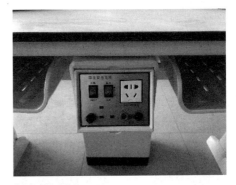

图 6-17　学生实验桌电源

室内配电箱与教师实验桌之间的电源线、教师实验桌与室外风机之间的电源线均采用 BV－5×6mm²-SC32，室内部分暗敷在垫层或架空地板内，与室外风机相连部分敷设在风井内。电源穿线与套管预埋应同时进行，否则后期很难将电线穿进套管内，如图 6-18 所示。

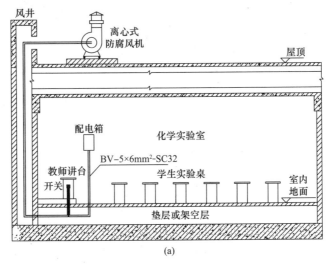

(a)

图 6-18　风机控制（一）

（a）接线示意图

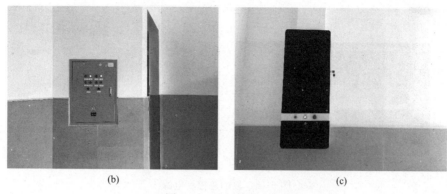

(b)　　　　　　　　　　　　　　(c)

图 6-18　风机控制（二）

（b）下部排风控制箱；（c）上部排风控制箱

6.2.4　辅助用房

化学实验室的辅助用房包括药品储藏室、准备室、化学实验员工作室。其中，药品储藏室和准备室应设置全面通风系统，在距地面 $0.10\sim0.15$m 处设置壁式排风扇，如图6-19所示。

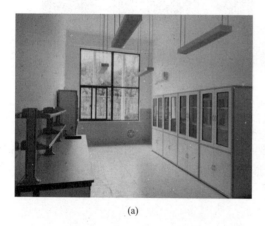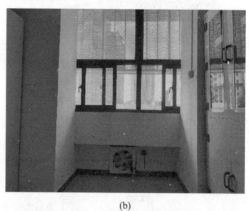

(a)　　　　　　　　　　　　　　(b)

图 6-19　辅助用房全面通风

（a）准备室；（b）药品储藏室

药品储藏室和准备室的面积为 $30\sim40\text{m}^2$，全面通风量为 $400\sim500\text{m}^3/\text{h}$，壁式排风扇技术参数详见表 6-10。

壁式排风扇技术参数　　　　　　　　　　　　　　表 6-10

房间名称	风量（m³/h）	电压（V）	功率（W）	噪声（dB）	净重（kg）	数量（台）	备注
药品储藏室准备室	546	220	22	40	2.2	1	室内设防护罩室外设防风罩

药品储藏室内的化学药品柜应设置局部通风系统，换气次数取 $1\sim2\text{h}^{-1}$，如图 6-20 所示，当存放危险化学品时应注意：

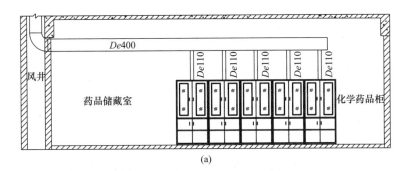

(a)

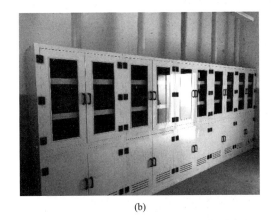

(b)

(c)

图 6-20 化学药品柜局部通风

(a) 局部通风示意图；(b) 普通药品柜；(c) 危险药品柜

（1）储存柜内的化学品不可长期储存；

（2）储存柜应专柜专用，不得存放非危险化学品；

（3）储存器应完好，若有破损应立即采取措施，如转移容器或及时用完；

（4）挥发腐蚀性气体应将瓶塞严密封闭，放置在柜体的上层以便排放；

（5）按氧化剂、还原剂、强酸、强碱等化学性质分层、分格、分柜存放保管；

（6）金属钠、黄磷（白磷）等易燃品存放于柜体内最下层不少于 120mm 厚黄沙的填埋腔；

（7）化学性质或防火、灭火方法相互抵触的危险化学品需分开独立存放；

（8）毒害品与无机氧化剂、强酸（如硫酸、硝酸等）严禁同贮存；

（9）储存柜必须实行双人保管、双人收发、双人使用、双人双锁的制度，如实记录存取情况并实名登记；

（10）对于存放过久失效变质、必须报废的危险化学品，需专人负责对危险化学品进行及时清理、定点销毁，不能直接倒入下水道和普通垃圾箱。

在化学实验中，有些化学反应会产生危害性较大的气体以及大量的热量，为保护师生的安全和健康，需要使用通风柜（三面围挡，一面敞开或装有操作拉门的柜式排风罩），如图 6-21 所示。为防止有害气体扩散到空气中，通风柜应具有一定的吸风速度，其面风速可按表 6-11 选取。

通风柜面风速   表 6-11

空气有害程度	通风柜在室内的位置	
	一般情况（m/s）	靠近门窗或风口处（m/s）
对人体无害仅污染空气	0.30～0.40	0.35～0.45
有害蒸汽或气体浓度≤0.01mg/L	0.50～0.60	0.60～0.70
有害蒸汽或气体浓度＞0.01mg/L	0.70～0.90	0.90～1.00

注：面风速指通风柜操作界面的平均风速。

在化学实验中，当师生的眼睛或身体接触到有害或腐蚀性物质时，需要使用紧急冲洗水嘴（紧急洗眼器）对眼睛或身体进行快速喷淋、冲洗，把伤害降低到最低程度，如图 6-22 所示。

图 6-21　通风柜　　　　　　　　　图 6-22　紧急洗眼器

每间化学实验室应至少设置一个紧急洗眼器，平时放置于台面，紧急使用时可随意抽起。喷头具有防尘功能，防尘盖采用 PP 材质，平时可防尘，使用时自动被水冲开，并降低突然打开时短暂的高水压，出水经缓压处理后呈泡沫状水柱，避免冲伤眼睛。紧急洗眼器采用加厚铜质，高亮度环氧树脂涂层，耐腐蚀、耐热，防紫外线辐射。

6.3　生物实验室

生物实验室包括生物显微镜观察实验室和解剖实验室，当学校有 2 间生物实验室时，宜分别设置，如图 6-23 所示。

生物实验室应附设仪器室、实验员室、准备室、药品室、标本陈列室、标本储藏室。生物准备室应至少有一个朝阳的窗户；标本陈列室和储藏室应采取通风、降温、隔热、防潮、防虫、防鼠等措施，其采光窗应避免阳光直射，宜北向布置，如图 6-24 所示。

生物实验室、药品储藏室、准备室应设置全面通风系统，在距地面 0.10～0.15m 处设置壁式排风扇，做法及要求参考化学实验室，如图 6-25 所示。

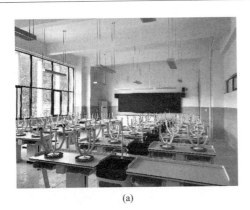 

（a）　　　　　　　　　　　　　　（b）

图 6-23　生物实验室

（a）解剖实验室；（b）显微镜观察实验室

图 6-24　生物标本陈列室和储藏室

（a）　　　　　　　　　　　　　　（b）

图 6-25　辅助用房全面通风

（a）准备室；（b）药品储藏室

6.4　物理实验室

根据学科内容，物理实验室分为力学、光学、热学、声学、电学实验室。其中，力学是中学物理教学的主要内容之一，宜单独设置实验室，如图 6-26 所示；其他光学、热学、声学、电学实验室可共用同一实验室，并配置各实验所需的设备和设施。

图 6-26　力学实验室

　　光学实验室的门窗宜设遮光设施，声学实验室的墙面及顶棚应采取吸声措施，热学实验室应在每张实验桌旁设置给水、排水装置，并设置热源，如图 6-27 所示。

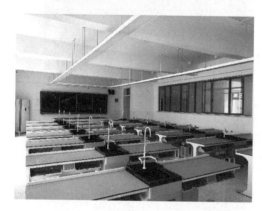

图 6-27　热学实验室

　　电学实验室应在每张实验桌上设置一组包括不同电压的电源插座，插座上每一电源宜设分开关，电源的总控制开关应设在教师演示桌处，如图 6-28 所示。

(a)

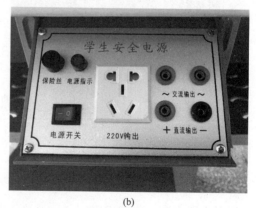

(b)

图 6-28　电学实验室（一）
(a)、(b) 学生实验桌

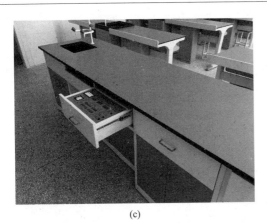

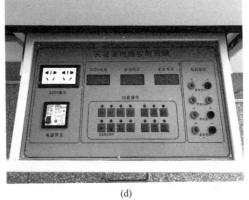

(c)　　　　　　　　　　　　　　　　　　(d)

图 6-28　电学实验室（二）

（c）、（d）教师实验桌

第7章

报告厅

摄影：建筑译者姚力

7.1　建筑功能

报告厅主要用于中小学校教师和学生集会、大型讲座、汇演活动。

根据使用功能，中小学校的报告厅分为两种类型：

（1）无演出功能：不设置舞台，前部设置主席台，类似影厅，如图 7-1 所示。

（2）有演出功能：设置舞台、观众厅以及配套用房，类似剧场，如图 7-2 所示。

根据观众厅层数，中小学校的报告厅分为两种类型：

图 7-1　无演出功能的报告厅

图 7-2 有演出功能的报告厅

（1）单层布置：仅一层观众厅，如图 7-3 所示。

图 7-3 单层观众厅

（2）分层布置：有多层观众厅，通常为两层，分为池座和楼座，如图 7-4 所示。

(a)　　　　　　　　　　　　(b)

图 7-4 两层观众厅
（a）池座；（b）楼座

7.2 排烟设计

考虑到声学和光学方面的因素，中小学校的报告厅，尤其是有演出功能的报告厅，室内不设置外窗,报告厅通常采用机械排烟。对于无演出功能的报告厅,当室内对声学、光学无要求时,报告厅也可采用自然排烟。

报告厅设置舞台时,由于舞台的高度通常与观众厅的高度不同,且舞台与观众厅之间会设置防火分隔设施,如防火隔墙、防火幕,或形成防烟分隔设施,如舞台台口。因此,在排烟设计时,应将观众厅与舞台划分成两个独立的防烟分区,并设置两套独立的排烟系统。

7.2.1 排烟量

1. 观众厅

报告厅属于高大空间、人员密集场所,功能上又类似影剧院,在《建筑防烟排烟系统技术标准》GB 51251—2017实施前,报告厅的排烟量是参照中庭的计算方法。考虑到观众厅净高比中庭低,人员密集,且由于有座椅的障碍,火灾时人员疏散较困难,《电影院建筑设计规范》JGJ 58—2008中建议观众厅的排烟量以$13h^{-1}$换气标准计算,或$90m^3/(h \cdot m^2)$换气标准计算,且两者取大值。《全国民用建筑工程设计技术措施 暖通空调·动力》中关于电影院和剧场观众厅的排烟量也是按照上述方法计算。

在《建筑防烟排烟系统技术标准》GB 51251—2017实施后,排烟量跟房间的高度有关,当建筑空间净高小于或等于6m时,排烟量应按不小于$60m^3/(h \cdot m^2)$计算,且取值不小于$15000m^3/h$;当建筑空间净高大于6m时,排烟量应根据计算确定,且不小于表7-1中的数值。

室内净高大于6m时的计算排烟量 表 7-1

室内净高（m）	有喷淋（$\times10^4 m^3/h$）	无喷淋（$\times10^4 m^3/h$）
6.0	5.2	12.2
7.0	6.3	13.9
8.0	7.4	15.8
9.0	8.7	17.8

注：1. 本表摘自《建筑防烟排烟系统技术标准》GB 51251—2017;
    2. 空间净高大于9.0m时,按9.0m取值;
    3. 空间净高位于表中两个高度之间的,按线性插值取值;
    4. 表中建筑空间净高为6m处的排烟量为线性插值法的计算基准值。

目前,关于观众厅排烟量的计算,各地要求不同,当室内净高大于6m时,建议按照上述三种方法分别计算,并取最大值作为计算排烟量。

2. 舞台

舞台内幕布、影片、道具均为易燃材料,灯具多、线路复杂,演出中往往还有效果烟火,舞台空间高大,易于燃烧,扑救困难。因此,舞台往往是报告厅中火灾主要起源之一。

根据《剧场建筑设计规范》JGJ 57—2016的规定,当舞台高度小于12m时,可采用自然排烟措施,且排烟窗的净面积不应小于主舞台地面面积的5%;当舞台高度大于或等于12m时,应设置机械排烟设施。之所以高度规定为12m,是因为我国消防部门做过实测,火灾时如无机械抽力,烟气上升到12m高度之后,又会因冷却而下沉。

舞台上方的设备较多,如天桥、葡萄架、风管、灯具等,不利于排烟窗设置,舞台通常采用机械排烟。舞台为高大空间,净高一般大于6m,排烟量根据计算确定,且不小于

表7-1中的数值。排烟口应设置在舞台上方的高位处，储烟仓最低点不得低于舞台台口高度，风口应结合舞台上方的设备布置，不得被遮挡，如图7-5所示。当舞台储烟仓的烟层与周围空气温差小于15℃时，应降低排烟口高度，保证烟气及时排出室外。舞台具有烟囱效应，排烟系统应优先采用常闭风口或设置常闭排烟阀，防止冬季空调热气流逸出室外，影响舞台空调效果。

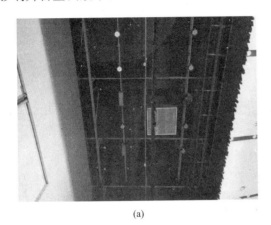
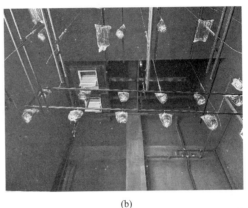

(a)   (b)

图7-5 舞台排烟口
(a) 百叶排烟口；(b) 板式排烟口

3. 其他区域

中小学校报告厅中的舞台，一般仅用于简单的演出功能，非机械化舞台，舞台下方不设台仓。某些对外使用的大型报告厅，有可能会设置机械化舞台，舞台升降时，上下空间会串通，发生火灾后充满烟雾对演职人员的疏散与人身安全构成威胁。此时，舞台下方的台仓应设置排烟设施，排烟量根据台仓高度计算确定。

其他区域，如大于20m的内走道、大于100m²的房间、大于50m²的无窗房间、门厅等，均需设置排烟设施，防烟分区的划分、排烟量的计算、排烟口的设置应按现行国家标准《建筑防烟排烟系统技术标准》GB 51251的规定设计，图7-6为某学校报告厅的门厅采用自然排烟。

图7-6 门厅自然排烟（电动排烟侧窗）

7.2.2　排烟高度

报告厅室内为阶梯式地面，排烟口设置在吊顶上，顶棚常见形式为平顶和斜顶。

1. 平顶

排烟净高为顶棚到阶梯地面最低处的高度，如图 7-7 所示。

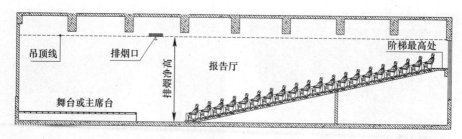

图 7-7　平顶排烟净高

2. 斜顶

排烟净高为排烟口到阶梯地面最低处的高度，如图 7-8 所示。

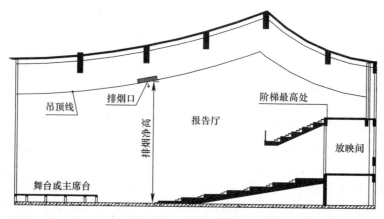

图 7-8　斜顶排烟净高

无论顶棚是平顶还是斜顶，均以阶梯最高处的净高计算最小清晰高度，计算公式详见本书第 5.3 节。

7.2.3　无窗房间

对于有演出功能的报告厅，考虑到声学和光学方面的因素，报告厅内通常无可开启的外窗。根据《建筑内部装修设计防火规范》GB 50222—2017 的规定，无窗房间内部装修材料的燃烧性能等级除 A 级外，应在规定的基础上提高一级。

无窗房间发生火灾时有几个特点：火灾初起阶段不易被发觉，发现起火时，火势往往已经较大；室内的烟雾和毒气不能及时排出；消防人员进行火情侦察和施救比较困难。

关于报告厅是否属于无窗房间范畴，以下观点可供参考：

（1）报告厅内如果安装了能够被击碎的窗户、外部人员可通过该窗户观察到房间内部情况，则报告厅可不被认定为无窗房间，无需提高相应材料的燃烧性能等级。

（2）报告厅属于高大空间场所，且一般设有观察窗（乙级防火窗）和机械排烟设施，如图 7-9 所示，不属于无窗房间范畴，无需提高相应材料的燃烧性能等级。

图 7-9　报告厅内的观察窗

7.2.4　补风

当报告厅的建筑面积大于 500m² 时，应设置补风系统，补风系统应直接从室外引入空气，且补风量不应小于排烟量的 50%。当报告厅设置舞台时，舞台与观众厅的补风宜分别设置，补风口应设置在储烟仓下沿以下，补风口与排烟口水平距离不应小于 5m，补风口的风速不宜大于 5m/s。

当报告厅的空调气流组织形式为上送下回时，可利用低位回风口兼作补风口，如图 7-10 所示。当观众厅采用座椅送风时，也可利用座椅送风口兼作补风口。

(a)　　　　　　　　　　　　　　　　　　(b)

图 7-10　空调回风口兼作补风口
(a) 设置在观众厅两侧；(b) 设置在台口两侧

7.2.5　手动开启装置

报告厅的排烟系统通常仅负担一个防烟分区，可采用常开排烟口，但冬季空调热气流上升，容易通过排烟口、排烟风管逸出室外，不仅影响室内制热效果，也不利于空调节能。因此，排烟系统应采用常闭排烟口或排烟阀，平时关闭、火灾开启。常闭排烟口或排烟阀应在距地 1.3~1.5m 处设置手动开启装置，如图 7-11 所示。

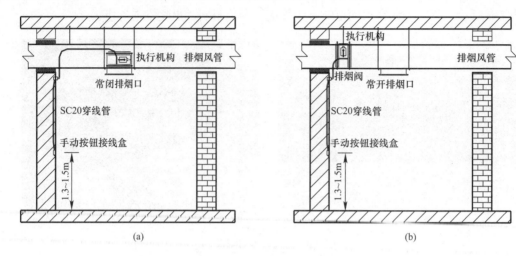

图 7-11 手动开启装置安装详图

（a）常闭排烟口；（b）排烟阀

手动开启装置的钢丝控制缆绳一端穿进阀门或风口的动作机构固定，另一端穿进操作装置，在卷线筒上绕三圈，缆绳全长一般控制在 6m 以内（长度越长，操作阻力越大），弯曲不大于 3 处，弯曲角度不小于 90°。因此，在设计常闭排烟口或排烟阀时，应尽量靠近墙壁或柱子，减少缆绳的长度，方便火灾时手动开启，如图 7-12 所示。

图 7-12 排烟口下方手动开启装置

（a）排烟口（两处）；（b）手动开启装置（两处）

7.3 空调设计

7.3.1 设计参数

1. 空调室内设计参数

空调室内设计参数详见表 7-2。

空调室内设计参数 表7-2

房间名称	温度（℃）		湿度（%）		噪声 (dB)	新风标准 [m³/(h·人)]
	夏季	冬季	夏季	冬季		
观众厅	26～28	16～18	≤65	≥30	≤45	≥15
舞台	25～27	18～20	≤65	≥30	≤45	30 或总风量的 15%
门厅	26～28	16～18	≤65	≥30	≤50	10
后台用房	26～28	16～18	≤65	≥30	≤50	30
控制室	26～28	16～18	≤65	≥30	≤45	30

注：1. 人员活动区内，夏季制冷时的风速≤0.25m/s；冬季制热时的风速≤0.20m/s；
2. 报告厅需进行建筑声学专项设计和扩声系统专项设计。

2. 换气次数

当报告厅无演出功能时，整个报告厅可设置一套独立的空调系统；当报告厅有演出功能时，舞台与观众厅的空调系统（末端）应分别独立设置。观众厅的空调换气次数取 6～8h⁻¹，舞台的空调换气次数取 4～6h⁻¹。

7.3.2 空调形式

中小学校报告厅的各功能房间使用时间较为统一，可集中设置一套中央空调系统，如风冷热泵、末端采用风机盘管或空调箱；也可每个功能房间单独设置独立的空调系统，如屋顶空调、多联机、分体空调等，报告厅常用空调形式详见表7-3。

报告厅常用空调形式 表7-3

房间名称	空调形式（末端）
观众厅	屋顶空调（空调箱）
主舞台	屋顶空调（空调箱）
侧舞台	多联机（风机盘管）
门厅	多联机、屋顶空调（风机盘管、空调箱）
后台用房	多联机、分体空调（风机盘管）
控制室	分体空调（风机盘管）

注：括号内为空调采用风冷热泵系统时的末端形式。

风冷热泵主机、屋顶空调、多联机室外机应优先设置在屋顶，当条件不允许时，也可设置在地面，但应做好安全防护和美观处理措施。噪声或振动大的空调设备不应直接布置在观众厅的正上方，可布置在卫生间、设备用房、后台用房等区域上方，并采取降噪、减振措施。需要散热的室外机组应保证良好的通风环境，防止气流短路，影响空调效果。

舞台、观众厅、门厅等高大空间场所应优先采用全空气系统，空气处理机组应优先设置在空调机房内，机房应采取隔声措施。当观众厅采用座椅送风，且地下室为非人防区域时，可将空调机房布置在观众厅投影面正下方的地下汽车库内。空气处理机组的机外余压应满足风管系统阻力要求，有条件时，可采用带热回收功能的空气处理机组。

图7-13 为某学校报告厅采用风冷热泵，主机设置在地面，并采用绿化遮挡，空气处理机组设置在空调机房内。

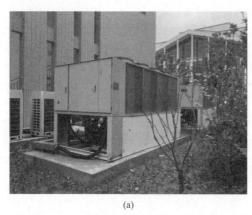
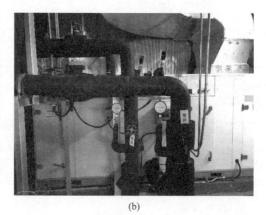

(a)
(b)

图 7-13　风冷热泵
(a) 主机；(b) 空气处理机组

　　图 7-14 为某学校报告厅采用屋顶空调，空调处理机组设置在屋顶，风冷冷凝器架空安装在空气处理机组上方，保证良好的通风散热条件。

(a)
(b)

图 7-14　屋顶空调
(a) 空气处理机组；(b) 风冷冷凝器

　　图 7-15 为某学校报告厅采用风冷热泵，观众厅采用座椅送风，空气处理机组设置在地下室空调机房内，送风主管从空调机房顶板送入座椅下方的结构夹层内。

图 7-15　空气处理机组与送风主管

7.3.3　气流组织

1. 观众厅

当室内净高不大于 10m 时，观众厅可采用上部送风的方式，为保证冬季空调制热效果，常用的气流组织形式为上送下回。送风口设置在顶部，可采用旋流风口、喷口、温控条形风口等，如图 7-16 所示；回风口一般设置在观众厅两侧低位处，风口底部距地 200～500mm，如图 7-17 所示。

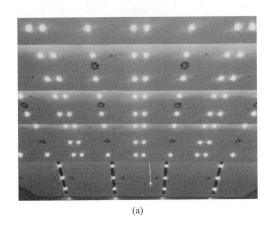

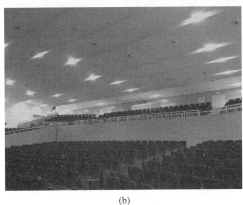

(a)　　　　　　　　　　　　　　　(b)

图 7-16　观众厅空调送风口
(a) 旋流风口；(b) 喷口

(a)　　　　　　　　　　　　　　　(b)

图 7-17　观众厅空调回风口（百叶风口）
(a) 池座；(b) 楼座

当观众厅两侧无法设置回风口时，以下两种方式可供参考：

(1) 利用舞台下方的空间回风，回风口设置在舞台台口下方；

(2) 利用观众厅下方的结构夹层回风，回风口设置在座椅下方，该方式类似座椅送风的反过程。

由于观众厅为阶梯式地面，暖通设计时应考虑后排净高变化对风口形式和风速的影响，以防风速过大，影响后排人员舒适性。图 7-18 为某学校报告厅，池座上方采用喷口送风，楼座后排距地 3m 以内改用圆形散流器，风速控制在 1.5～2m/s。

图 7-18　楼座空调送风口（圆形散流器）

当室内净高大于 10m 时，由于室内垂直方向的温度梯度较大，若仍采用顶部送风的方式，不仅冬季空调效果难以保证，而且也不节能，此时可采用分层空调或下送风的方式。

分层空调是一种仅对室内下部人员活动区进行空调送风，而不对上部空间送风的特殊空调方式。与全室性空调方式相比，分层空调夏季可节省冷量 30％左右。可将送风口设置在观众厅两侧或后方，45°向下送风，常用的气流组织形式为侧送下回，送风口采用喷口，风速控制在 4～6m/s。

下送风是指将送风口直接设置在人员活动区下方，即座椅下方，常用的气流组织形式为下送侧回或下送上回，送风口采用座椅风口或阶梯风口。由于阶梯风口需要在梁上开洞，相比座椅风口（楼板开洞），阶梯风口对结构的影响较大，且施工支模复杂，在中小学校项目中很少使用，通常采用座椅风口，具体内容详见本书第 7.3.4 节。

2. 舞台

舞台属于高大空间场所，室内净高可达十几米，舞台上方的灯具、管线较多，且发热量大。因此，舞台的空调应考虑分层设置，常用的气流组织形式为舞台两侧侧送下回；当舞台上方设置天桥时，也可将风管吊装在天桥下方，送风口采用旋流风口，上送下回。

图 7-19 为舞台空调风口常见形式：（a）舞台两侧鼓形喷口侧送风；（b）舞台上方旋流风口向下送风；（c）舞台上方喷口向下送风；（d）主舞台喷口侧送风＋侧舞台旋流风口向下送风；（e）舞台内侧低位回风口；（f）舞台内侧低位回风口兼作消防补风口。

空调设计注意事项：

（1）舞台四周会悬挂幕布，分前幕、后幕、侧幕；布置空调风管时，应结合幕布安装位置和高度，以防风管与幕布碰撞或导致幕布无法安装；

（2）舞台区域布置空调风口时，应避免气流直接吹向幕布；

（3）舞台具有烟囱效应，冬季热气流上升，部分送风无法到达人员活动区。另外，舞台外墙表面积较大，冬季外墙内表面冷气流下降，并冲向舞台甚至观众厅前排，导致舞台甚至观众厅前排温度偏低，影响人员热舒适度。暖通设计时，应采取措施提高舞台设计温度，具体措施详见本书第 19.6.5 节。

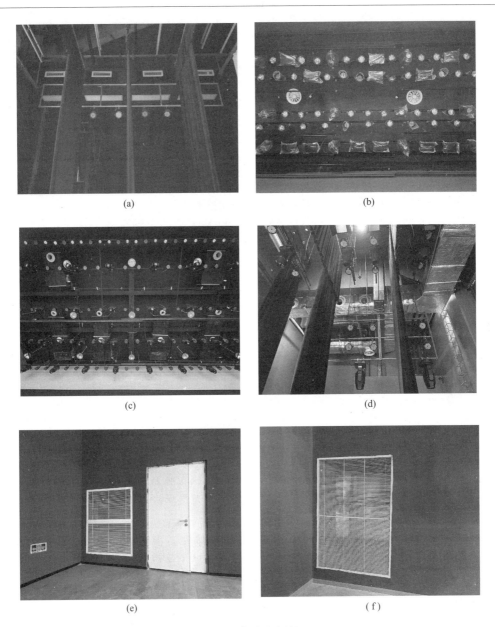

图 7-19　舞台空调风口
（a）鼓形喷口；（b）旋流风口；（c）喷口；（d）旋流风口＋喷口；（e）、（f）低位回风口

3. 门厅

报告厅的门厅通常为两层挑空，常用的气流组织形式有：侧送上回、侧送下回、上送下回，送风口可采用喷口、条形风口、旋流风口等，如图 7-20 所示。

7.3.4　座椅送风

当室内净高大于 10m 时，如果采用传统的对流换热送风方式，不仅不利于节能，而且由于送风量巨大，风管、风井、设备尺寸均需变大，导致设计、安装、噪声等一系列的问题。此时，应优先采用下部送风方式，最常见的为座椅送风，如图 7-21 所示。

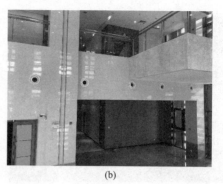

(a)　　　　　　　　　　(b)

图 7-20　门厅空调送风口

(a) 条形风口；(b) 喷口

图 7-21　座椅送风

1. 座椅风口

座椅风口即在座椅的正下方设置空调送风口，安装隐蔽、噪声低、送风效果好、舒适性强。采用置换通风技术，将处理过的空气直接送入人员活动区，并以座椅为中心向四周扩散，空气在上升过程中带走室内局部负荷。

座椅风口的置换通风筒采用 1.2mm 厚镀锌钢板制作，送风柱底部设置均流孔板，起到增加阻力、稳定气流、平衡风量的作用。根据风口是否承受座椅的重量，座椅风口分为承重型和非承重型，如图 7-22 所示，承重型风口可作为座椅的支撑，座椅可直接安装在送风柱上方。

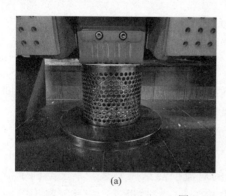

(a)　　　　　　　　　　(b)

图 7-22　座椅风口

(a) 承重型；(b) 非承重型

2. 设计参数

座椅风口设计参数详见表 7-4。

座椅风口设计参数　　　　　　　　　　　　　　　　　　　　　　　　表 7-4

送风温度（℃）	送风温差（℃）	风口风速（m/s）	脚部风速（m/s）	送风量 [m³/(h·座)]
≥20	≤4	≤0.4	≤0.25	50~100

注：座椅风口应具有防火、防结露、调节功能。

3. 结构夹层

观众厅为阶梯式楼板，楼板下方会形成阶梯式结构夹层，也称土建静压箱或静压仓，如图 7-23 所示。采用座椅送风时，第一排座椅下方结构夹层的最小高度不宜小于 500mm（$H_1 \geqslant 500$mm），保证座椅风口安装时的操作空间（风口与风管连接）。

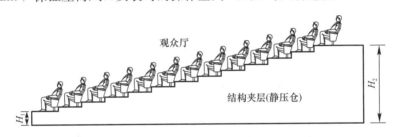

图 7-23　结构夹层示意图

如图 7-24 所示，在实际项目中，观众厅的阶梯楼板有两种做法：

（1）土建阶段支模搭建阶梯，并由混凝土一次浇筑到位；

（2）土建阶段按平楼板浇筑，后期再搭建钢结构阶梯。

(a)　　　　　　　　　　　　　　　　　　　(b)

图 7-24　结构夹层内的阶梯楼板
（a）混凝土楼板；（b）钢结构楼板

采用座椅送风时，送风主管及支管均布置在结构夹层内，根据末端风口的连接方式，结构夹层内的送风做法分为两种：

（1）风口与风管不连接

如图 7-25 所示，将整个结构夹层作为一个送风静压箱，通过送风系统的余压将气流压出风口。主风管送至结构夹层内，支风管均匀布置在夹层内的各个区域，并在支风管上设置调节阀，保证每个区域的送风量近似相等，夹层内的风管无需设置保温层。支风管采用侧面开口送风，每处开口负责附近 20～30 个风口，座椅风口应自带调节阀。结构夹层应设置检修门，建议采用双门，内门为密闭隔声门，外门为防火门，夹层内设置普通照明。

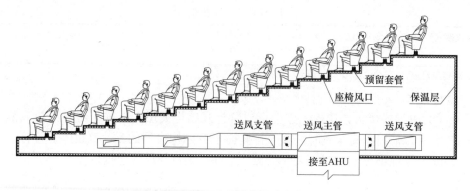

图 7-25　风口与风管不连接

这种做法风管安装较为简单，但结构夹层存在蓄热量大、表面粗糙、容易扬灰、局部漏风、潮湿发霉等问题。因此，需要对结构夹层进行处理，减少能耗损失、降低送风阻力、保证内部清洁、避免夹层漏风，以下做法可供参考：

墙面：先用水泥砂浆抹平，保证光滑、不漏风，再设置龙骨并安装保温层，如岩棉板、离心玻璃棉板、硅酸钙板等，厚度 30～50mm，最后安装保护层，如石膏板、镀锌铁皮、不锈钢板、铝板等。由于岩棉、离心玻璃棉对人体皮肤刺激较大，保护层交接处应搭接严密，不留空隙。顶面：由于顶面呈阶梯形，保温板施工较为不便，设置龙骨后可采用喷涂玻璃纤维的保温方式，厚度 30～50mm，最后再安装石膏板等保护层。地面：结构夹层需要人员进入检修，地面做法与墙面、顶面略有不同。先用水泥砂浆找平，厚度 20mm，再铺设聚苯乙烯泡沫塑料板（XPS），厚度 40mm，然后浇筑 C20 细石混凝土，厚度 40mm，内配 $\phi3@50$ 钢丝网片，最后再抹自流平环氧胶泥，厚度 1～2mm。

（2）风口与风管相连接

如图 7-26 所示，主风管送至结构夹层内，支风管均匀布置在夹层内的各个区域，夹层内的风管需要设置保温层。每个风口均采用柔性风管与支风管连接，柔性风管的长度不宜大于 2.0m，且不应有死弯或塌凹。风管与风口采用卡箍连接，并在每个支风管上设置调节阀，座椅风口可不带调节阀，如图 7-27 所示。结构夹层应设置检修门，可采用单扇防火门，夹层内设置普通照明。

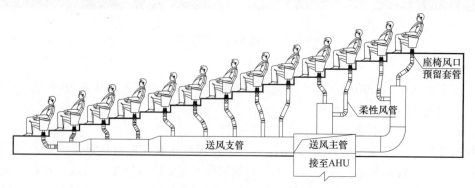

图 7-26　风口与风管相连接

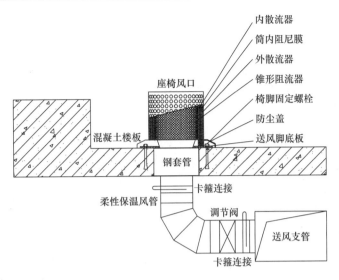

图 7-27　风口与风管安装示意图

图 7-28 为某学校报告厅的结构夹层（钢结构），送风支管已均匀吊装在夹层内的各个区域，并在支风管上设置调节阀，待座椅风口安装后，采用柔性风管与其连接。

图 7-28　结构夹层内的送风支管

实际施工时，应保证每个风口均与风管连接，现场确实有困难无法连接时，未连接风管的风口数量不得超过总座位数的 2%。位于观众厅前排的风口均应与风管连接到位，其余未连接风管的风口应尽量分散布置，避免观众厅冷热不均匀。

以上两种做法在实际项目中均有应用，笔者建议优先采用第二种做法，即每个风口均与风管连接，这样不仅有利于每个风口的风量调节，还可以保证送风的空气品质。另外，当观众厅采用钢结构阶梯时，由于钢结构阶梯相比混凝土阶梯漏风量更大，且容易产生冷桥现象，采用第二种做法可以避免这些问题的发生。

4. 送风洞口

采用座椅送风时，需要在楼板上设置送风洞口，洞口可前期预留也可后期打孔。采用前期预留时，在楼板浇筑前，建设单位需要提前确定座椅厂家，座椅厂家根据观众厅人数和座椅尺寸进行精确定位，并提资给建筑专业，暖通专业根据建筑座椅平面图布置风口位置，并将洞口数量、定位、尺寸提资给结构专业。

图 7-29 为某学校报告厅采用座椅送风，现场正在进行阶梯楼板支模和洞口预留。

图 7-29　浇筑前的阶梯楼板

座椅风口应预留钢套管，套管应与钢筋焊接固定，防止在楼板浇筑过程中移位，影响风口安装，如图 7-30 所示，拆模后的送风洞口如图 7-31 所示。

图 7-30　预留钢套管

图 7-31　拆模后的送风洞口

采用前期预留洞口需要多家单位紧密配合，且对施工要求高，稍有差错可能会导致座椅与风口错位。在实际项目中，也有采用后期打孔的做法，结构专业需要对楼板加强配筋，后期待座椅精确定位后再进行水钻打孔。

7.3.5　控制与节能

1. 新风量控制

报告厅属于高密人群场所，在室内稳定状态下的 CO_2 允许浓度应小于 0.25%，人体散发的 CO_2 量可按 $0.02m^3/(h\cdot 人)$ 计算，最小新风量可根据人员密度取值，详见表 7-5。

报告厅每人所需最小新风量［单位：$m^3/(h\cdot 人)$］　　　　表 7-5

建筑类型	人员密度 P_F（人/m^2）		
	$P_F\leqslant 0.4$	$0.4<P_F\leqslant 1.0$	$P_F>1.0$
报告厅	14	12	11

注：表中数据摘自《民用建筑供暖通风与空气调节设计规范》GB 50736—2012。

报告厅内人员密度大且变化大，如果长期按照座位人数供应新风，将浪费较多的新风处理用冷、热量。报告厅内应设置 CO_2 浓度传感器，并与新风阀联锁，根据室内 CO_2 浓度自动调节新风阀开度，实时控制新风量，以达到节能的目的。CO_2 浓度传感器应设置在通风良好的人员活动区域，控制原理如图 7-32 所示。

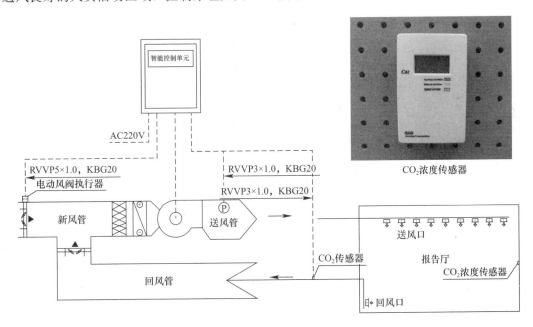

图 7-32　CO_2 监控原理图

需要注意的是，如果只调节新风量、不改变排风量，有可能造成部分时间室内负压，反而增加能耗。因此，排风量也应适应新风量的变化以保持房间的正压，排风量一般为新风量的 $80\%\sim 90\%$。

2. 全新风运行

在过渡季节，当室外空气焓值低于室内空气焓值时，可开启全新风运行模式，利用室外新鲜的冷空气去除室内余热、余湿量，改善室内热环境，节约空调能耗，全新风占总送风量的比例不应小于 50%。

设计全新风运行时，新风百叶、新风井、新风管的尺寸应根据最大运行新风量进行设计。

3. 二次回风

观众厅潜热负荷大，热湿比小，空气处理过程的机器露点温度较低，而座椅送风的温度较高，需要二次再热，可配置电加热段，但不利于节能。可采用二次回风，将处理过的一次风与室内回风再次混合后由座椅风口送入室内，使送风温度更接近室温，不仅可以提高室内人员的热舒适度，而且可以节省再热量。

与一次回风相比，二次回风节省了再热量，但控制相对复杂。另外，由于二次回风的送风温度较高，室内温度调节较慢，建议报告厅在使用前，提前半小时开启空调，关闭二次回风阀，采用一次回风，当室内温度稳定，且人员入场后，再开启二次回风阀。冬季使用时，可关闭二次回风阀，直接采用一次回风系统。

7.4 通风设计

面光室、耳光室、声光室、灯光控制室、音响控制室等区域，由于灯具多、电气线路多，发热量大，应设置机械通风系统，换气次数取 $6 \sim 8h^{-1}$，并保证室内温度不大于 40℃，机械通风达不到要求时，可设置空调系统。舞台上方的排风口应设置在较高处，可结合排烟系统设计。放映室、硅室应设置独立的排风系统，换气次数取 $8 \sim 10h^{-1}$。

摄影：建筑译者姚力

第8章
图书馆

8.1 建设要求

中小学校的图书馆包括学生阅览室、教师阅览室、电子阅览室、图书杂志及报刊阅览室、视听阅览室、检录及借书空间、藏书室等，并可附设会议室和交流空间。有条件的学校可建设校园图书亭、班级图书角及其他图书点等。

学生阅览室供学生在校阅览图书、报刊、电子出版物使用，是学生获得知识、拓宽知识面的第二课堂；教师阅览室主要供教师查阅工具书、参考书、示范教案、教学资料使用。图书馆生均图书小学不低于 30 册、初中不低于 40 册，年生均新增图书 1 册。

图书馆有益于提高教学效果和学生自主学习能力，设计单位需要重视中小学校图书馆的阅览和借书环境，并针对中小学生的特点进行设计，让学生爱上书籍、爱上阅读。

8.2 空调设计

8.2.1 设计参数

1. 空调室内设计参数

空调室内设计参数详见表 8-1。

空调室内设计参数   表 8-1

房间名称	夏季		冬季		新风标准
	温度（℃）	相对湿度（%）	温度（℃）	相对湿度（%）	[m³/(h·人)]
阅览室	25～27	40～65	18～20	30～60	30
陈列室	25～27	40～65	18～20	30～60	10
门厅	25～27	40～65	18～20	30～60	10

注：人员活动区内，夏季制冷时的风速≤0.25m/s；冬季制热时的风速≤0.20m/s。

2. 噪声标准

根据《图书馆建筑设计规范》JGJ 38—2015 和《中小学校设计规范》GB 50099—2011 的规定，图书馆各类场所的噪声级详见表 8-2。

室内允许噪声级   表 8-2

房间名称	允许噪声级 ⌊dB(A)⌋
普通阅览室	40
电子阅览室、视听室、办公室	45
陈列室、休息区、门厅、走廊	50

8.2.2 空调形式

图书馆内存书较多，为降低漏水隐患，空调形式应优先采用氟利昂系统，如多联机、屋顶空调；当条件不允许时，也可采用风冷热泵系统，但应做好防漏水措施，避免图书受损，具体措施详见本书第 8.4 节。

对于室内净高不大于 4m 的场所，如阅览室、视听室、陈列室、书库等，应优先采用多联机，气流组织形式为上送上回，如图 8-1、图 8-2 所示。

图 8-1　学生阅览室空调（多联机）

对于室内净高大于 4m 的场所，如门厅、阅览室等，可采用多联机，气流组织形式为侧送上回，送风口可采用条形风口、喷口等，如图 8-3 所示；也可采用屋顶空调，气流组织形式为上送下回，送风口可采用旋流风口、温控风口等，回风口设置在低位，如图 8-4所示。

图 8-2　教师阅览室空调（多联机）

图 8-3　门厅空调（多联机）

当空调送风口布置困难时，如室内无吊顶或有大面积天窗、玻璃幕墙，可采用地板送风，如图 8-5 所示，气流组织形式为下送侧回或下送上回。送风口布置在玻璃幕墙下方或人员活动区，回风口布置在房间内区，风管可布置在架空地板内或下一层房间吊顶内。风

(a)　　　　　　　　　　　　　　　　　(b)

图 8-4　阅览室空调（屋顶空调）（一）
（a）旋流风口；（b）圆形散流器（局部空间）

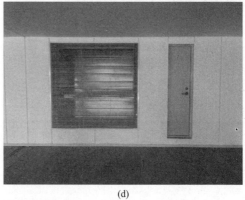

（c）　　　　　　　　　　　　　　　　　　（d）

图 8-4　阅览室空调（屋顶空调）（二）

（c）圆形散流器（局部空间）；（d）低位回风口

口需达到一定强度要求，一般采用不锈钢材质，可以经受行人反复踩踏，且必须附带积尘斗，送、回风口风速均控制在 2m/s 以内。

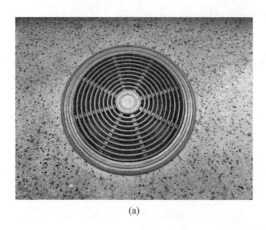
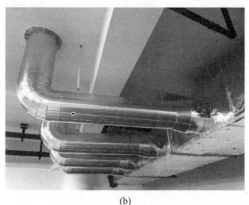

（a）　　　　　　　　　　　　　　　　　　（b）

图 8-5　门厅空调（风冷热泵）

（a）地板送风口；（b）下层空调送风管

8.3　排烟设计

从排烟角度看，中小学校建筑中的图书馆和餐厅在平面布局上较为类似，通常都有两层；通常都分学生区域和教师区域；通常都有高大空间场所或局部挑空区域。因此，图书馆的排烟设计可参考餐厅的排烟设计，详见本书第 11.2 节，其他排烟设计要求应遵循现行国家标准《建筑防烟排烟系统技术标准》GB 51251 的规定。

8.3.1　自然排烟

为保证采光要求，图书馆通常会设置大面积的外窗，可优先考虑自然排烟，如图 8-6

所示。排烟量及开窗面积根据计算确定，对于室内挑空区域，还应在楼板开口处设置挡烟垂壁。有条件时，应优先采用侧窗排烟，避免采用天窗时的漏水隐患，详见本书第19.12节。

(a)

(b)

(c)

(d)

图 8-6 图书馆自然排烟
（a）电动排烟侧窗；（b）电动排烟天窗；（c）、（d）固定挡烟垂壁（楼板开口处）

8.3.2 机械排烟

当外窗无法满足自然排烟要求时，应设置机械排烟设施，排烟量根据计算确定。对于图书馆内的挑空区域，如阅览室、门厅，通常与周围场所连通，排烟设计可参照中庭。排烟量应按周围场所防烟分区中最大排烟量的 2 倍计算，且不应小于 107000m³/h；排烟风口不仅需要满足单个排烟口最大排烟量要求，也要满足排烟口最小间距要求（边与边的最小距离），计算公式详见本书第13.2.3节；对于室内挑空区域，还应在楼板开口处设置挡烟垂壁。

【案例】某学校图书馆挑空区域，建筑定性为中庭，设置机械排烟，楼板开口处设置电动挡烟垂壁，高度为 1.5m。排烟口共 10 个，每个排烟口的排烟量为 10700m³/h，排烟口尺寸为 1000mm×1000mm，排烟口间距为 1.6m，如图 8-7 所示。

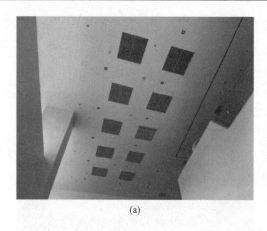 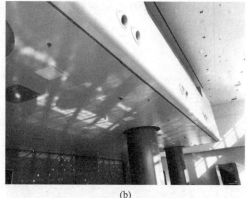

图 8-7　图书馆机械排烟
（a）机械排烟口；（b）电动挡烟垂壁（楼板开口处）

8.4　注意事项

1. 室内声环境

图书馆对室内噪声要求较高，暖通设计时应注意以下问题：

（1）噪声或振动较大的设备不应直接布置在阅览室的正上方，如空调室外机、通风机；

（2）新风机风量较大时，不可直接安装在阅览室的吊顶内，应设置在新风机房内；

（3）空调机房、新风机房不宜贴邻阅览室布置，否则机房应采取隔声措施。

2. 防水和防潮

图书馆内的纸质书刊较多，为防止管道漏水，损坏图书，应采取以下措施：

（1）空调形式应采用氟利昂系统或全空气系统；

（2）空调冷凝水管、空调冷热水管应避免直接布置在书架、陈列架正上方；

（3）水管的连接方式应保证无漏水隐患，可采用焊接代替丝扣连接；

（4）水管的保温应密封严密，保温层厚度应保证夏季管道外表面不结露；

（5）冷凝水管应采用强度高的镀锌钢管。

对于梅雨季节或潮湿地区（空气含湿量高于 $12g/kg_{干空气}$），室内应加强通风换气，空调系统应兼具机械通风换气功能，换气次数取 $2\sim3h^{-1}$。当采用机械通风时，室内空气流速不应大于 $0.5m/s$，防止造成书刊自动翻页。

3. 防虫和防鼠

书库、阅览室等与室外连通的各类风口，如新风口、排风口、排烟口、补风口等应设置防虫、防鼠网。同时，新风口、补风口还应设置空气粗效、中效过滤器。

第9章

// 办公

9.1　功能设计

　　在中小学校建筑中，办公用房主要分为教学办公用房、行政办公用房以及社团、广播、德育、卫生等管理用房。

9.1.1　教学办公

　　教学办公用房包括各课程教研组办公室、年级组教师办公室，是中小学校教师备课、进行教学研究和批改学生作业的主要空间，并兼作教师答疑、师生对话、教师午休使用。可根据使用要求按年级组或学科组分设，每位教师使用面积不小于 5m^2。房间宜宽敞，并能灵活布置办公家具及分隔空间，以便于采用现代化办公手段和办公方式，教师办公室与普通教室宜同层就近布置，如图 9-1 所示。图 9-2 为建成后的教学办公用房。

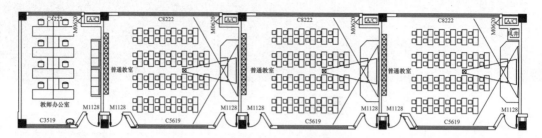

图 9-1　教学办公平面图

图 9-2　教学办公用房

9.1.2　行政办公

行政办公用房用于行政管理人员办公使用，包括校长室、教务处、档案室、财务室、会议室、接待室、文印室、网络机房等。宜根据中小学校管理工作的需要紧凑布置，尽可能兼用、合用，同时要适当考虑办公自动化设施所需面积，一般集中设置在单独的楼层，如图 9-3 所示。图 9-4 为建成后的行政办公用房。

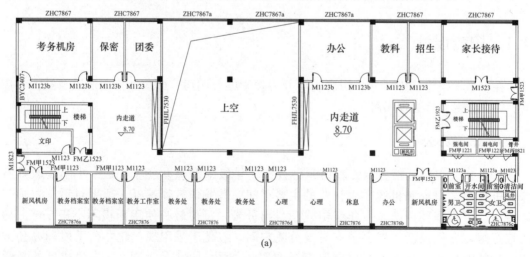

(a)

图 9-3　行政办公平面图（一）

（a）三层

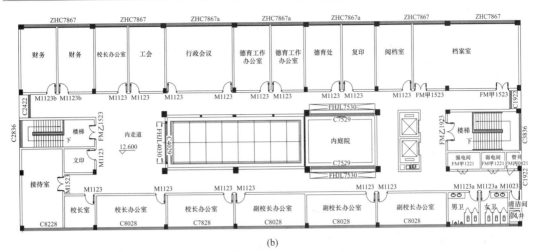

(b)

图9-3　行政办公平面图（二）

（b）四层

图9-4　行政办公用房

（a）办公室；（b）会议室；（c）接待室；（d）打印室；（e）档案室；（f）公共走道

9.2 空调设计

9.2.1 设计参数

空调室内设计参数详见表 9-1。

空调室内设计参数

表 9-1

房间名称	夏季		冬季		新风量 [m³/(h·人)]	噪声 [dB(A)]
	温度（℃）	相对湿度（%）	温度（℃）	相对湿度（%）		
单人办公室	26	55～65	20	≥30	30	≤40
多人办公室	26	55～65	20	≥30	30	≤45
会议室	26	55～65	20	≥30	20	≤45
档案室	26	55～65	20	≥30	30	≤45
走道	28	55～65	18	≥30	10	≤45

注：人员活动区内，夏季制冷时的风速≤0.25m/s；冬季制热时的风速≤0.20m/s。

9.2.2 空调形式

在中小学校建筑中，办公用房最常用的空调形式为分体空调和多联机。其中，教学办公用房与教室相同，一般采用分体空调，如图 9-5 所示；行政办公用房一般采用多联机，如图 9-6 所示，若每间办公用房有条件布置空调机位时，也可采用分体空调。

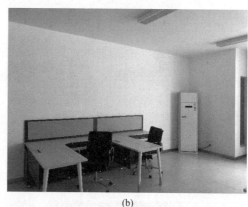

(a)
(b)

图 9-5 教学办公用房空调形式
（a）壁挂机；（b）柜机

9.2.3 新风系统

教学办公用房与教室相同，通常不设置新风系统；行政办公用房采用多联机时，应设置新风系统，可采用全新风机组或热回收型新风机组。当采用热回收型新风机组时，热回收效率不应低于60%，回风口可分别设置在每个房间内；当走道设置空调时，回风口也可集中设置在走道，由走道统一回风，如图 9-7 所示。

图 9-6 行政办公用房空调形式

（a）嵌入机（办公室）；（b）风管机（办公室）；（c）嵌入机（会议室）；（d）风管机＋嵌入机（门厅）

新风机组风量大于 2500m³/h 或噪声大于 50dB 时，应将新风机组设置在新风机房内，详见本书第 15.2.5 节。档案室的门为甲级防火门，如图 9-8 所示，进出档案室的新风管、回风管应设置 70℃ 防火阀。

图 9-7 走道回风口（新风）

图 9-8 档案室及其甲级防火门

9.3 通风设计

根据《办公建筑设计标准》JGJ/T 67—2019 的规定，复印室、打印室、垃圾间、清洁间等易产生异味或污染物的房间应与其他房间分开设置，并应有良好的通风设施；根据《公共建筑室内空气质量控制设计标准》JGJ/T 461—2019 的规定，打印复印等设备宜集中放置，并应采用机械通风系统，实际排风量不应低于 $72m^3/(h·台)$，且应保持负压状态；根据《江苏省绿色建筑设计标准》DGJ32/J173—2014 的规定，吸烟室、复印室、打印室、垃圾间、清洁间等产生异味或污染物的房间应与其他房间用封闭隔墙隔开并设置排风系统，排风量指标不低于 $9m^3/(h·m^2)$，并维持不少于 5Pa 压力的负压状态，排风应直接排到室外。

综上所述，复印室、打印室、垃圾间、清洁间、开水间、吸烟室等应设置机械通风设施。复印室、打印室换气次数取 $8\sim10h^{-1}$，如图 9-9 所示；垃圾间、清洁间、开水间换气次数取 $4\sim6h^{-1}$，如图 9-10 所示；吸烟室换气次数取 $10\sim12h^{-1}$。

图 9-9　打印机上方设置排风口　　　　　图 9-10　清洁间的排风口

9.4　排烟设计

教学办公用房与教室相同，通常采用自然排烟；行政办公用房面积小、数量多，采用自然排烟时，应满足下列要求：

（1）单个房间面积大于 $100m^2$ 时，有效开窗面积不小于房间面积的 2%；

（2）单个房间面积大于 $50m^2$ 且不大于 $100m^2$ 时，外窗应可开启；

（3）无窗房间或外窗不可开启的房间面积总和不应超过 $200m^2$。

行政办公楼的内走道应优先采用自然排烟，当所有与走道相连的房间均满足自然排烟要求时（有效开窗面积不小于 2%），走道可设置有效面积不小于走道面积 2% 的自然排烟窗，否则应在走道两端分别设置面积不小于 $2m^2$ 的自然排烟窗，且两侧自然排烟窗的距离不应小于走道长度的 2/3。不满足自然排烟要求时，应采用机械排烟，可参考本书第 13.2.3 节。

第10章
风雨操场

10.1 功能设计

风雨操场也称体育馆，属于中小学校的体育设施，可用于学生上体育课、锻炼身体和开展文化活动，也可用于学生集会等活动，是培养学生体能和健康的生活情趣的场所，其使用面积可同时容纳若干个班级进行室内体育活动。

平面布局上应邻近室外体育场，并宜便于向社会开放，但确因场地条件所限，总平面布局确有困难时，可以与食堂组合建造。

风雨操场应附设体育器材室，也可与操场共用一个体育器材室，并宜附设更衣间、卫生间、浴室，如图10-1所示。体育器材室内应采取防虫、防潮措施，教师与学生的更衣间、卫生间、淋浴间应分开设置。

根据室内使用功能，中小学校的风雨操场分为无看台和有看台两种。其中，看台又分为活动式看台和固定式看台，如图10-2所示。风雨操场有集会、演出功能时，可设置看台及小型舞台，如图10-3所示，无看台的风雨操场宜设置夹层挑廊，如图10-4所示。

图 10-1　风雨操场内的辅助用房
（a）浴室入口；（b）卫生间

图 10-2　风雨操场内的看台
（a）、（b）活动式；（c）、（d）固定式

图 10-3　小型舞台

图 10-4　夹层挑廊

风雨操场的净高应取决于场地的运动内容，各类体育场地最小净高应符合表 10-1 的规定，图 10-5 为某学校风雨操场内布置的临时羽毛球场地。室内 2.0m 以内的低位窗口、散热器应设置防撞措施；窗台高度小于 2.1m 时，窗户的室内侧应采取安全防护措施。

各类体育场地的最小净高　表 10-1

体育场地	田径	篮球	排球	羽毛球	乒乓球	体操
最小净高	9m	7m	7m	9m	4m	6m

注：本表摘自《中小学校设计规范》GB 50099—2011。

图 10-5　羽毛球场地

10.2　排烟设计

10.2.1　排烟量及排烟高度

风雨操场面积大、跨度大，屋顶通常采用钢结构，室内无吊顶，屋顶形式主要分为平屋面和斜屋面，如图 10-6 所示。风雨操场属于高大空间场所，室内净高通常大于 6m，排烟量应根据排烟高度计算，且不小于表 7-1 中的数值。

(a)　　　　　　　　　　　　　　　　(b)

图 10-6　风雨操场屋顶形式

(a) 平屋面；(b) 斜屋面

如图 10-7 所示，在计算排烟量时，对于平屋面，排烟高度为顶棚至地面的垂直距离。对于斜屋面，当排烟窗（口）设置在屋顶时，排烟高度为排烟口至地面的垂直距离；当排烟窗（口）设置在侧墙时，排烟高度为檐口最低点至地面的垂直距离。对于有看台的风雨操场，应按看台最高处的排烟净高计算最小清晰高度。

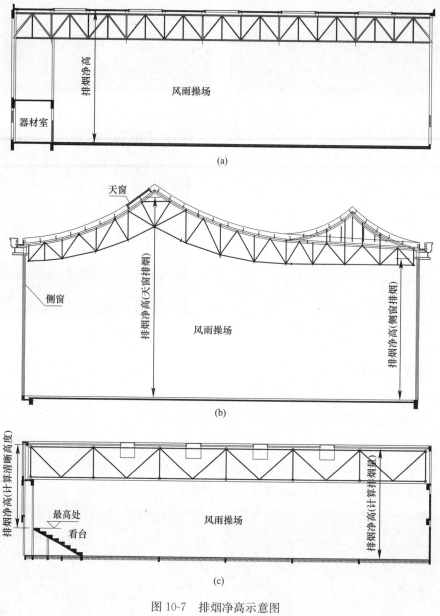

图 10-7　排烟净高示意图
(a) 平屋面；(b) 斜屋面；(c) 有看台

10.2.2　排烟方式

风雨操场一般采用自然排烟，排烟窗可设置在屋顶（天窗）也可设置在外墙（侧窗），如图 10-8 所示，有效面积应根据表 10-2 中排烟窗处的风速计算。

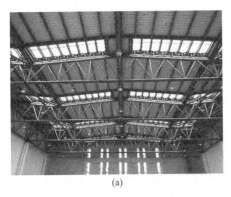
(a)

(b)

图 10-8 风雨操场自然排烟

（a）天窗排烟；（b）侧窗排烟

自然排烟窗风速 表 10-2

自然排烟风速（m/s）	有喷淋（$\times 10^4 \text{m}^3/\text{h}$）	无喷淋（$\times 10^4 \text{m}^3/\text{h}$）
侧窗	0.64	0.94
天窗	0.90	1.32

注：1. 天窗风速为侧窗风速的 1.4 倍；
    2. 当侧窗和天窗同时设置时，可分别依据风速累加计算。

排烟窗的有效面积＝计算排烟量/自然排烟窗风速，排烟窗的实际尺寸应根据排烟窗的形式、开启方式、有效面积进行设计。

当室内采用镂空吊顶时，吊顶可布置在排烟窗下方，烟气通过吊顶后再由排烟窗排出室外，如图 10-9 所示，但需要满足以下要求：

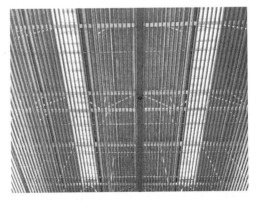

图 10-9 风雨操场上方设置格栅吊顶（自然排烟）

（1）吊顶采用不燃材料制作；

（2）吊顶的开口率不得低于吊顶净面积的 25％，且开口应均匀布置；

（3）排烟量应按无吊顶时的排烟净高计算；

（4）吊顶的镂空面积不得小于自然排烟要求的面积。

当自然排烟无法满足要求时，应采用机械排烟，排烟风机的风量不应小于计算风量的 1.2 倍，单个排烟风口的排烟量不应大于最大允许排烟量，多个排烟口之间应满足最小间距要求，排风风管的耐火极限不应小于 1.0h。

10.2.3 手动开启装置

风雨操场采用自然排烟时，排烟窗均设置在高位，通常采用自动排烟窗，包括电动排烟窗和气动排烟窗。自动排烟窗应与火灾自动报警系统联动，当发生火灾时，自动排烟窗应在 60s 内或小于烟气充满储烟仓时间内开启完毕。

为确保火灾时能够及时开启排烟窗，应在排烟窗的下方距地 1.3～1.5m 处设置手动开启装置，如图 10-10 所示，手动开启装置（控制箱）应能保证火灾时排烟窗的电源供应。

 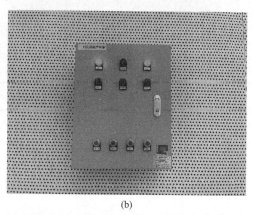

（a） （b）

图 10-10　电动排烟窗手动开启装置

（a）分组设置；（b）单组控制箱

风雨操场采用机械排烟时，可采用常开排烟口＋排烟阀，并在排烟阀的下方距地 1.3～1.5m 处设置手动开启装置，如图 10-11 所示。需要注意的是，排烟阀应尽量靠近墙壁安装，减少手动开启装置的钢丝缆绳长度，详见本书第 19.3.13 节。

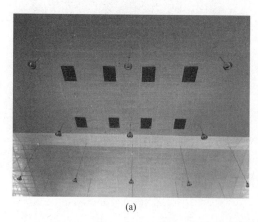 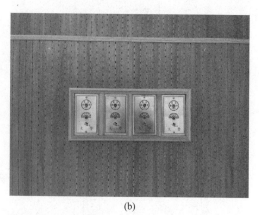

（a） （b）

图 10-11　机械排烟及其手动开启装置

（a）常开排烟口；（b）排烟阀手动开启装置

10.2.4 补风

风雨操场的面积大于 500m² 时，应设置补风系统，通常采用门窗自然补风。补风系统应直接从室外引入空气，且补风量不小于排烟量的 50％。补风口应设置在储烟仓以下，可利用平时低位可开启的外窗、疏散外门作为自然补风口，补风口的风速不宜大于 3m/s，防火门、防火窗不得作为补风口。当外窗位置较高时（仍在储烟仓以下），人手无法够及，还应在距地 1.3~1.5m 处设置手动开启装置，如图 10-12 所示。

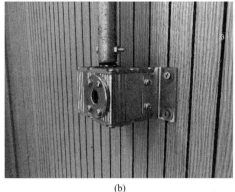

(a)　　　　　　　　　　　　(b)

图 10-12　风雨操场自然补风

（a）高位补风窗；（b）手动开启装置

10.3　通风设计

风雨操场应优先采用自然通风，当无法设置可开启外窗或自然通风效果不良时，可设置机械通风。建筑专业、暖通专业应重视自然通风设计，应避免降温、通风完全借助于空调，增加运营费用且不利于节能。在没有空调的情况下，如果室内不能通风换气，师生很难在里面开展教学活动；如果可以确保室内空气流通，有利于学生的身心健康。

通风系统可与排烟系统结合设计。当采用自然通风时，可在高位和低位不同方向分别设置可开启的外窗，利用热压或风压，使室内形成良好的通风气流组织（上排下进），及时排出室内余热、余湿量。仅用于平时通风的高位窗需设置手动开启装置，但无需与火灾自动报警系统联动；当采用机械通风时，可与排烟系统共用风机、风管和风口，对室内进行通风换气，当排烟风量与排风量相差较大时，也可单独设置排风系统，如图 10-13 所示。

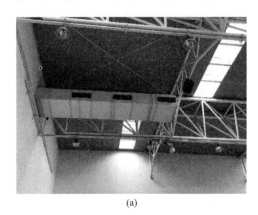

(a)　　　　　　　　　　　　(b)

图 10-13　风雨操场通风设施

（a）室内排风口；（b）室外排风机

根据《中小学校体育设施技术规程》JGJ/T 280—2012 的规定，应采用有效的通风措施保证风雨操场室内空气中 CO_2 的浓度不大于 0.15%；根据《中小学校设计规范》GB 50099—2011 的规定，风雨操场的换气次数不低于 $3h^{-1}$。

10.4 空调设计

某些中小学校的风雨操场除了用于体育教学外，还会兼作其他功能，如多功能厅、报告厅、演出、校内活动等，室内热舒适度要求较高，温、湿度需要满足设计要求，此时应设置空调系统。

项目设计前，暖通专业应与校方确认风雨操场的使用功能以及是否需要设置空调系统，对于预算紧张或后期才有空调需求的项目，可对空调系统进行预留设计，包括管井、设备基础、电量等，方便校方后期增设空调。

10.4.1 空调形式

风雨操场属于高大空间场所，对冬季制热有要求时，应优先采用全空气系统，如屋顶空调，气流组织可采用上送下回、侧送下回，送风口可采用旋流风口、喷口等，以保证冬季人员活动区的空调效果，如图 10-14 所示。

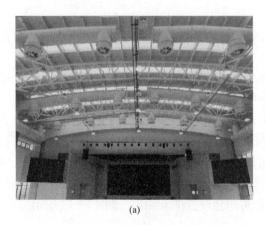

(a)   (b)

图 10-14 风雨操场采用屋顶空调
(a) 旋流风口（上送下回）；(b) 空气处理机组

当风雨操场冬季无制热要求、空调仅在夏季使用时，也可采用多联机系统，室内机采用高静压风管机，均匀布置在风雨操场的两条长边，气流组织形式为侧送上回，送风口可采用喷口、鼓形喷口、条形风口等，如图 10-15 所示。暖通设计时，应注明送风口水平射程，且两侧送风气流应搭接。高静压风管机安装在局部吊顶内，采用后部回风，吊顶净深不小于 2.5m，吊顶高度不小于 500mm。

对于有看台的风雨操场，空调送风方式还应兼顾看台区的气流组织，保证人员热舒适度。可将风管布置在看台后上方，采用喷口和散流器相结合的送风方式，喷口侧送至运动场地，风速控制在 4～6m/s；散流器下送至看台区，风速控制在 2m/s 左右，如图 10-16 所示。

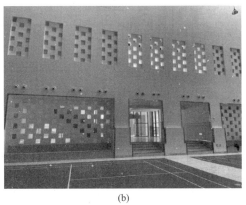

(a)　　　　　　　　　　　　　　　　　　(b)

图 10-15　风雨操场采用多联机
(a) 条形风口（侧送上回）；(b) 喷口（侧送上回）

图 10-16　看台区的空调风口

10.4.2　注意事项

1. 风管重量

风雨操场一般采用钢结构屋顶，有些项目室内风管需要从桁架内穿过，如图 10-17 所示。暖通专业在设计风管时，应根据结构专业提供的桁架布置图确定风管的形状（同一桁架，圆形风管面积最大）、尺寸和走向，并将风管（含保温、防火包覆）的重量提资给结构专业，结构专业根据风管重量计算桁架的承载力。计算风管重量时，可参考表 10-3～表 10-5。

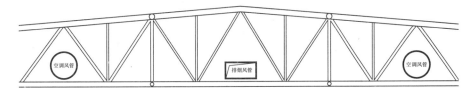

图 10-17　桁架内风管示意图

镀锌钢板面密度　　　　　　　　　　　　　　表 10-3

镀锌钢板	密度：7850kg/m³				
厚度（mm）	0.50	0.75	1.00	1.20	1.50
面密度（kg/m²）	3.93	5.89	7.85	9.42	11.78

离心玻璃棉面密度　　　　　　　　　　　　　表 10-4

离心玻璃棉	密度：48kg/m³				密度：64kg/m³	
厚度（mm）	20	30	40	50	50	60
面密度（kg/m²）	0.96	1.44	1.92	2.40	3.2	3.84

岩棉和防火板面密度　　　　　　　　　　　　表 10-5

岩棉	密度：100kg/m³	防火板	密度：96kg/m³	
厚度（mm）	50	厚度（mm）	9	12
面密度（kg/m²）	5.0	面密度（kg/m²）	0.86	1.15

【举例】已知排烟风管尺寸 1000mm×1000mm，长度 1m，风管厚度 1.0mm，风管设置防火包覆，其中岩棉板厚度 50mm，防火板厚度 9mm。

【计算】风管展开后，钢板面积为 4m²，岩棉板面积为 4.2m²，防火板面积为 4.24m²；钢板重量为 31.4kg，岩棉板重量为 21kg，防火板重量为 3.6kg；风管总重量为 56kg。

由此可见，桁架内的风管重量不可忽视，且此重量尚未包含风口的重量，旋流风口重量可按 6kg/个估算；喷口重量可按 8kg/个估算。

2. 风管布置

当屋顶设置天窗时，应根据天窗的位置布置风管，风管不得遮挡天窗，如图 10-18 所示。

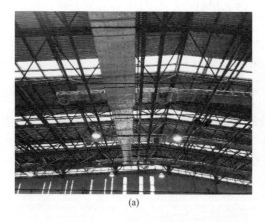
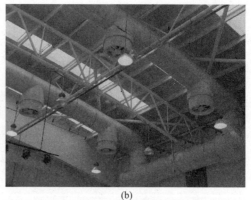

(a)　　　　　　　　　　　　　(b)

图 10-18　空调风管与天窗

（a）矩形风管；（b）圆形风管

摄影：建筑译者姚力

11.1 建筑设计

学生有在校就餐需求的，学校可建造食堂并按标准配备相关设施。中小学校的食堂主要包括教师餐厅、学生餐厅和厨房，如图 11-1、图 11-2 所示。学校可根据实际需要，确定是否独立设置教师食堂和学生食堂，以及学生食堂的数量。

食堂不应与教学用房合并设置（贴邻或上、下层组合建造），宜设置在校园的下风向。厨房的噪声及排放的油烟、气味不得影响教学环境。食堂与室外公厕、垃圾站等污染源间的距离应大于 25m。

图 11-1　学生餐厅

图 11-2　教师餐厅

用餐区域室内净高不应低于 2.6m，设置集中空调时，不应低于 2.4m；设置夹层的用餐区域，室内净高最低处不应低于 2.4m。用餐区域每座最小使用面积不应小于 1.0m²。

11.2　排烟设计

11.2.1　一般规定

餐厅可采用自然排烟，也可采用机械排烟。排烟量跟房间的高度有关，当建筑空间净高小于或等于 6m 时，排烟量应按不小于 60m³/(h·m²) 计算，且取值不小于 15000m³/h，或设置有效面积不小于房间建筑面积 2% 的自然排烟窗；当建筑空间净高大于 6m 时，排烟量应根据计算确定，且不小于表 7-1 中的数值，或设置自然排烟窗，其所需有效排烟面积应根据表 10-2 中排烟窗处的风速计算。

11.2.2　常见做法

中小学校的餐厅通常占据两层，学生餐厅设置在首层以及二层部分区域，教师餐厅设置在二层，建筑空间上会形成局部挑空或局部夹层两种情况，如图 11-3、图 11-4 所示。

图 11-3　餐厅局部挑空

图 11-4 餐厅局部夹层

1. 局部挑空

针对局部有挑空的餐厅，目前排烟设计有两种做法：

（1）如图 11-5 所示，C 区为挑空区域，建筑定性为高大空间。在一层开口部位设置挡烟垂壁，挡烟垂壁的高度保证 A 区最小清晰高度。A 区根据室内净高 H_1 划分防烟分区和计算排烟量；B 区和 C 区统一考虑排烟，根据室内净高 H_3 划分防烟分区和计算排烟量，根据室内净高 H_2 计算 B 区最小清晰高度。A 区和 B 区、C 区可共用排烟风机。

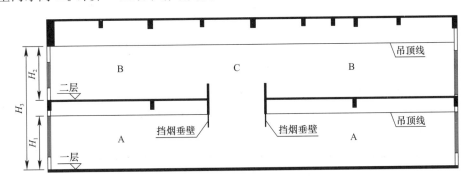

图 11-5 局部挑空排烟示意图（一）

（2）如图 11-6 所示，C 区为挑空区域，建筑定性为中庭。在一层、二层开口部位分别设置挡烟垂壁，一层挡烟垂壁的高度保证 A 区最小清晰高度，二层挡烟垂壁的高度取 B 区和 C 区储烟仓厚度最大值。C 区按照中庭单独设置排烟风机；A 区和 B 区分别根据室内净高 H_1 和 H_2 划分防烟分区和计算排烟量，A 区和 B 区可共用排烟风机。

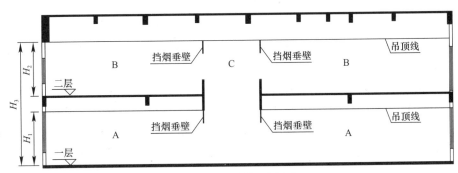

图 11-6 局部挑空排烟示意图（二）

【案例一】图 11-7 为某学校餐厅，采用自然排烟，局部挑空区域净高 8.0m，按照排烟示意图（一）设计。建筑定性为高大空间，一层开口部位设置挡烟垂壁（防火玻璃），一层有效开窗面积不小于餐厅面积的 2%；二层有效开窗面积不小于 38.54m²。

(a)　　　　　　　　　　　　　　　(b)

图 11-7　餐厅自然排烟（案例一）

(a) 一层；(b) 二层

2. 局部夹层

针对局部有夹层的餐厅，目前排烟设计有三种做法：

（1）如图 11-8 所示，B 区为局部夹层，在一层和二层的开口部位分别设置挡烟垂壁，一层挡烟垂壁的高度保证 A 区最小清晰高度，二层挡烟垂壁的高度取 B 区和 C 区储烟仓厚度最大值。C 区为高大空间，根据室内净高 H_3 划分防烟分区和计算排烟量；A 区和 B 区分别根据室内净高 H_1 和 H_2 划分防烟分区和计算排烟量。A 区、B 区、C 区可共用排烟风机。

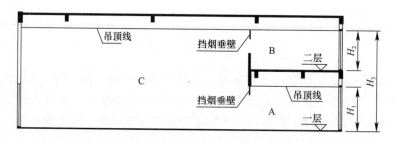

图 11-8　局部夹层排烟示意图（一）

（2）如图 11-9 所示，B 区为局部夹层，在一层开口部位设置挡烟垂壁，挡烟垂壁的高度保证 A 区最小清晰高度。A 区根据室内净高 H_1 划分防烟分区和计算排烟量；B 区和 C 区统一考虑排烟，根据室内净高 H_3 划分防烟分区和计算排烟量，根据室内净高 H_2 计算 B 区最小清晰高度。A 区和 B 区、C 区可共用排烟风机。

（3）如图 11-10 所示，B 区为局部夹层，一层和二层开口部位均不设置挡烟垂壁，A 区、B 区、C 区统一考虑排烟。根据室内净高 H_3 划分防烟分区和计算排烟量，根据室内净高 H_2 计算 B 区最小清晰高度。该做法仅适用于 A 区、B 区进深较小的情况，建议进深不大于 6m。

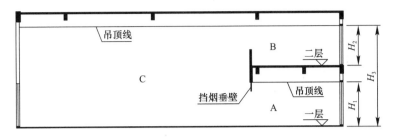

图 11-9　局部夹层排烟示意图（二）

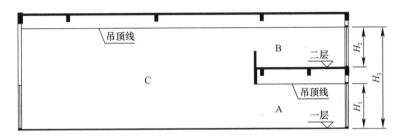

图 11-10　局部夹层排烟示意图（三）

【案例二】图 11-11 为某学校餐厅，采用自然排烟，局部夹层为教师餐厅，按照排烟示意图（三）设计。建筑定性为高大空间，一层和二层开口部位均不设置挡烟垂壁，统一考虑排烟。排烟窗设置在侧墙，根据室内最高点净高计算排烟量和排烟窗面积，根据局部夹层净高计算最小清晰高度。

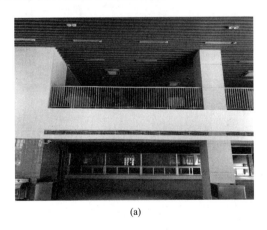 

(a)　　　　　　　　　　　　　(b)

图 11-11　餐厅自然排烟（案例二）
(a) 局部夹层；(b) 侧窗排烟

11.3　空调设计

11.3.1　设计参数

空调室内设计参数详见表 11-1。

空调室内设计参数   表 11-1

房间名称	温度（℃）		湿度（%）		风速（m/s）		噪声（dB）
	夏季	冬季	夏季	冬季	夏季	冬季	
餐厅	26～28	18～20	≤65	≥30	≤0.3	≤0.2	≤55

注：新风指标详见本书第11.3.3节。

11.3.2 空调形式

中小学校的餐厅在使用时，时间较为集中、人员较为密集，短时间内的人员负荷较大，需要采取相关措施保证师生用餐时的舒适性，常见的措施为设置空调或电风扇。

随着经济的发展、人们生活水平的提高，师生、家长以及社会对学校硬件的要求越来越高。在新建的中小学校项目中，设计单位均应考虑设计空调系统，即使校方要求交付时无需安装空调，也应保证学校今后具备增加空调设施的条件。如有些项目，学校前期建设资金不足，采用电风扇，后期再根据实际使用情况申请资金增设空调。

中小学校餐厅常用的空调形式为分体空调和多联机，学生餐厅面积较大，通常采用多联机；教师餐厅以及部分包厢面积较小，可采用分体空调，如图11-12所示，也可采用多联机。

图 11-12 分体空调（教师餐厅）

当餐厅采用多联机时，根据装修风格，室内机可采用嵌入机、风管机；风口可采用条形风口、散流器、旋流风口等，如图11-13所示。

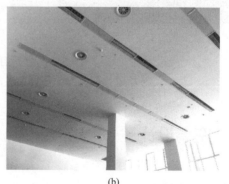

（a）   （b）

图 11-13 多联机（学生餐厅）（一）
（a）四面出风；（b）旋流风口

(c)　　　　　　　　　　　　　　　　(d)

图 11-13　多联机（学生餐厅）（二）

(c) 条形风口（侧送）；(d) 条形风口（顶送）

根据食品卫生要求，打餐间内应设置空调，如图 11-14 所示，且打菜间不应采用镂空吊顶，详见本书第 19.4.9 节。

图 11-14　打菜间及其内部空调

11.3.3　新风系统

当餐厅设置空调时，应配套设置新风系统，如图 11-15 所示，人均新风量不低于表 11-2 中的数值。

图 11-15　餐厅内的新风管与新风口

餐厅每人所需最小新风量［单位：$m^3/(h \cdot 人)$］　　　　表 11-2

建筑类型	人员密度 P_F（人/m^2）	
	$P_F \leqslant 0.4$	$0.4 < P_F \leqslant 1.0$
餐厅	28	24

餐厅每座使用面积不低于 $1.0m^2$/人，学生餐厅人均新风量可取 $25m^3$/h；教师餐厅人均新风量可取 $30m^3$/h。中小学校用餐时间相对集中，但用餐时间较短，一般在 30min 左右，学校在管理上通常会采取不同年级交错用餐。因此，在选择新风机时，总新风量应考虑同时使用系数，一般可取 70%～80%。

餐厅内设置集中排风时，可选用热回收型新风机组，新风引入口应设置在室外空气清洁区，新风入口处应设置可关闭的阀门以及粗效、中效过滤器。当新风机组噪声较大时，不应直接安装在吊顶内，而应设置在新风机房内，保证用餐区域的噪声不大于 55dB。

11.3.4　电风扇

如同教学用房和学生宿舍，在夏热冬暖、夏热冬冷等气候区的中小学校，当餐厅不设空调且在夏季通过开窗通风不能达到基本热舒适度时，应设置电风扇，如图 11-16 所示。

图 11-16　餐厅内的电风扇

目前，在实际项目中，中小学校的餐厅，尤其是学生餐厅，采用电风扇的案例不在少数。甚至有些项目在建设过程中，临时将原设计中的空调系统取消，改用电风扇，其主要原因是：

（1）学校建设费用低或预算超标，需要降低造价；

（2）空调初投资相对较高，需配置新风，而电风扇较为便宜，且安装方便；

（3）学生在餐厅用餐时间较短，电风扇可以满足短暂热舒适度要求；

（4）室外温度较高的 7 月和 8 月，学生放暑假，餐厅不开放。

暖通设计时，建议同时考虑空调和电风扇，学校在实际使用中，应优先开启电风扇，当室外气温较高，室内无法满足热舒适度时，再开启空调。当建设资金紧张时，可先设计电风扇，但应预留好空调基础、电量、管井、百叶等条件，方便校方后期增设空调。

11.4　通风设计

中小学校的餐厅在使用时，人员密度大、室内热湿负荷大且有一定的气味。因此，餐厅应设置机械通风系统，及时排出室内热湿、异味空气，保证良好的用餐环境。

当餐厅设置空调时，室内应维持正压，排风量可取新风量的80%～90%。新风产生的正压环境可以阻挡室外冷、热空气渗透，还可兼作厨房区域的补风。

当餐厅未设置空调或在过渡季节使用时，室内应维持负压，防止异味空气扩散到其他区域，排风量可按换气次数4～6h^{-1}计算，并保证室内负压值不大于厨房区域。

餐厅在使用期间，人员流动量大，外门开启频繁，为减少室外空气对室内环境的影响，可在主要出入口处设置贯流式空气幕，如图11-17所示。对于严寒及寒冷地区的餐厅，可在主要出入口处设置门斗或电热空气幕，有效降低冷风渗透耗热量。

图 11-17　餐厅出入口处设置空气幕

第12章

厨房

12.1 通风设计

厨房的通风系统由三部分组成：全面通风、局部通风、事故通风。本节内容主要针对厨房内的烹饪间（明火加工区），其他用房的通风设计详见本书第 12.3 节。

12.1.1 全面通风

全面通风用于消除厨房内余热、余湿、余味及有害气体，如点火时少量泄漏的燃气以及燃烧过程中产生的 CO_2 气体。即使炉灶尚未开启，厨房内也会有一定的发热量和异味，需要设置全面通风进行排除。

1. 排风量

烹饪间的换气量宜按热平衡计算，计算排风量的 65% 通过排油烟罩排至室外，而由房间的全面通风排出 35%，烹饪间全面排风量可按换气次数不小于 $6h^{-1}$ 计算。

2. 补风

烹饪间通常无可开启外窗，即使有可开启外窗但也很少开启，建议优先设置机械补风，补风量应包含燃烧空气量，宜为排风量的 70%～80%。烹饪间应保持负压，防止油烟、异味等扩散到餐厅或公共区域，负压值不得超过 5Pa，负压过大会导致灶膛瞬时脱火甚至将火苗吸入排风罩，引起烟道着火，负压可按厨房开门时的门洞风速不超过 1.0m/s 进行判定。

补风口可沿油烟罩长边设置，直接补到油烟罩附近，形成补风幕，防止油烟外逸。补风系统的室外入口处应设置不低于粗效 C1 过滤器，严寒及寒冷地区的补风还应进行预热处理。

12.1.2　局部通风

局部通风用于排除发热量大且散发大量油烟和蒸汽的设备，如炉灶、洗碗机、蒸饭柜、蒸汽消毒设备，有效地将热量、油烟、蒸汽等控制在局部区域并直接排出室外，如图 12-1 所示。

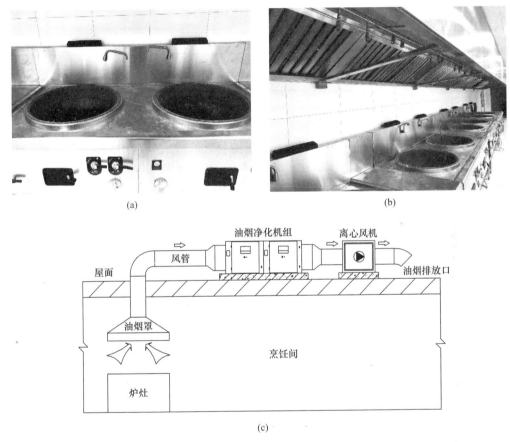

图 12-1　炉灶局部通风
(a) 灶台；(b) 油烟罩；(c) 示意图

1. 排风量

烹饪间的局部通风量计算方式较多，主要有以下四种：

(1) 罩侧面积法

排油烟罩的平面尺寸应比灶台边尺寸大 100mm，排油烟罩面距灶台面的距离不宜大于 1.0m，罩口下沿离地高度宜取 1.8～1.9m，排油烟罩的最小排风量宜按下式计算：

$$L = 1000 \times P \times H$$

式中　L——排风量，m^3/h；

　　　P——罩子的周边长（靠墙侧的边不计算），m；

　　　H——罩口距罩面的距离，m。

（2）罩口风速法

厨具排气罩在水平面上的投影面积应比厨具四周各外扩 0.2m（厨具贴墙侧不计），此投影面积即排气罩的罩口面积，排气罩的排风量可按下式计算：

$$L_P = F_Z \times v$$

式中　L_P——厨具排气罩计算风量，m^3/s；

　　　F_Z——排气罩的罩口面积，m^2；

　　　v——排气罩的罩口平均面风速，m/s；罩口平均面风速可按表 12-1 取值。

罩口面风速 表 12-1

排气罩悬挂方式	罩口平均面风速（m/s）
墙角安装（两面或三面靠墙）	0.43
长边（一面）靠墙安装	0.51
凌空（不靠墙）安装	0.76

（3）换气次数法

当不具备准确计算条件时，排风量可按换气次数 $50h^{-1}$ 进行估算。

（4）单位面积法

当不具备准确计算条件时，排风量可按烹饪间单位面积不小于 $150m^3/h$ 进行估算。

暖通设计时，仅需预留好排油烟井、屋顶设备基础、电量等条件，后期由厨房单位深化设计。从实际项目来看，厨房单位通常根据灶台计算排风量，而设计单位通常按换气次数计算排风量，且两者风量相差较大。考虑到厨房不确定因素较多，如后期流线、布局改动，建议暖通专业在设计初期，尽量放大排油烟井，具体要求详见本书第 19.2.14 节。另外，当厨房多层布置时，应分别设置独立的排油烟井，以便后期学校选择厨房外包时，每层厨房可以独立通风、独立运营。

2. 油烟排放指标

油烟去除效率指油烟经净化设施处理后，被去除的油烟与净化之前的油烟的质量百分比。计算公式为：

$$\eta = \frac{f_1 \times Q_1 - f_2 \times Q_2}{(f_1 \times Q_1)} \times 100\%$$

式中　f_1——处理设施前的油烟浓度，mg/m^3；

　　　f_2——处理设施后的油烟浓度，mg/m^3；

　　　Q_1——处理设施前的排风量，m^3/h；

　　　Q_2——处理设施后的排风量，m^3/h。

油烟净化设施最低去除效率限值按规模分为大、中、小三级，规模按基准灶头数划分，基准灶头数按灶的总发热功率或排气罩灶面投影总面积折算，每个基准灶头对应的排气罩灶面投影面积为 $1.1m^2$，油烟最高允许排放浓度和油烟净化设施最低去除效率详见表 12-2。

油烟最高允许排放浓度和油烟净化设施最低去除效率 表 12-2

规模	小型	中型	大型
基准灶头数 N（个）	$1 \leqslant N < 3$	$3 \leqslant N < 6$	$N \geqslant 6$
对应灶头总功率 P（$\times 10^8$J/h）	$1.67 \leqslant P < 5$	$5 \leqslant P < 10$	$P \geqslant 10$
灶面总投影面积 S（m²）	$1.1 \leqslant S < 3.3$	$3.3 \leqslant S < 6.6$	$S \geqslant 6.6$
最高允许排放浓度（mg/m³）	2.0		
最低去除效率（%）	60	75	85

注：本表摘自《饮食业油烟排放标准》GB 18483—2001。

部分地区油烟最高允许排放浓度为 1.0mg/m³，如上海、北京、天津、重庆、河南、深圳、山东、辽宁；油烟净化设施最低去除效率为 90%（上海、深圳、山东、河北），95%（北京、重庆、河南），实际项目以当地规范和环境保护部门要求为准。

3. 油烟排放口

厨房排油烟系统应独立设置，其室外排放口应通往屋面高空排放，不应设置在建筑外立面上，排放口的高度可参考表 12-3。

油烟排放口的相对位置要求 表 12-3

位置	前提条件	限制要求
距离	经油烟净化后的油烟	排放口与周边环境敏感目标距离应大于 20m
	经油烟净化和除异味处理后的油烟	排放口与周边环境敏感目标距离应大于 10m
高度	饮食业单位所在建筑物高度≤15m	排放口高度应大于屋顶高度
	饮食业单位所在建筑物高度>15m	排放口高度应大于 15m

注：本表摘自《饮食业油烟排放标准》GB 18483—2001。

当油烟排放口附近有其他设备时，如风机、空调室外机等，排放口不得朝向这些设备，应设置伞形防雨风帽向上排放，如图 12-2 所示，排放口的高度应高出周围设备。当中小学校附近有住宅楼时，油烟排放应格外引起重视，详见本书第 19.2.13 节。

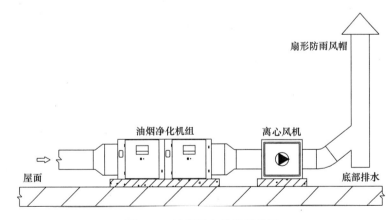

图 12-2 油烟竖向排放示意图

4. 排油烟风管

排油烟风管的材质应采用不锈钢板（SUS304），厚度为 1.2mm 或 1.5mm，氩弧焊焊接（宜翻遍 10mm 对焊），管道应密封无渗漏。

为防止油烟附着在管道上，水平风管风速控制在 8～10m/s；垂直风管风速控制在 10～12m/s；排风罩接风管的喉部风速控制在 4～5m/s，排油烟风管室内段均应为负压。

水平风管不宜过长，长度控制在 20m 左右，坡度不小于 1‰，坡向排风罩或集油、放油、排凝结水处，风管与楼板或墙面的间距不应小于 100mm。风管最低处设置清扫口，立管底部设置 DN50 不锈钢排水管和排水球阀，并在附近设置检修口。

室内排油烟风管可进行隔热处理，并保证隔热层外表面温度不大于 60℃，以免室内过热，影响热舒适度；室外排油烟风管可进行保温处理，以免风管内部结露。隔热、保温材料采用离心玻璃棉，厚度不小于 40mm，容重不小于 48kg/m³，室外风管的保温层外部再设置 0.5mm 铝板防水层。排油烟风管水平方向不宜穿越防火分区，在穿越竖井、楼板、防火隔墙（烹饪间隔墙）处应设置 150℃防火阀。

5. 油烟净化设备

油烟的主要成分是油脂、烟尘、气味，需要经过处理达标后才能排入大气。油烟净化机组的类型有：静电式、光解式、运水式、活性炭吸附式等，中小学校项目常用静电式和光解式，如图 12-3 所示。其中，静电式净化效率高、运行稳定、使用寿命高，但不能去除异味；光解式能产生臭氧去除异味，但成本相对较高。采用静电式油烟净化设备时，设备的金属外壳必须与 PE 线可靠连接。油烟净化设备需经国家认证方可使用。

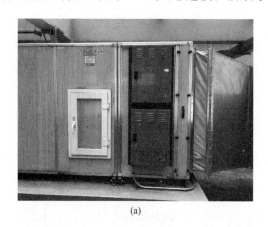
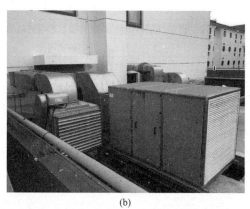

(a)　　　　　　　　　　　　　　　　(b)

图 12-3　油烟净化机组
(a) 静电式；(b) 光解式

油烟净化设备应设置在屋顶、排油烟风机入口处，设备需要设置在混凝土基础上。带清洗功能的油烟净化设备，需要预留补水、排水措施，补水点的压力应满足设备要求，补水管管径可取 DN25。

6. 排油烟风机

部分中小学校的食堂采用外包方式，独立运营，当有多家厨房时，应分别设置独立的局部通风系统，即每家厨房单独设置排油烟风机、油烟净化设备，方便运营、管理和计量。

排油烟风机应设置在屋顶，风机位于排油烟系统的最高位；排油烟风机宜采用低噪声、耐高温、柜式离心风机，电机采用外置式，尽量少用轴流风机或混流风机；排油烟风机入口处无需设置消声器，出口处可根据需要设置消声器；为方便操作，排油烟风机的控制装置应设置在厨房内，如图 12-4 所示。

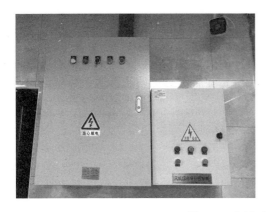

图 12-4　厨房内的风机控制箱

12.1.3　事故通风

根据《民用建筑供暖通风与空气调节设计规范》GB 50736—2012 的规定，可能突然放散大量有害气体或有爆炸危险气体的场所应设置事故通风，该条文没有明确有外窗可不设置事故通风。因此，只要满足可能突然放散大量有害气体或有爆炸危险气体的场所，均应设置事故通风系统。

中小学校厨房的烹饪间通常靠外墙布置在地上一层或二层，一般会设有可开启外窗，甚至设有不同朝向的可开启外窗。但实际使用时，外窗更多是用于采光，却很少开启用于通风。有些是因为外窗较高，开启不方便；有些是因为气候问题，如严寒及寒冷地区的厨房；有些是因为卫生问题，如室外灰尘或蚊虫；有些是因为开窗会影响灶台火焰；有些甚至被油烟罩遮挡，如图 12-5 所示。因此，无论烹饪间是否有可开启外窗，当室内设有燃气时，均应设置机械事故通风系统，不可采用自然通风。

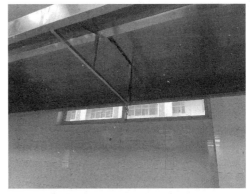

图 12-5　烹饪间外窗被油烟罩遮挡

1. 设计要求

（1）事故排风的换气次数不应小于 $12h^{-1}$。

（2）事故排风机应采用防爆型风机，并设置导除静电的接地装置。在室内外便于操作的地点分别设置事故通风的手动控制装置，以便发生事故时，可以立即投入运行。

（3）事故排风口与机械送风系统的进风口的水平距离不应小于 20m；当水平距离不足

20m时，排风口应高出进风口，并不宜小于6m。排风口应通往屋面高空排放，但无需高于周围20m范围内最高建筑屋面3m以上。

（4）有条件时，事故通风井应优先布置在烹饪间内，风井内应采用内衬铁皮风管。无法布置时，也可将风井布置在烹饪间以外，风管可穿越防火隔墙、防火墙，但应做好防火封堵及防泄漏措施，事故排风管道的室内部分应为负压段。

（5）事故排风应为独立的通风系统，条件不允许时可与全面排风、消防排烟合用系统，但不可与排油烟合用系统。

（6）用气房间内应设置燃气浓度检测报警及控制系统，并由管理室集中监视和控制。报警器与用气设备的水平距离应在报警器的作用半径内；报警器的下端应在楼板底面以下0.3m内，楼板底面下有突出大于或等于0.6m梁时，报警器需设置在梁和用气设备之间；报警器应尽量靠近排风口设置；报警器不得设置在距进风口1.5m范围内的地方。

（7）燃气引入管应设置手动快速切断阀和紧急自动切断阀，停电时紧急自动切断阀必须处于关闭状态。当燃气泄漏浓度达到爆炸下限25%时，燃气浓度探测器报警并联动事故风机排风，持续1min后将自动切断气源（注：天然气的爆炸下限值为5%，上限值为15%）。

（8）燃气管道及相关设施应由燃气公司设计。

（9）部分学校厨房不用燃气时（仅用电），无需设置事故通风系统。

图12-6为学校厨房烹饪间内的事故通风设备。

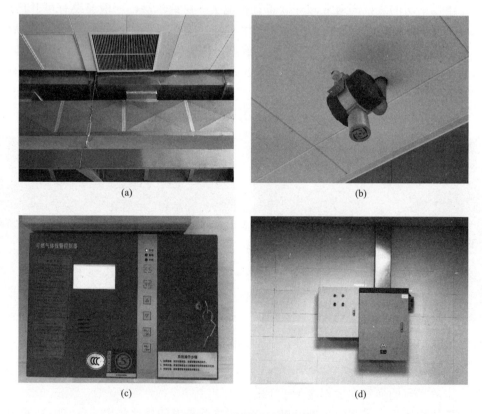

(a)　　　　　　　　　　　　　(b)

(c)　　　　　　　　　　　　　(d)

图12-6　事故通风设备

（a）事故排风口；（b）燃气探测器；（c）可燃气体报警控制器；（d）事故风机控制箱

2. 电源要求

《全国民用建筑工程设计技术措施暖通空调·动力》中要求事故排风机应采用防爆型并由消防电源供电；《建筑设计防火规范》GB 50016—2014（2018 年版）中的"消防用电"包括消防控制室照明、消防水泵、消防电梯、防烟排烟设施、火灾探测与报警系统、自动喷水灭火系统或装置、疏散照明、疏散指示标志和电动的防火门窗、卷帘、阀门等设施、设备在正常和应急情况下的用电。所列设备不含事故通风机，电气专业认为事故风机电源配置及线路保护不应按消防设备标准要求，不应将事故风机接入消防负荷的总配电箱内。

考虑到燃气泄漏容易导致人员伤亡、引发火灾和爆炸，应采取措施保证事故风机在燃气泄漏时能够及时开启，建议事故风机由消防电源供电。

3. 防爆要求

根据《建筑设计防火规范》GB 50016—2014（2018 年版）的规定，空气中含有易燃、易爆危险物质的房间，其送、排风系统应采用防爆型的通风设备，当送风机布置在单独分隔的通风机房内且送风干管上设置防止回流设施时，可采用普通型的通风设备。

在风机停机时，一般会出现空气从风管倒流到风机的现象。当空气中含有易燃或易爆炸物质且风机未做防爆处理时，这些物质会随之被带到风机内，并因风机产生的火花而引起爆炸，故风机要采取防爆措施。

防爆风机必须采用防爆电机，防爆电机是一种可以在易燃、易爆场所使用的电机，运行时不产生电火花。风机的叶轮应采用铝合金等有色金属材质，以防在运转中产生火花，引起爆炸。事故排风与平时排风合用风机时，应选用防爆型风机；事故排风与消防排烟合用风机时，应选用防爆型排烟风机。

12.2　空调设计

12.2.1　卫生要求

根据卫生防疫部门的要求，凡是直接入口食用的低温食品加工房间都要设置一套独立的空调系统。厨房内需要设置空调的房间有：加工间、冷菜间、面点间、水果间、备餐间、打菜间等，如图 12-7 所示。

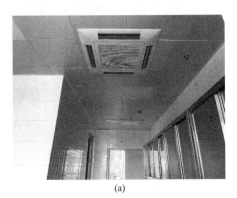
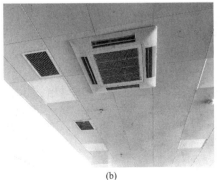

(a)　　　　　　　　　　　　　　(b)

图 12-7　厨房空调设备

（a）备餐间；（b）加工间

每个房间可单独设置一台分体空调，也可集中设置一套多联机系统（室温独立控制）。暖通设计初期，在厨房布局和流线未确定前，可先预留空调机位及相关条件。

12.2.2 舒适性要求

与商业用厨房相比，中小学校的厨房使用频率较低，且寒暑假期间很少使用，厨房可不设置舒适性空调。但考虑到烹饪间在使用时室内温度较高，暖通设计时，建议预留空调机位，后期由校方根据使用需要决定是否增设空调。

烹饪间内油烟较多，容易导致油烟附着在空调室内机盘管表面，影响空调效果和能效。因此，烹饪间应设置直流式空调系统，或将回风口设置在烹饪间以外区域。若烹饪间的补风口沿油烟罩四周布置，油烟逸出量较少，室内机也可设置在烹饪间内，但需要定期清洗或更换过滤网。

中小学校的厨房无需考虑空调岗位送风，空调可按冷负荷 $250W/m^2$ 选型。夏季室内设计温度为 26～30℃；冬季室内设计温度为 16～20℃。

12.3 配套用房

12.3.1 蒸饭间

蒸饭间会产生大量的蒸汽，应设置独立的局部排蒸汽系统，且应有防止蒸汽结露或冷凝水排放措施。目前，关于蒸饭柜的排风量尚无数据可查，实际项目采购蒸饭柜的大小和数量也无法确定。暖通设计初期，蒸饭柜的排风量可按每台需要 $2000m^3/h$ 估算，蒸饭柜的数量可根据学校规模在 4～8 台之间选择。风管风速控制在 8～10m/s，风管上设置防火阀时，应选用动作温度为 150℃ 的防火阀。

蒸饭间应设置机械排风系统，换气次数取 $2～4h^{-1}$。蒸饭柜有燃气型、电热型及电气两用型，燃气型蒸饭柜采用电子打火，配置移动式燃烧器，具有熄火保护装置。采用燃气型蒸饭柜时，蒸饭间应设置事故通风系统，可与蒸饭柜排蒸汽共用排风系统，如图 12-8 所示，事故通风设计要求详见本书第 12.1.3 节。

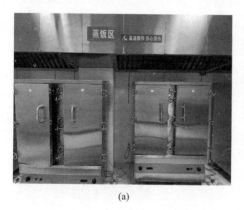
(a)

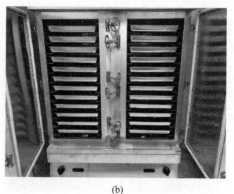
(b)

图 12-8　蒸饭间（一）

（a）、（b）蒸饭柜（燃气型）

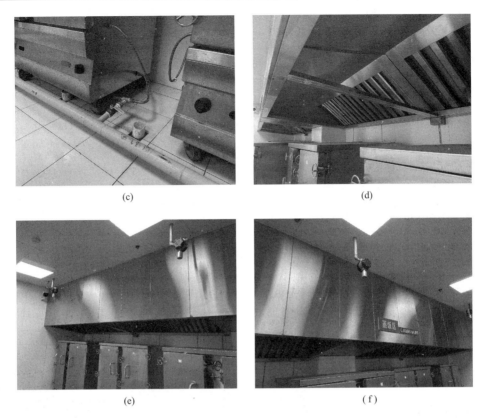

图 12-8　蒸饭间（二）

（c）燃气接管；（d）排风罩兼作事故排风口；（e）、（f）燃气探测器

12.3.2　消毒间

如图 12-9 所示，消毒间内设置若干台消毒柜，采用高温热风或蒸汽进行循环消毒，箱内设置不锈钢篮筐并配置独立风道，使柜内热风充分循环。消毒柜需提供疾控中心出具的检测报告，消毒间应设置机械排风系统，换气次数取 $4\sim6h^{-1}$。

图 12-9　消毒间及消毒柜

12.3.3 垃圾房

垃圾房应采取通风、除湿、杀菌、除异味、防蚊蝇等措施，垃圾应分类处理，有条件时，可按干、湿分设垃圾房。湿式垃圾房应设置分体空调或冷风机，温度控制在 16℃以下。

垃圾房应设置独立的排风系统，换气次数取 $10\sim15h^{-1}$，室内排风口应设置在内区，并远离外门、外窗等自然补风口。排风机出口应高位排放，末端设置活性炭或纳米光子除异味、杀菌装置，并定期更换。垃圾房内可设置紫外线、臭氧等消毒杀菌装置，并在出入口处设置贯流式空气幕。

12.3.4 隔油间

中小学校厨房排出的含油污水应经除油处理后再排入污水管道，隔油间优先布置在地下室，采用一体化隔油处理设备。隔油间应设置独立的排风系统，换气次数取 $10\sim15h^{-1}$，如图 12-10 所示。室外排风口宜设于下风向，且距离人员活动区、人行通道大于 10m。隔油间优先设置补风井机械补风，补风量不小于排风量的 80%。隔油间内设置紫外线消毒杀菌装置，排风系统上设置活性炭除臭装置。

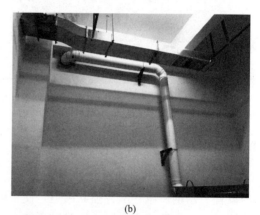

(a)　　　　　　　　　　　　　　　　(b)

图 12-10　隔油间
(a) 隔油设备；(b) 排风系统

12.3.5 热水机房

严寒及寒冷地区的学校，可采用太阳能＋燃气炉的方式制备生活热水；非严寒及寒冷地区的学校，可采用太阳能＋空气源热泵的方式制备生活热水，如图 12-11 所示。当学校采用市政热源或热电厂废热集中供暖时，可利用供暖热源制备生活热水。与空气源热泵空调机组类似，当室外气温较低时，空气源热泵热水机组的性能系数（COP）不应低于现行国家标准《公共建筑节能设计标准》GB 50189 的规定，否则应采取其他方式制备生活热水。

当热源采用燃气炉时，热水机房设计要求如下：

(1) 热水机房应设置机械通风系统，换气次数不小于 $6h^{-1}$；

（2）热水机房应设置事故通风系统，换气次数不小于 $12h^{-1}$；

（3）采用自然补风或机械补风，补风量包含空气燃烧量，机房应维持微负压；

（4）热水机房不应贴邻人员密集场所或疏散楼梯间、疏散通道布置；

（5）热水机房应设置泄爆措施，泄爆面积不小于热水机房面积的 10%；

（6）烟囱伸出屋面的高度不得小于 0.6m，且不得低于女儿墙高度；

（7）烟囱的排放浓度应符合国家和地方规范及环境评价要求。

图 12-11　厨房热水设备

（a）太阳能板；（b）热泵热水机组；（c）换热器；（d）热水泵

12.3.6　其他用房

厨房区域各类加工制作场所的室内净高不宜低于 2.5m。

洗菜间、洗碗间、蔬菜加工间、肉类加工间、水产加工间、主食库、副食库、面点间、切配间、备餐间、冷藏库、冷冻库、更衣间、清洁间等均应设置机械排风系统，换气次数取 $4\sim6h^{-1}$，冷藏库、冷冻库的排风量还需满足设备散热要求。

洗碗机的排风量可按每台需要 $1000\sim1500m^3/h$ 计算，与洗碗机连接的排风管应采用不锈钢板，焊接。

卫生间宜设置独立的排风系统，并采取措施保证卫生间、更衣间相对其他房间及公共区域的负压，不可采用排气扇正压排入公共排风管。

12.4 燃气用量

某学校建筑面积为 50378.52m²，食堂建筑面积为 3442.94m²，学生餐厅共 1528 座，教师餐厅共 140 座，表 12-4 为厨房燃气用量申请估算表，仅供参考。

厨房燃气用量估算表

表 12-4

烹饪间	规格	数量	单台设备燃气用量（Nm³/h）	总燃气用量（Nm³/h）	接口管径	燃气压力（kPa）
单眼小炒灶	1200×1200×800/400	1	5	5	DN25	2.0
双眼大锅灶	2200×1200×800/400	3	10	30	DN25	2.0
可倾式汤锅	200L	1	5	5	DN25	2.0
蒸饭柜	双门（24盘）	5	5	25	DN25	2.0
合计燃气用量				65		
实际申请燃气用量				70		

第13章

宿舍

13.1 建筑设计

　　宿舍是中小学校建筑中的生活服务用房，属于居住建筑，是居住建筑的主要类型之一，是供居住者睡眠、学习和休息的场所，分为学生宿舍和教师宿舍。

　　中小学校的宿舍居室不应布置在地下室、半地下室，宿舍应满足日照、采光、通风要求，并采取安全防护措施。学生宿舍应便于自行封闭管理，男女分区设置，分别设置出入口。学生宿舍每室居住学生不宜超过6人，居室每生占用面积不宜小于$3m^2$。

　　集中供暖的锅炉房、换热站不应布置在宿舍区内，其他机电设备用房，如变配电站、空调机房、通风机房等不应与居室贴邻布置。

13.1.1 宿舍类型

　　根据建筑平面布局，宿舍类型主要分为单元式和通廊式。

　　单元式宿舍俗称公寓式宿舍，即每个单元由独立卫生间和2~4间居室组合的类似住宅套型的平面，做法可参考公寓。目前，在中小学校项目中，单元式宿舍应用较少。

通廊式宿舍每层居室并排布置，且共用走道，根据走道类型，通廊式宿舍又分为内廊式宿舍和外廊式宿舍，如图13-1、图13-2所示，通廊式宿舍在实际项目中应用较多。图13-3为建成后的外廊式宿舍，图13-4为建成后的内廊式宿舍。

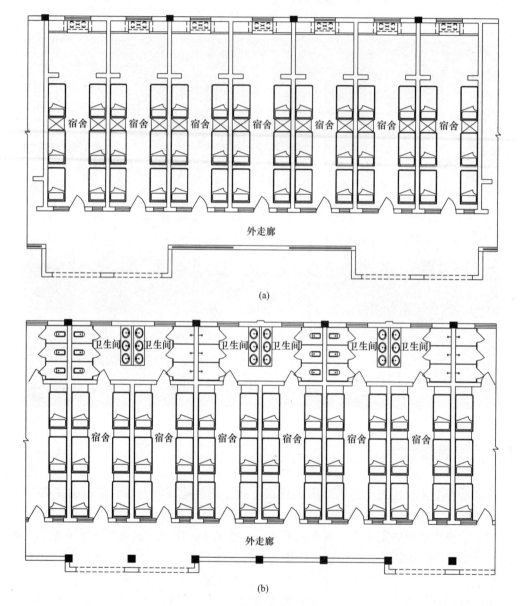

(a)

(b)

图 13-1　外廊式宿舍平面图

（a）无独立卫生间；（b）有独立卫生间

13.1.2　层高和净高

宿舍的层高和净高要求详见表13-1。

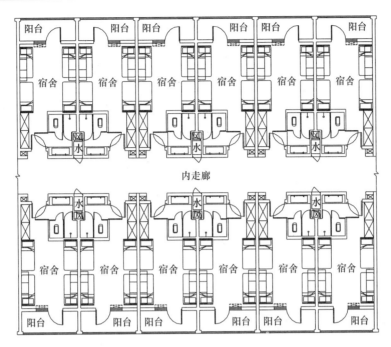

图 13-2　内廊式宿舍平面图

图 13-3　外廊式宿舍

图 13-4　内廊式宿舍

宿舍的层高和净高 表 13-1

房间类型	床铺类型	层高	净高
居室	单层床	≥3.2m	≥3.0m
	双层床	≥3.3m	≥3.1m
	高架床	≥3.55m	≥3.35m
辅助用房			≥2.5m
走廊			≥2.2m

注：表中数据摘自《中小学校设计规范》GB 50099—2011 和《宿舍建筑设计规范》JGJ 36—2016。

宿舍居室内的床铺类型有：单层床、双层床、高架床，如图 13-5 所示。教师宿舍通常采用单层床，学生宿舍通常采用双层床或高架床（下方为书桌）。

(a)

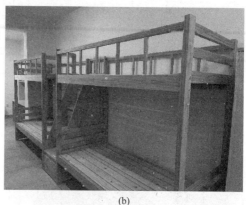
(b)

(c)

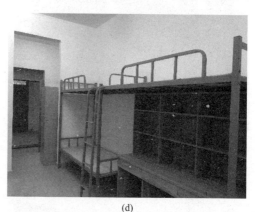
(d)

图 13-5　宿舍床铺类型

（a）单层床；（b）双层床；（c）高架床；（d）双层床＋高架床

当宿舍设置集中供暖时，居室内的家具布置应保证散热器的安装空间，散热器通常设置在靠外墙的窗台下，窗台与固定家具（床铺或书桌）之间的净距离不小于 300mm。

13.2　防排烟设计

宿舍不同于住宅建筑，属于人员密集的公共场所，根据《建筑设计防火规范》

GB 50016—2014（2018 年版）的规定，其防火设计应符合公共建筑的规定。

13.2.1　自然通风

除与敞开式外廊直接相连的楼梯间外，宿舍的楼梯间应采用封闭楼梯间。楼梯间应靠外墙设置，并在外墙设置可开启外窗，满足天然采光和自然通风要求。封闭楼梯间每 5 层内可开启外窗的面积不小于 2.0m²，布置间隔不大于 3 层，且应在最高部位设置面积不小于 1.0m² 的可开启外窗。

当楼梯间与敞开式外廊直接相连时，由于楼梯间具有较好的防止烟气进入的条件，可采用敞开楼梯间，如图 13-6 所示，部分地区要求在敞开楼梯间与外廊交界处设置挡烟垂壁。

当楼梯间的外窗位于高位时，应在距地 1.3～1.5m 处设置手动开启装置，如图 13-7 所示。

图 13-6　敞开楼梯间

图 13-7　高位窗及手动开启装置

为保证火灾时手动开启装置能够正常使用，建筑专业在设计高位窗时，应采用一体式手动开启装置，如图 13-8（a）所示，即连杆和摇杆合为一体，不可拆卸。若采用组装式手动开启装置，如图 13-8（b）所示，摇杆极易丢失，影响火灾时使用。

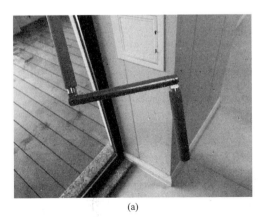

(a)

(b)

图 13-8　手动开启装置

（a）一体式；（b）组装式

13.2.2 自然排烟

宿舍的居室面积通常为 $20\sim30m^2$，且均设有可开启外窗，无需考虑排烟设施。宿舍的外廊（有顶，一侧无围护结构，仅设置栏杆）无需划分防烟分区，无需排烟。宿舍内走道大于 20m 时，应设置排烟设施，有条件时，应优先采用自然排烟，如图 13-9 所示。

(a)   (b)

(c)   (d)

图 13-9　宿舍内走道自然排烟窗
(a)、(b) 外开下悬窗；(c)、(d) 外开上悬窗+平开窗+手动开启装置

内走道自然排烟窗的设置应符合以下要求：

（1）走道两侧的房间（设备用房除外），均满足有效开窗面积不小于房间面积的 2%，走道可设置有效面积不小于走道面积 2% 的自然排烟窗，且排烟窗距防烟分区最远点不大于 30m。

（2）走道两侧的房间（设备用房除外），存在暗房间或有效开窗面积小于房间面积的 2%，走道防烟分区两端应分别设置面积不小于 $2m^2$ 的自然排烟窗，且自然排烟窗的间距不小于走道长度的 2/3。

疏散走道是人员在楼层疏散过程中的一个重要环节，也是人员汇集的场所。由于内廊式宿舍的走道位于建筑内区，通风、采光较差，建议有条件时尽量采用走道两端开窗的排烟方式，使空气形成流通，不仅有利于火灾时烟气的排出，也有利于平时内走道的通风换气。

13.2.3　机械排烟

当自然排烟无法满足要求时，大于 20m 的内走道应设置机械排烟设施。通廊式宿舍的走道宽度一般不大于 2.5m，防烟分区的长边长度不应大于 60m。排烟量可按防烟分区面积不小于 $60m^3/(h \cdot m^2)$ 计算，且不小于 $13000m^3/h$。机械排烟口与安全出口的水平距离不应小于 1.5m，这里的安全出口是指楼梯间的疏散门，而非走道两侧的居室门。

1. 排烟口最大允许排烟量

根据《建筑防烟排烟系统技术标准》GB 51251—2017 的规定，当排烟口的排烟量过大时，会在烟层底部撕开一个"洞"，破坏烟气层，使新鲜的冷空气与高温烟气一起排出，不仅降低有效排烟量，也不利于排烟口的均匀设置。因此，每个排烟口的排烟量不应大于最大允许排烟量，单个排烟口的最大允许排烟量应按下式计算：

$$V_{max} = 4.16 \cdot \gamma \cdot d_b^{\frac{5}{2}} \left(\frac{T - T_0}{T_0} \right)^{\frac{1}{2}}$$

式中　V_{max}——排烟口最大允许排烟量，m^3/s；

　　　　γ——排烟位置系数；当风口中心点到最近墙体的距离 ≥ 2 倍的排烟口当量直径时，γ 取 1.0；当风口中心点到最近墙体的距离 < 2 倍的排烟口当量直径时，γ 取 0.5；当吸入口位于墙体上时，γ 取 0.5；

　　　　d_b——排烟系统吸入口最低点之下烟气层厚度，m；

　　　　T——烟层的平均绝对温度，K；

　　　　T_0——环境的绝对温度，K。

由上式可知，单个排烟口的最大允许排烟量与排烟口的位置以及排烟口下方的烟层厚度有关。烟层厚度越大，烟气层越不容易被破坏，排烟口越大允许排烟量越大。

排烟口除了要满足最大允许排烟量外，还应根据排烟口的尺寸保证排烟口的风速不大于 10m/s，过大会过多吸入周围空气，使排出的烟气中空气所占的比例增大，影响实际排烟量，且风管容易产生啸叫及振动等现象，并容易影响风管的结构完整性和稳定性。当排烟口设置在风管上方时，排烟口至顶板的距离应保证烟气侧向吸入口风速不大于 10m/s。

2. 排烟口当量直径

排烟口的当量直径为 4 倍排烟口有效截面积与截面周长之比，计算公式如下：

$$D = \frac{4ab}{2(a+b)}$$

式中　a——矩形排烟口的长度，m；

　　　　b——矩形排烟口的宽度，m。

3. 排烟口最小间距

对于层高较低的场所，如宿舍走道，由于烟层厚度较低，单个排烟口的最大排烟量较小，需要设置若干个排烟口才能满足防烟分区内的排烟量。《建筑防烟排烟系统技术标准》GB 51251—2017 中未给出多个排烟口间距要求，但若排烟口距离过近，仍相当于一个大的排烟口，同样会导致排烟口下方烟气层被破坏，影响排烟效果。因此，多个排烟口还应满足最小间距要求，参考 NFPA92，排烟口最小间距应按下列公式计算：

$$S_{min} = 0.9 \cdot V_e^{\frac{1}{2}}$$

式中　S_{min}——排烟口边缘最小间距，m；

　　　V_e——单个排烟口的排烟量，m^3/s。

注：部分地区对于走道和室内净高不大于3m的房间，排烟口无需满足最大允许排烟量，可将排烟口设置在走道的侧墙上，但需满足排烟口风速不大于10m/s。

【案例】某学校宿舍内走道设置竖向机械排烟系统，每层走道排烟量为13000m³/h，每层排烟支管设置排烟防火阀＋排烟阀＋百叶风口，排烟阀手动开启装置设置在距地1.3～1.5m的侧墙上。走道每个防烟分区设置5个排烟口，单个排烟口的尺寸为400mm×400mm，单个排烟口的排烟量为2600m³/h，单个排烟口最大允许排烟量为3149m³/h，排烟口最小间距为770mm，如图13-10所示，图中排烟口满足最大允许排烟量及风速要求，但未满足最小间距要求。

图13-10　宿舍内走道机械排烟口

13.3　通风设计

13.3.1　室内污染物指标

室内空气中的氡、游离甲醛、苯、氨和总挥发性有机化合物（TOVC）等污染物对人体的健康危害很大，应对其活度、浓度加以控制。内装设计时，应对装饰装修材料提出污染物控制要求。建设单位、施工单位应按设计要求进行材料的采购与施工，不符合设计要求的材料不得用于工程。校方在后期增加配置活动家具时，如书桌、床铺、衣柜等，也应采购符合设计要求的产品。

学校竣工验收时，必须进行室内环境污染物浓度检测，其限量应符合表13-2的规定，室内环境质量验收未达到要求时，严禁投入使用。

室内环境污染物浓度限量　　　　　　　　　　　　　　　　　　　表13-2

污染物	浓度限值
氡（B_q/m^3）	≤150
甲醛（mg/m^3）	≤0.07
氨（mg/m^3）	≤0.15
苯（mg/m^3）	≤0.06

续表

污染物	浓度限值
甲苯（mg/m³）	≤0.15
二甲苯（mg/m³）	≤0.20
TVOC（mg/m³）	≤0.45

注：本表摘自《民用建筑工程室内环境污染控制标准》GB 50325—2020。

13.3.2　室内通风

居室一般采用自然通风，其通风开口面积不应小于房间面积的 5%，如图 13-11 所示，当宿舍内设置阳台时，阳台的自然通风开口面积不应小于房间和阳台面积总和的 5%。

(a) (b)

图 13-11　居室自然通风窗
（a）内廊式；（b）外廊式

当居室内设置卫生间、淋浴间时，卫生间、淋浴间应设置机械通风系统，排风量按换气次数不小于 10h⁻¹ 计算，采用门窗自然补风。竖向共用排气道时，应在排风管上设置止回阀，防止气流互串或倒灌，并在靠近竖井处的水平排风支管上设置 70℃ 防火阀。排风口优先设置在蹲便器或淋浴间上方，排气扇或排风口的噪声不应大于 45dB，如图 13-12 所示。

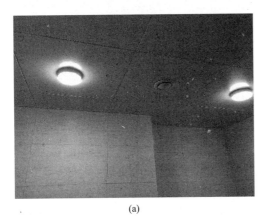
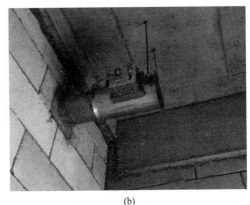

(a) (b)

图 13-12　卫生间排风设施
（a）排风口；（b）支管防火阀

13.4 空调设计

13.4.1 分体空调

寒冷（B区）、夏热冬冷和夏热冬暖地区的宿舍建筑，应设置空调设备或预留安装空调设备的条件，其他地区宜设置空调设备或预留安装空调设备的条件。

采用分体空调时，每间居室均应预留空调机位，机位尺寸不小于1300mm（长）×700mm（深）×1000mm（高），机位设置排水地漏，并设置检修门。机位的遮挡应保证空调散热效果，做法及要求可参考教室空调机位，详见本书第5.4.3节。采用壁挂机时，室内机安装位置应避免空调气流对床铺或书桌直吹。

图13-13为某学校外廊式宿舍，空调机位设置在每间居室窗台下方的凹槽内，并采用百叶遮挡。室内侧设置检修门，室内机布置在窗台正上方，空调气流吹向室内通道。

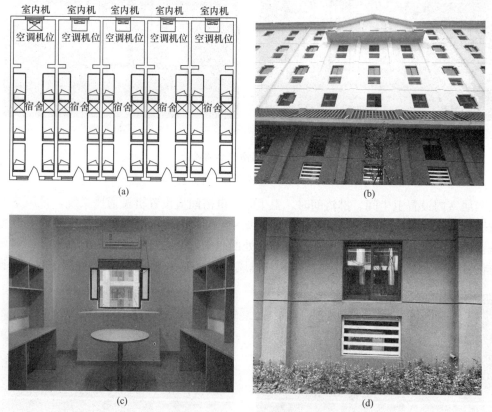

图13-13 外廊式宿舍空调
(a) 平面图；(b) 空调机位；(c) 室内机；(d) 室外机

图13-14为某学校内廊式宿舍，空调机位设置在每间居室的敞开阳台上，为避免室外机占用阳台面积、散热对人直吹以及安全隐患，室外机安装在距地2.0m以上的侧墙上。室内机布置在床铺上方（应布置在门窗上方），使用时会造成空调气流对人直吹，需将叶片调整为水平方向。

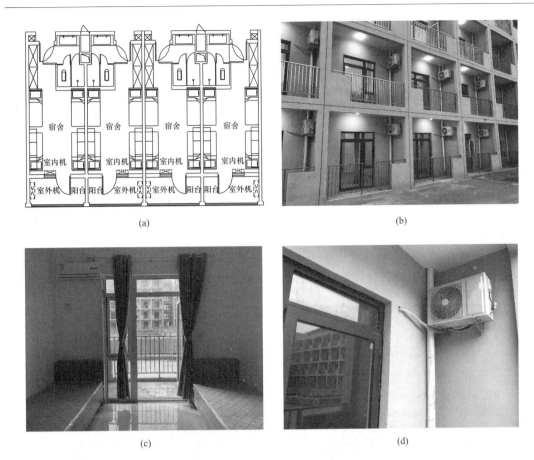

图 13-14　内廊式宿舍空调

（a）平面图；（b）空调机位；（c）室内机；（d）室外机

13.4.2　电风扇

夏热冬暖、夏热冬冷等气候区的中小学校，当学生宿舍不设空调且在夏季通过开窗通风不能达到基本热舒适度时，应设置电风扇。电风扇应安装在顶棚，风向可变。为保证人员安全，学生宿舍的电风扇应有防护网，如图 13-15 所示。

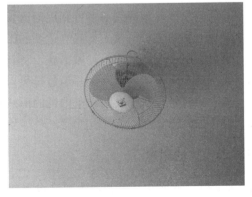

图 13-15　居室内的电风扇

13.5 辅助用房

宿舍的辅助用房包括浴室、洗衣房、公共卫生间、茶水房、公共盥洗间、公共活动室、公共厨房等。

13.5.1 浴室

夏热冬暖地区应在宿舍建筑内设置淋浴设施，其他地区可根据条件设置分散或集中的淋浴设施，每个浴位服务人数不应超过 15 人。浴室功能包含更衣间、淋浴间、清洁间、工具间、洗衣房等。

浴室通风关系到师生的健康和安全，应保证良好的通风。浴室在使用时，应保证室内为负压，防止热湿空气及异味从浴室流入其他公共区域，如图 13-16 所示，浴室内各功能场所的换气次数详见表 13-3。

图 13-16　淋浴间及其排风口

浴室各功能场所换气次数　　　　　　　　　　　　　　　表 13-3

功能场所	更衣间	淋浴间	卫生间	清洁间、工具间	门厅、走道
换气次数（h^{-1}）	2～3	5～6	8～10	2～3	1～2

注：室内负压绝对值排序为：卫生间＞淋浴间＞更衣间＞走道＞门厅。

非严寒及寒冷地区的浴室可利用门窗、气窗自然补风；严寒及寒冷地区的浴室应考虑冷风渗透对室内热负荷及人员热舒适度的影响，可采用机械补风，并对补风进行预加热处理，也可利用空调新风作为补风措施，将新风口设置在更衣间，排风口设置在淋浴间，新风气流从更衣间流向淋浴间，并通过排风口排出室外。

更衣间应设置空调设施，室内机的形式及位置应避免空调气流对人直吹，可采用嵌入机或设置散流器，如图 13-17 所示，严寒及寒冷地区的浴室还应设置供暖设施。

13.5.2 其他用房

如图 13-18 所示，公共卫生间应设置机械通风系统，换气次数取 $10h^{-1}$，门窗自然补风。卫生间与盥洗间连通设置时，应将排风口设置在卫生间，室外新鲜空气经盥洗间流向卫生间，并通过排风口将室内污浊空气排出室外；茶水房应设置机械通风系统，换气次数取 $2\sim4h^{-1}$，门窗自然补风。

图 13-17　更衣间及其空调

洗衣房散热量和散湿量较大，应设置机械通风系统，换气次数取 $15h^{-1}$，门窗自然补风。洗衣房可单独设置，也可在公共盥洗间内设置洗衣机位。洗衣房内有一定的气味，室外排风口应高出室外地坪 2.0m 以上。

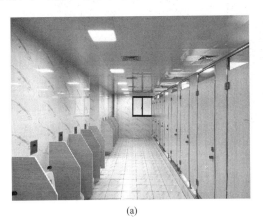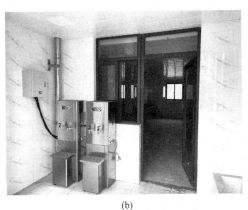

(a)　　　　　　　　　　　　　　　　　(b)

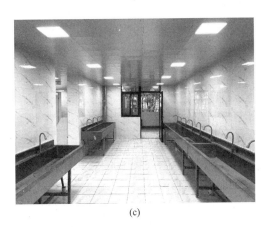

(c)　　　　　　　　　　　　　　　　　(d)

图 13-18　其他用房

(a) 公共卫生间；(b) 公共茶水间；(c)、(d) 公共盥洗间

第14章

游泳馆

摄影：建筑译者姚力

14.1 建设要求

伴随经济的发展、教育制度的改革，国家对中小学生的体育教育越来越重视，很多地区已将体育纳入考试项目，并将游泳作为第一类考核项目，表 14-1 为苏州市中考游泳等级标准。

苏州市中考游泳等级标准　　　　　　　　　　　　　　　　　　　表 14-1

50m	15 分	14 分	13 分	12 分	11 分	10 分	9 分	8 分	7 分
男	60s	65s	70s	85s	90s	95s	100s	110s	>110s
女	70s	75s	80s	95s	100s	105s	110s	120s	>120s

因此，在新建的中小学校项目中，越来越多的学校要求配置游泳馆，并开设游泳课程，有些学校的游泳馆甚至在假期对外营业、承担各类游泳培训、考试、比赛，不仅使游泳项目得到很好的普及，还为学校增加了额外收入，并可用于游泳馆的日常运行和维护。

14.1.1　泳池标准

游泳馆主要由泳池、看台、辅助用房及设施组成。国际标准泳池的长度为 50m，短池长度为 25m，每条泳道的宽度为 2.5m。中小学校设置泳池时，可根据学校特色、建设条件以及教学要求选择泳池尺寸和泳道数，宜设置 8 条泳道，尺寸为 50m×21m 或 25m×21m，如图 14-1 所示。比赛用泳池的池深不应小于 2.0m，对于仅供教学用的泳池，池深一般为 1.2～2.0m，学校应根据管理水平和救生能力确定泳池深度。游泳馆应配置救生观察台，水面面积不大于 250m² 时，应至少设置 2 个救生观察台；水面面积大于 250m² 时，应按面积每增加 250m² 及以内增设 1 个救生观察台的比例，配置救生观察台，救生观察台高度应不小于 1.5m。泳池内人均游泳面积不应小于 2.5m²。

(a)　　　　　　　　　　　　　　(b)

(c)　　　　　　　　　　　　　　(d)

图 14-1　室内标准泳池
(a)、(b) 50m 泳池；(c)、(d) 25m 泳池

根据游泳馆的使用功能，室内泳池分为有看台和无看台两种，看台可单侧设置也可双侧设置，图 14-2 为泳池两侧分别设置观众看台。

14.1.2　设计参数

1. 池水温度

泳池池水温度不宜低于 25℃，通常在 26～27℃。池水温度过低，人会感到不适；池水温度过高，会加速水面蒸发，导致室内潮湿闷热。

图 14-2　泳池两侧看台

2. 室内温度

泳池室内设计温度一般比池水温度高 1～2℃，通常在 28～29℃。

3. 相对湿度

泳池室内相对湿度不应大于 75%，通常在 60%～70%。相对湿度过低，容易加速水面蒸发；相对湿度过高，对人体健康影响较大，对建筑及设备的腐蚀较大，室内结露也不易控制，而且容易滋生细菌，引起墙体霉变。

4. 换气次数

空调采用除湿热泵时，换气次数取 6～8h^{-1}；空调采用常规空调箱时，换气次数取 8～10h^{-1}；室内空间较大时，可适当降低换气次数。

5. 新风量

目前，室内泳池新风量的计算方式主要有三种：

(1) 根据 ASHRAE 62.1—2004 的要求，最小新风量按每平方米湿区面积不小于 8.78m^3/h 计算，其中湿区面积为池水面积外扩 0.5～2.0m；

(2) 按人均新风量不小于 30m^3/h 计算；

(3) 夏季不小于送风量的 5%，冬季保证室内相对湿度不低于 50%。

暖通设计时，建议新风量按照上述计算方式三者取大值，并以此设计新风管、新风百叶。实际使用时，可结合室内人数、相对湿度、CO_2 浓度等参数自动调节新风量。

14.2　空调设计

14.2.1　除湿热泵

室内泳池应维持恒温恒湿状态，空调常用三集一体除湿热泵，如图 14-3 所示，可实现除湿、空气调节、池水加热三种功能。类似屋顶空调，除湿热泵也分为整体式和分体式，整体式机组可直接设置在室外；分体式机组的风冷冷凝器应优先设置在室外，条件不允许时，也可设置在机房内，但需采取导流措施将冷凝器的热量排出室外。

1. 工作原理

如图 14-4、图 14-5 所示，室内热湿空气经过机组蒸发器，空气中的水蒸气冷凝成水，完成冷却除湿。蒸发器内的冷媒吸收空气中的热量，由液态冷媒变成气态冷媒，经过压缩机压缩后变成高温高压的气态冷媒。此时，室内回收的热量被贮存在气态冷媒中，可回收再利用。压缩机下游可设置三种冷凝器，分别为再热冷凝器、池水冷凝器、风冷冷凝器。由于泳池的余湿量较大，热湿比较小，热湿比线较为平坦，与相对湿度线不一定相交，一般需要二次再热，可在表冷器后方设置再热冷凝器，用于加热冷却除湿后的空气。多余的热量可通过池水冷凝器加热池水，维持池水温度，降低池水热源消耗。最后，如在夏季，由于空气和池水所需的热量有限，多余的热量可通过风冷冷凝器排出室外。

图 14-3　三集一体除湿热泵
(a)、(b) 空气处理机组（室内机）；(c)、(d) 风冷冷凝器（室外机）

从实际使用情况来看，夏季风冷冷凝器利用率较高，冬季再热冷凝器利用率较高，而池水冷凝器利用率较低。在冬季，池水的初始加热主要靠锅炉，此时空调尚未运行，无可回收热量，池水冷凝器无法利用；当空调运行时，热回收热量通过再热冷凝器加热除湿后的室内空气，也无法加热池水。在夏季，池水无需加热，仅循环处理，室内空气除湿后一般直接送出，无需再热，空气对流过程中吸收室内余热，温度升高，相对湿度基本可以达到室内设计要求。只有在过渡季节，池水需要循环加热时，空调部分热回收热量可用于池水循环加热。

2. 设备要求

风冷冷凝器（室外机）与空气处理机组（室内机）之间的冷媒管长度不宜超过 25m，室内、外机的高差为 +7.5～-3.0m，条件不满足时，可采用水冷冷凝器。暖通设计初期，除湿热泵主要参数可按以下方法估算：每 $100m^2$ 池水面积除湿量约为 25kg/h；每千克除湿量对应送风量约为 200m³/h（风量允许偏差±5%）；制冷量（W）与风量（m³/h）的比值约为 7.5；制热量约为制冷量的 1.2 倍；机外静压为 400～500Pa。

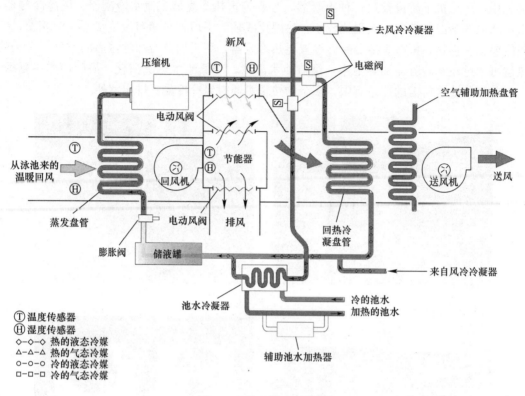

图 14-4　除湿热泵原理图

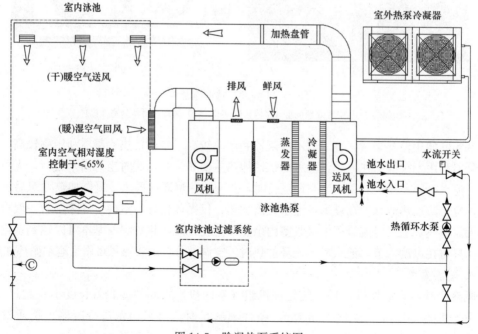

图 14-5　除湿热泵系统图

3. 机房要求

除湿热泵的空气处理机组应设置在机房内，机房可布置在局部二层，也可布置在泳池的下一层，可与水处理机房集中设置。机房净高不宜小于 3m，机房应预留安装通道或吊装孔，机组应设置在混凝土基础上，基础高出完成面 100~200mm，机组与基础之间应设置减振器。机房的地面荷载不小于 800kg/m²，机房应设置排水、补水和通风措施。

结合实际项目，25m 标准泳池通常设置 1 台除湿热泵机组，50m 标准泳池通常设置 2 台除湿热泵机组，每台机组需要机房面积约 60m²。

14.2.2　辅助热源

在夏季，当室内热湿比很小时，热湿比线与相对湿度线无法相交，需要二次再热；在冬季，如果再热冷凝器回收的热量无法满足室内热负荷要求时，需要增加辅助加热设施，保证室内设计温度。辅助加热设施可采用锅炉、电加热、市政热网（冬季）等方式。

当采用锅炉作为热源时，应结合生活热水的用热量，通常选用两台锅炉，池水初始加热时，两台锅炉同时开启，当池水温度达到要求后，其中一台锅炉用于空调辅助加热，另一台锅炉用于池水循环加热和淋浴用水加热。

通常情况下，中小学校的游泳馆无需设置地暖。一方面，泳池使用频率相对较低，一般仅夏季使用；另一方面，由于地暖的热惰性较大，预热时间较长，冬季使用时需要一直开启，对仅用于教学的游泳馆意义不大，也不经济。若游泳馆对社会开放，且利用率较高，如用于各类培训、比赛、训练等，可考虑设置地暖。地暖铺设区域为泳池四周以及淋浴间、更衣间，结构需要降板，降板高度为 100~150mm。

14.2.3　气流组织

室内泳池属于大开间或高大空间场所，常用的气流组织形式有：上送上回、侧送下回、侧送上回、上送下回。送风气流不宜直接吹向水面或人员活动区，当送风口设置在顶部时，应保证人员活动区及水面上方风速不大于 0.2m/s。

某学校游泳馆，室内泳池尺寸为 25m×15m，室内设置吊顶，空调采用上送上回的气流组织形式。送风口采用旋流风口，风速控制在 3~4m/s；回风口采用单层百叶风口，设置在吊顶上，风速控制在 2m/s 以内，如图 14-6 所示。

(a)　　　　　　　　　　　　(b)

图 14-6　室内泳池空调风口（上送上回）

(a) 旋流风口；(b) 百叶回风口

某学校游泳馆，室内泳池尺寸为 50m×21m，屋顶为钢结构，空调采用侧送下回的气流组织形式。送风管沿泳池两侧长边布置在桁架内，送风口采用喷口 45°向下送风，风速控制在 4～6m/s；回风口采用单层百叶风口，设置在靠近池水的低位处，风速控制在 2m/s 以内，如图 14-7 所示。观众看台后部区域上方单独设置送风支管，送风口采用喷口＋散流器相结合的方式，喷口 45°向下送风，风速控制在 3～4m/s，负担看台前部区域的空调负荷；散流器风速控制在 2m/s 左右，负担看台后部区域的空调负荷，风口做法可参考风雨操场的看台空调，详见本书第 10.4.1 节。

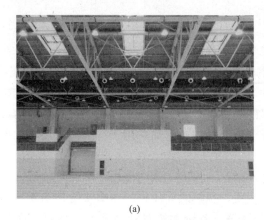 

(a)　　　　　　　　　　　　　　　(b)

图 14-7　室内泳池空调风口（侧送下回）

(a) 喷口；(b) 低位回风口

某学校游泳馆，室内泳池尺寸为 50m×21m，室内无吊顶，顶部有采光天窗，空调采用侧送上回的气流组织形式。送风管沿泳池单侧长边布置，送风口采用喷口 45°向下送风，风速控制在 4～6m/s；回风口采用单层百叶风口，设置在喷口下方局部走道吊顶上，风速控制在 2m/s 以内，如图 14-8 所示。

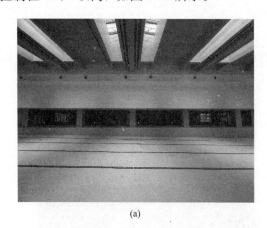 

(a)　　　　　　　　　　　　　　　(b)

图 14-8　室内泳池空调风口（侧送上回）

(a) 喷口；(b) 百叶回风口

14.2.4　防结露设计

由于室内泳池的水蒸气分压较高，为避免墙体内部结露，围护结构应设置防水层、隔汽层，有条件时还可增设通风层，并提高墙体内侧的蒸汽渗透阻。为避免水蒸气聚集，不建议在室内泳池设置封闭式吊顶。

方案设计时，通常会在泳池外墙设置部分玻璃幕墙，在泳池顶部设置部分玻璃天窗，用于室内天然采光和通风，如图 14-9 所示。冬季，当玻璃内表面温度低于室内空气的露点温度时，会产生结露现象。因此，为防止玻璃内表面结露，建筑专业应采用导热系数低的双层中空玻璃，且玻璃窗框要有隔热措施，以避免窗框产生冷桥现象。

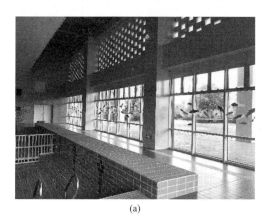
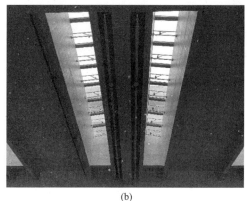

(a)   (b)

图 14-9　游泳馆围护结构

(a) 玻璃幕墙；(b) 玻璃天窗

暖通专业应进行防结露设计，常见措施如下：

（1）合理设计室内气流组织，避免出现送风、回风死角，保证室内换气次数；

（2）室内空气的含湿量不宜大于 $14g/kg_{干空气}$，室内露点温度不宜高于 20℃；

（3）围护结构的内表面温度应高于室内露点温度 2～3℃；

（4）送风口采用防结露型风口，回风口尽量靠近池水布置；

（5）排风口尽量设置在池水上方以及容易产生结露的区域；

（6）送风口朝向玻璃幕墙、玻璃天窗送风，提高玻璃内表面温度；

（7）温、湿度传感器应布置在室内最不利点处；

（8）设置可开启的天窗，当室内相对湿度较高时，打开天窗排出顶部热湿空气。

14.2.5　防腐蚀设计

室内泳池空气中的水蒸气所占比例较大，且含有氯元素，腐蚀性较强。因此，与室内空气直接接触的暖通设备均应采取防腐蚀措施。

通风、空调风管不宜采用镀锌钢板，若已采用镀锌钢板，应对风管内壁喷涂环氧树脂防腐蚀涂料。通风、空调风管可采用无机玻璃钢风管、不锈钢风管、铝板风管、布袋风管或耐腐蚀能力较好的彩钢板制作。采用钢面酚醛复合风管时，应有国家防火建筑材料质量监督检验中心出具的检验报告，燃烧性能为 A 级。目前，市场上酚醛风管、布袋风管的燃烧性能大部分为 B1 级，少部分产品可达到 A2 级，暖通设计时应引起重视，尤其是专业厂家提供的深化设计图纸，应对风管材质进行审核确认。

某学校游泳馆，室内泳池的空调系统采用酚醛复合风管，如图 14-10 所示，风管除了要满足燃烧性能等级为 A 级外，还应注意酚醛风管的强度较低，在空调机组选型时，机外余压不宜过高，否则容易导致风管连接处爆裂，造成质量事故。

图 14-10 酚醛复合风管

排烟风管平时不使用，仅在火灾时用于排烟，可采用镀锌钢板。建议排烟系统采用排烟防火阀＋常闭排烟口的形式，尽量避免排烟风管内部与室内空气接触。排烟风管外壁通常设有离心玻璃棉、岩棉等防火包覆措施，为防止隔热层吸水受潮，可在隔热层外再设一层 0.5mm 厚的铝板防水层，减少室内水蒸气对隔热层及风管的腐蚀。

空调箱内应采用带有耐腐蚀涂膜的散热翅片、风机，与空气接触的部位以及机组外壳均应采用防腐蚀材料或喷涂环氧树脂防腐蚀涂料，以免受泳池回风的腐蚀。新风热回收装置不应采用热管等金属换热器，可采用纸质换热器。池水冷凝器应采用防止含氯池水腐蚀的材料，如铜镍合金材料等。游泳馆内的空调水管、供暖水管应采用镀锌钢管法兰连接，法兰焊接处以及局部破损的部位要进行二次镀锌处理，防止管道腐蚀。

14.3 排烟设计

室内泳池属于人员长期停留场所，也会有少量可燃物。暖通设计时，应设置排烟设施，可采用电动排烟窗自然排烟，也可采用机械排烟。

在计算排烟量时，池水面积可不计入（排烟净高不大于 6m 时），池水上方可不设置自动喷水灭火系统和火灾自动报警系统。排烟口应优先设置在泳池四周人员活动区域上方或看台上方，建议排烟系统独立设置，尽量不与平时通风系统合用，以防风管和风机腐蚀，影响火灾时排烟，必须合用时，应采取防腐措施。

图 14-11 为某学校泳池上方的天窗，用于室内采光，部分天窗可电动开启，用于火灾时排烟和平时通风。建筑设计时，建议自然排烟窗和自然通风窗分别设置，并在距地 1.3~1.5m 处设置手动开启装置，自然通风窗的开启无需与火灾自动报警系统联动。

室内泳池的净高通常大于 6m，防烟分区的面积不应超过 2000m^2，防烟分区的最大长边不应超过 60m。建筑设计时，应将泳池的建筑面积和最大长边控制在上述范围内，这样可以避免在泳池顶部设置挡烟垂壁，有利于装修造型和室内美观，若必须设置时，不宜采用电动挡烟垂壁。

图 14-11　泳池上方的天窗（采光＋排烟＋通风）

室内泳池的建筑面积通常大于 $500m^2$，应设置补风系统，补风系统应直接从室外引入空气，且补风量不应小于排烟量的 50%。当采用机械补风时，补风口应设置在储烟仓以下，可利用上送下回的空调回风口兼做补风口，也可单独设置补风口。

14.4　通风设计

室内泳池应设置机械通风系统，如图 14-12 所示，并维持室内负压，避免含氯空气扩散至邻近房间或公共区域，影响室内空气品质。当室内除湿空调运行时，排风量取新风量的 1.1～1.2 倍；当室内除湿空调未运行时，如夏季，可采用加大排风量的方式排出室内热湿空气，排风量可按换气次数不小于 $4h^{-1}$ 计算。

(a)　　　　　　　　　　　　　　　　　　(b)

图 14-12　室内泳池排风设施
(a) 室内排风口；(b) 室外排风机

泳池的水处理机房、设备夹层、管沟等应设置机械通风系统，换气次数取 4～6h^{-1}，部分地区还要求设备夹层设置排烟设施；更衣间、淋浴间应设置机械通风系统，换气次数取 4～6h^{-1}，如图 14-13 所示；卫生间应设置机械通风系统，换气次数取 10h^{-1}；更衣间应设置空调设施，如图 14-14 所示，严寒及寒冷地区还应设置供暖设施。

图 14-13　淋浴间排风口　　　　　　　　图 14-14　更衣间空调

14.5　水处理

泳池的水处理系统主要包括循环系统、加热系统、加药系统、消毒系统。

【案例】某学校游泳馆，泳池尺寸为 25m×15m，共 6 条泳道，设计水量为 630m³，保有水量为 567m³，循环水量为 105m³/h，循环周期为 6h，循环水工艺流程如图 14-15 所示，水处理机房设置在游泳馆正下方的地下汽车库内，主要设备如图 14-16 所示。

1. 循环系统

室内泳池水循环方式采用逆流式，给水口均匀布置在泳池底部，回水口布置在泳池四周溢流回水沟底；石英砂过滤器尺寸为 ϕ1400mm×2210mm（H），材质为 316L 不锈钢，共 3 台，单台过滤面积为 1.53m²，单台处理量≤38.2m³/h；均衡水箱尺寸为 4000mm×4000mm×2000mm（H），材质为 304 不锈钢；循环水泵三用一备，流量为 35m³/h，扬程为 20m，功率为 4kW，转速为 2900r/min，循环水泵自带毛发聚集器。

2. 加热系统

池水设计温度为 28℃，采用市政蒸汽＋板式换热器加热，单台换热量≥300kW；池水初始温度取 4℃，初次加热时间取 36h，池水初次加热耗热量为 550kWh，恒温耗热量为 142kWh；除湿热泵的冷凝热回收热量可用于池水加热前的预热，循环水泵一用一备，流量为 25m³/h，扬程为 16.5m，功率为 4kW，转速为 2900r/min。

3. 加药系统

在过滤前投加絮凝剂，在消毒前投加 pH 调整剂；药剂采用湿式投加，投加方式采用压力式投加，投加设备采用耐腐蚀材料制作，并可调整输出量；采用水质在线检测系统对水质进行实时在线检测，pH 测量范围为 1～14，ORP 值测量范围为 100～999mV。

4. 消毒系统

采用"分流量全程式臭氧消毒＋长效氯消毒"消毒系统，循环水量为 105m³/h，臭氧投加量为 0.6mg/L，臭氧发生器产气量为 60g/h，臭氧反应罐尺寸为 ϕ1400mm×2400mm（H），容积为 2.35m³，材质为 316L 不锈钢。

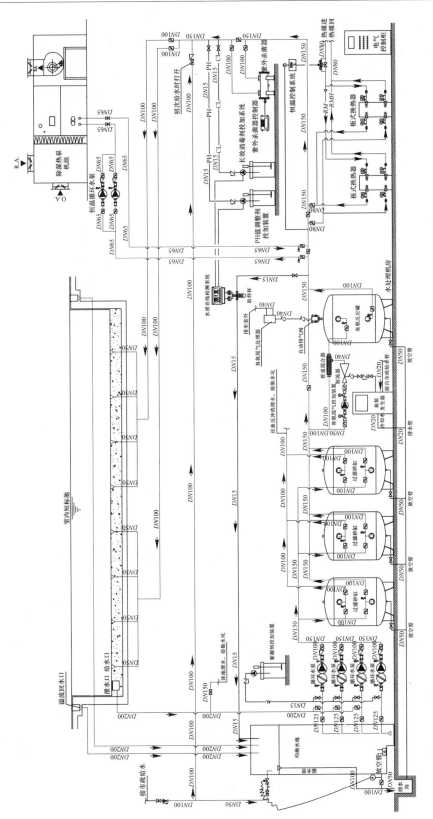

图14-15 泳池循环水处理工艺流程图

图 14-16　水处理机房主要设备

(a) 板式换热器；(b) 循环水泵；(c) 均衡水箱；(d) 过滤砂缸；

(e) 臭氧发生器；(f) 臭氧反应罐；(g) 加药装置；(h) 水质检测仪

第15章
服务用房

根据《中小学校设计规范》GB 50099—2011 的规定，中小学校生活服务用房主要包括卫生间、配餐室、发餐室、食堂、宿舍、浴室、停车库、设备用房等。为便于书写，本章所述服务用房主要为各类车库、设备用房、附属用房，不含餐厅、食堂、宿舍（另见单独章节）。

15.1 车库

根据停放车辆的不同，中小学校建筑的车库类型有：普通汽车库、电动汽车库、电动自行车库、自行车库，详见表 15-1、表 15-2。图 15-1 为中小学校建成后的各类车库。

车库分类 表 15-1

类别		停放车辆	特征
车库	机动车库	汽车库	普通汽车	燃油
		电动汽车库	电动汽车	锂电池
	非机动车库	自行车库	自行车	戊类
		电动自行车库	电瓶车	锂电池

车库术语   表 15-2

术语	定义
车库	停放机动车、非机动车的建筑物
机动车库	停放机动车的建筑物
非机动车库	停放非机动车的建筑物
汽车库	停放由内燃机驱动且无轨道的客车、货车、工程车等汽车的建筑物

注：无特殊说明时，本书中的普通汽车库均指停放常规内燃机驱动的汽车。

(a)   (b)

(c)   (d)

图 15-1　车库类型

（a）普通汽车库；（b）电动自行车库；（c）电动汽车库；（d）电动汽车充电桩

　　根据《汽车库、修车库、停车场设计防火规范》GB 50067—2014 的规定，汽车库不应与中小学校的教学楼组合建造。当符合下列要求时，汽车库可设置在中小学校教学楼的地下部分：

　　（1）汽车库与教学楼之间采用耐火极限不低于 2h 的楼板完全分隔；

　　（2）汽车库与教学楼的安全出口和疏散楼梯分别独立设置。

　　当学校占地面积较大时，汽车库通常布置在食堂、图书馆、办公楼等建筑物的地下部分；当学校占地面积较小时，如城市中心区域的中小学校，考虑到用地面积限制、车位数量紧张，汽车库还需利用教学楼的地下部分布置。此时，地下汽车库的安全出口应直通室外，部分地区可与教学楼的地上楼梯组合布置，具体做法以当地要求为准。汽车库的车辆出入口不应直接通向师生人流集中的道路。

15.1.1　普通汽车库

汽车库防烟分区的划分及其排烟量应按现行国家标准《汽车库、修车库、停车场设计防火规范》GB 50067 的规定设计；排烟风管、排烟风口、挡烟垂壁、储烟仓等应按现行国家标准《建筑防烟排烟系统技术标准》GB 51251 的规定设计。

常见问题与注意事项：

（1）火灾时，烟气向四周扩散会因卷入冷空气而下层，因此需要控制防烟分区的长度，部分地区要求车库防烟分区的长度不超过 60m，建筑在划分防火分区时，应至少保证单边长度不超过 60m，以免增加排烟机房，影响车位数量。

（2）采用坡道自然补风时，部分地区要求在坡道的入口处设置挡烟垂壁。一方面，保证储烟仓的完整性；另一方面，使自然补风口位于储烟仓下部。采用机械补风时，补风口应设置在低位，且应在储烟仓以下，如图 15-2 所示。

图 15-2　车库低位补风口

（3）部分地区要求车库每个防烟分区应设置一个可直接启动排烟风机的手动按钮。暖通设计时，可在风机房的外部墙面上设置风机手动启动按钮，也可在排烟风管的末端设置排烟阀或在排烟风管上设置一个常闭排烟口，并在距地 1.3～1.5m 的墙面或柱子上设置手动开启装置，如图 15-3 所示。

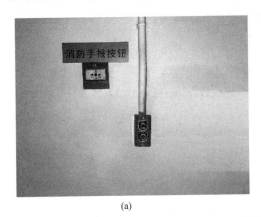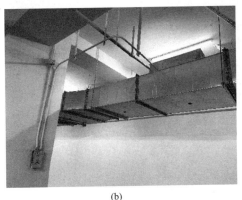

(a)　　　　　　　　　　　　　　　　　(b)

图 15-3　车库排烟手动装置

(a) 风机手动启停按钮；(b) 常闭排烟口手动开启装置

（4）对于长江中下游地区，在夏季梅雨季节，车库内空气湿度接近饱和，要彻底避免发生结露现象非常困难，除了要增强通风换气外，建议在车库内增加除湿机。暖通设计时，可按每 1000m² 设置 2～3 台移动式除湿机，每台除湿量为 20～30kg/h，如图 15-4 所示。

图 15-4　车库内的除湿机

（5）车库内的排烟风管耐火极限不应小于 0.5h，可采用铁皮风管外包隔热层＋防火板、铁皮风管外包离心玻璃棉、复合风管等措施，具体要求和做法详见本书第 19.2.17 节。

（6）车库内应设置 CO 浓度监控系统，根据 CO 的浓度自动控制风机的启停、运行台数或电机转速，保证 CO 浓度不大于 30mg/m³，每个防烟分区设置 2～3 个 CO 浓度探测器。

CO 分子量为 28，空气分子量为 29，两者较为接近，根据《石油化工可燃气体和有毒气体检测报警设计标准》GB/T 50493—2019 的规定，探测器应安装于距释放源上下 1m 的高度范围内。汽车库内 CO 释放源为汽车尾气，排放时靠近地面，可将 CO 浓度探测器安装在地面附近的柱子上，距地 0.5m 以内，以便第一时间探测到汽车排出的尾气，如图 15-5 所示。考虑到布线简易度和成本，建议选择 RS 485 信号，线缆规格为 RVVP4×1.0mm²。

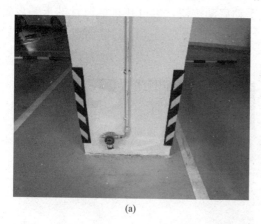

(a)　　　　　　　　　　　　　　　(b)

图 15-5　车库 CO 浓度探测器
(a) 低位安装；(b) 浓度显示界面

（7）为保证排烟风机的运行可靠性，排烟风机不应采用变频启动方式。火灾时，兼作排烟的平时变频风机应能自动切换到非变频模式。

（8）《汽车库、修车库、停车场设计防火规范》GB 50067—2014 表 8.2.5 中每个防烟分区的排烟量即为排烟风机的排烟量，无需乘以 1.2 的系数。

（9）汽车坡道无车辆停放，无人员疏散，坡道上方无需设置排烟口。

（10）排烟风机的压出段可采用土建风道，但需保证风道内部光滑，密闭不漏风。

（11）人防门开启范围内，门上 500mm 空间内不应有机电管线通过。

（12）严寒地区的汽车库，可在坡道入口处设置感应保温电动卷帘门，避免冷风直接灌入车库。汽车出入时，卷帘门自动打开；火灾时，卷帘门自动打开。建筑专业设计坡道时，应使坡道入口避开冬季主导风向，并尽量利用地势，让汽车沿弯道进入车库。不提倡在车库入口设置电热空气幕，尤其是有集中供暖条件的车库，严禁使用电热空气幕。

15.1.2 电动汽车库

根据《电动汽车分散充电设施工程技术标准》GB/T 51313—2018 的规定，大型公共建筑物配建停车场、社会公共停车场建设充电设施或预留建设安装条件的车位比例不应低于 10%。

电动汽车充电过程中发生火灾，将会产生大量可燃、有毒烟气，消防救援十分困难。因此，新建汽车库内配建的分散充电设施在同一防火分区内应集中布置，并设置独立的防火单元。电动汽车充电过程的火灾风险高于内燃机汽车停放过程的火灾风险，设置在地下车库内时，每个防火单元的最大允许建筑面积为 1000m²，该面积为内燃机汽车防火分区面积的 50%。

电动汽车库应设置独立的排烟系统，每个防火单元为独立的防烟分区，排烟量应按现行国家标准《汽车库、修车库、停车场设计防火规范》GB 50067 的规定设计，补风系统应直接从室外引入新风，不可采用在隔墙上设置防火百叶从相邻防火单元间接补风，其他排烟设计要求同普通汽车库。

电动汽车不同于内燃机汽车，使用时只产生废热，不产生废气，且废热量小于内燃机汽车，排风换气次数取 $4 \sim 6h^{-1}$。

15.1.3 电动自行车库

电动自行车库的火灾危险性比一般汽车库大，设置在地面独立建造的电动自行车库，每个防火分区的面积不应大于 1000m²；设置在地下或半地下的电动自行车库，每个防火分区的面积不应大于 500m²，设置自动喷水灭火系统也不允许增加防火分区面积。

电动自行车停放、充电场所应通风良好，当自然通风不能满足要求时，应采用机械通风，通风换气次数不应小于 $4h^{-1}$。

江苏省的中小学校项目应执行江苏省安全生产委员会办公室印发的《电动自行车停放、充电场所防火技术要点》（苏安办〔2018〕39 号），设计要求如下：

1. 建筑要求

电动自行车停放、充电场所宜设置在室外露天区域，必须附设在建筑内时，应设置在建筑首层，确有困难时，可设置在地下一层。地上电动自行车库不应与学校教学楼、宿舍楼贴邻布置。地上电动自行车停车场或停车库与其他建筑之间的防火间距不应小于 6m，电动自行车停车场内的充电设施应有遮雨措施和安全防护措施。

设置在首层时，一个防火分区的面积不大于 1400m²；设置在地下一层时，一个防火分区的面积不大于 500m²，设置自动喷水灭火系统时，防火分区面积不增加。

2. 排烟要求

设置在室内的电动自行车停放、充电场所应设置排烟设施，并宜采用自然排烟方式，每个防烟分区的最大允许面积为 500m²。

当采用自然排烟方式时，自然排烟窗（口）应均匀布置，防烟分区内任一点与最近的自然排烟窗（口）距离不应大于 30m，自然排烟窗（口）应设置在室内净高 1/2 以上，且有效排烟面积不小于地面面积的 5%。无可开启外窗或可开启外窗面积不足时，应设置机械排烟设施，机械排烟量按不小于 90m³/（h·m²）计算。

15.1.4 自行车库

自行车（脚踏）属于戊类物品，纯自行车库无需设置排烟设施。

考虑到人们的生活习惯以及电动自行车（电瓶车）的普遍性和便利性，尤其是教师上下班、学生上下学，使用电瓶车的人数不在少数。实际使用中，很少有纯粹的自行车库，校园内也很难保证自行车库内不停放电瓶车。由于电瓶车的火灾危险性较大，暖通设计时，建议按照停放电瓶车进行排烟设计。

15.2 设备用房

中小学校建筑中的设备用房包括变电所、配电间、水泵房、防排烟机房、新风机房、空调机房、换热站、锅炉房、柴油发电机房、热水机房、电梯机房、燃气调压箱等。其中，换热站的要求详见本书第 16.3.2 节，锅炉房的要求详见本书第 16.3.3 节，热水机房的要求详见本书第 12.3.4 节。

15.2.1 变电所

变电所应设置机械通风系统，如图 15-6 所示，排风量应根据设备发热量计算，并保证室内温度不高于 40℃。当无设计参数时，可按换气次数 $15\sim20h^{-1}$ 计算。地下变电所优先采用机械补风，也可通过汽车库自然补风；地上变电所优先采用自然补风，宜在不同方向设置可开启外窗。变电所的补风量不小于排风量的 80%。

室内排风气流宜从高低压配电区流向变压器区，再由变压器区排至室外，进、排风管穿过变电所隔墙、风井、楼板时应设置 70℃防火阀和消声器，防火阀距墙面、风井、楼板的距离不应大于 200mm。

当机械通风无法满足室内温度时，应设置空调设施，如图 15-7 所示，室内机应采用柜机或壁挂机，严禁采用吊顶式空调，以免造成漏水隐患。当夏季室外气温较高时，可关闭排风机，开启空调进行降温，空调可按冷负荷不低于 300W/m² 选型。

当变电所采用气体灭火时，应设置灭火后的通风设施，在低位设置排风口，如图 15-6（d）所示，排风应直通室外，换气次数不小于 $5h^{-1}$，同时在防护区外侧方便操作处设置就地手动启闭装置。气体灭火后的通风系统用于排出房间废气，属于事故后排风，非事故通风，不属于消防系统，无需采用消防电源。

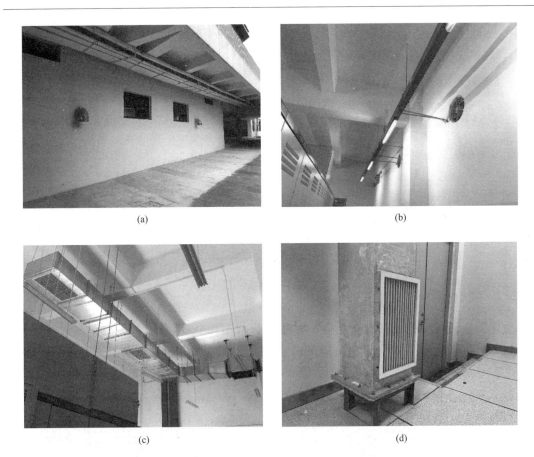

(a)
(b)
(c)
(d)

图 15-6　变电所通风设施

（a）、（b）壁式排风机；（c）吊装排风机；（d）低位排风口

图 15-7　变电所空调设施

变电所不应与教室、宿舍贴邻布置，避免设备噪声和电磁辐射对学生健康造成影响。变电所的上方不应有卫生间、厨房等潮湿房间，当与潮湿房间贴邻布置时，建筑专业应考虑防渗透、防结露措施。变电所开向建筑内的门应采用甲级防火门，变电所直接通向室外的门应采用丙级防火门。变电所内不应有与其无关的管道通过，变电所应设置防止雨、雪和蛇、鼠等小动物从采光窗、通风窗、门、电缆沟等处进入室内的设施，如图 15-8 所示。

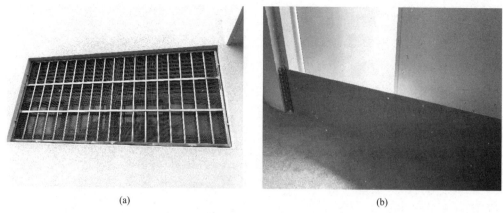

图 15-8 变电所防护设施
(a) 防虫防护网；(b) 防鼠板

15.2.2 配电间

配电间应设置机械通风系统，换气次数取 $4\sim6h^{-1}$。室内采用排风扇或壁式排风机，低位设置防火百叶自然补风，如图 15-9 所示。当配电间设置在地下室时，可在配电间内配置 1 台移动式除湿机，可有效防止室内潮湿、发霉。

图 15-9 配电间通风设施
(a)、(b) 进、排风口；(c) 排气扇；(d) 防火补风口

15.2.3 水泵房

水泵房包括生活泵房、消防泵房和污水泵房，均应设置机械通风系统，如图 15-10 所示。消防水泵房不应设置在地下三层及以下，或室内外高差大于 10m 的地下楼层，疏散门应直通室外或安全出口，水泵房应采取防止水淹的措施。

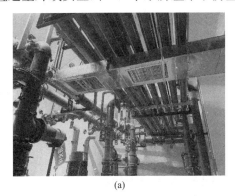 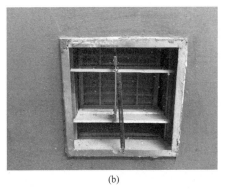

(a)　　　　　　　　　　　　　　　(b)

图 15-10　水泵房通风设施

(a) 排风口；(b) 防火补风口

生活泵房、消防泵房换气次数取 $4\sim6h^{-1}$，污水泵房换气次数取 $10\sim15h^{-1}$。有条件时，应优先设置独立的排风、补风系统，补风量不小于排风量的 80%。水泵房的室外排风口应高出室外地坪 2.0m，污水泵房的室外排风口距人员活动场所应大于 10m。

水泵房应考虑平时使用时的噪声和振动，不应布置在对噪声要求高的房间正下方，如教室、图书馆。进、排风管穿过水泵房、风井、楼板时应设置 70℃ 防火阀和消声器，防火阀距墙面、风井、楼板的距离不应大于 200mm。严寒及寒冷地区的水泵房应设置供暖设施，部分地区要求消防水泵房设置机械排烟系统，如：河南省。

15.2.4 防排烟机房

所有防排烟风机，包括排烟风机、加压送风机、补风机均应设置在专用机房内，机房净高在 2.5~3.0m，如图 15-11 所示。建筑内的防排烟机房应采用耐火极限不低于 2.0h 防火隔墙和 1.5h 楼板与其他部位分隔，开向建筑内的门应采用甲级防火门，并朝机房外开启。防排烟机房设置在室外时，无需采用防火隔墙和防火门，但机房应做好防风、防雨、防晒措施。

图 15-11　屋顶排烟机房

　　室内风管穿过防排烟机房时，穿越处风管上的防火阀、排烟防火阀两侧各 2.0m 范围内的风管耐火极限不应低于 2.0h。

　　风机四周应有 600mm 以上的检修空间，防排烟风机应设置在混凝土或钢架基础上，且不应设置减振装置，如图 15-12 (a) 所示，当风机仅用于防烟、排烟时，不宜采用柔性连接。

　　当排烟系统和通风空调系统共用且需要设置减振装置时，不应使用橡胶减振装置，可采用弹簧减振器，如图 15-12 (b) 所示。风机与风管应采用不燃柔性短管连接，排烟风机和排风风机合用机房时，机房应设置自动喷水灭火系统，且机房内不得设置用于加压送风或消防补风的风机和风管。

(a)　　　　　　　　　　　　　　　　　(b)

图 15-12　风机安装
(a) 基础（混凝土＋槽钢）；(b) 弹簧减振器

15.2.5　新风机房

　　当新风机组风量大于 2500m³/h 或噪声大于 50dB 时，应将新风机组设置在新风机房内，如图 15-13 所示，优先采用热回收型新风机组，热回收效率不低于 60%。

图 15-13　新风机房和新风机组

　　新风机房宜靠外墙设置，多层布置时，上下层机房宜对齐，通过外墙开设百叶或设置竖井出屋面的方式取新风。新风百叶的风速不大于 2m/s，新风井的风速不大于 6m/s，百叶和新风井的尺寸还应满足过渡季节全新风（不小于送风量的 50%）运行时的风速要求。

机房应设置排水和补水措施，新风机组入口处应设置可关闭的阀门，并与新风机组连锁控制。新风机组入口处设置粗效、中效过滤器，中效过滤器宜采用 Z1 过滤器，有条件时，还可设置消毒杀菌装置。

15.2.6 空调机房

当室内采用全空气系统制冷、制热时，应将空调机组设置在空调机房内，风管的作用半径不宜大于 40m，风管长度不宜大于 100m。机房应设置排水和补水措施，机组较大时，应预留设备安装通道，机房尺寸还应考虑过滤器抽出空间或其他检修要求。

当空调机组噪声较大时，机房不宜贴邻安静的房间布置，如图书馆、会议室、报告厅等，且机房墙面和顶面应采取隔声措施。空调回风口不应直接设置在机房墙面上，机房门应采用甲级防火隔声门，隔声量不小于 40dB(A)。空调机组采用混凝土基础，基础高度不小于 100mm，基础与空调机组之间设置 20mm 厚橡胶减震垫。

15.2.7 柴油发电机房

柴油发电机房不应贴邻人员密集场所布置，且不应靠近安静的房间布置，卫生间、浴室、厨房或易积水的房间不应布置在机房上方或贴邻布置。柴油发电机房宜有两个出入口，采用甲级防火门，并朝外开启，建筑专业需要考虑发电机组的安装通道。

根据《建筑设计防火规范》GB 50016—2014（2018 年版）的条文说明，柴油的闪点温度一般大于 60℃，属于丙类火灾危险性，而储油间内的温度一般不会超过 60℃，且常温下柴油呈液态，挥发性较差，不存在爆炸危险。因此，储油间无需设置事故通风系统，仅需设置平时通风系统，换气次数不小于 $5h^{-1}$。暖通设计时，应根据柴油发电机组的摆放位置预留好排风井、补风井和排烟井（烟囱排放），排烟井应通往屋面，烟囱高度应满足环评要求。

储油间的油箱应密闭且应设置通向室外的通气管、通气管应设置带阻火器的呼吸阀，油箱的下部应设置防止油品流散的设施。

15.2.8 电梯机房

在中小学校建筑中，设置电梯的场所主要有：办公楼、图书馆、食堂。电梯分为有机房电梯和无机房电梯两种，无机房电梯的控制柜设置在顶层电梯门旁，有机房电梯的控制柜设置在机房内，如图 15-14 所示。

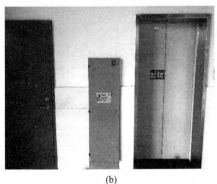

(a)　　　　　　　　　　　　　(b)

图 15-14　电梯类型

（a）有机房电梯；（b）无机房电梯

电梯机房应有隔热、通风、防尘等措施，宜有自然采光。通风量应根据电梯机房的发热量计算，保证机房内的温度不高于 40℃，当无设计参数时，可按单台电梯通风量不小于 1000m³/h 选型。优先采用壁式轴流风机，安装在高位，并尽量靠近发热源，保证散热通畅。

有条件时，可在每个电梯机房设置 1 台 1.5HP 单冷型壁挂机（带断电记忆功能）。当夏季室外气温较高时，可关闭排风机，开启空调进行降温，如图 15-15 所示。

 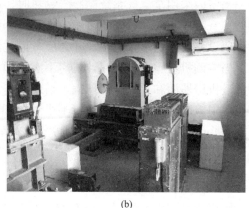

　　　　　　　　(a)　　　　　　　　　　　　　　　　(b)

图 15-15　电梯机房降温设施
(a) 壁式轴流风机；(b) 壁挂机

15.2.9　燃气调压箱

燃气调压箱不应安装在学校大门或主要出入口附近，应利用景观或围挡进行隐蔽处理，如图 15-16 所示，燃气调压箱应采取防雷接地措施。燃气调压箱的最终位置由燃气公司确定，建筑专业应提前进行燃气咨询，并与景观专业讨论隐蔽处理措施。

图 15-16　燃气调压箱

15.3　附属用房

15.3.1　消防控制室

消防控制室应设置在地上，净面积不小于 10m²，人均面积不小于 4m²。消防控制室应设置独立的空调系统，24 小时工作，冷负荷应考虑电气设备的发热量，单位面积冷指标不低于 300W/m²。室内机应采用柜机或壁挂机，不宜采用吊顶式空调，以免造成漏水隐患。空调室外机、冷凝水管应考虑隐藏设置，以免影响建筑美观，与消防控制室无关的机电管线不得穿过消防控制室。当消防控制室无可开启外窗时，还需设置新风系统。

15.3.2　值班室

值班室（门卫）应设置独立的空调系统，24 小时工作，采用分体空调。有条件时，可设置窗式新风机或壁式排风扇，保证值班人员新风量。空调室外机、冷凝水管、外墙百叶应考虑隐藏设置，以免影响建筑美观。

15.3.3　卫生间

卫生间应满足不同性别学生的使用需要，全面实现水冲式、无异味，独立设置的卫生间与生活饮用水水源和食堂间距不应小于 30m。卫生间应设前室，且男女卫生间不得共用一个前室。卫生间应具有天然采光和自然通风条件，并设置机械通风系统，换气次数取 $10h^{-1}$。

卫生间上下层同一位置布置时，应优先采用竖向排风方式，风管与竖井的连接处设置 70℃防火阀和止回阀。当竖向超过 4 层时，由于竖井阻力较大，且容易受到自然条件的影响，导致排风量不稳定、卫生间之间串气、室内外排气不畅，可在屋顶增设排风机或在风井上方增设无动力风帽。

为减少竖井漏风、降低排风阻力、防止潮湿发霉，可在竖井内设置内衬风管。当无法设置排风竖井时，可在当层外墙设置防雨百叶排风，百叶底应高出地面 2.0m 以上，且不应朝向人员活动区。室内可采用排气扇或管道风机，保证每个卫生间可单独控制，如图 15-17 所示。

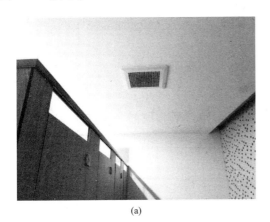
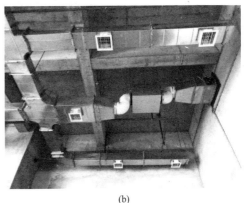

(a)　　　　　　　　　　　　　　　　(b)

图 15-17　卫生间通风设施
（a）排气扇；（b）管道风机

第16章

供暖

16.1 供暖需求

我国严寒和寒冷地区冬季室外气温很低，每年最冷月平均气温一般在 0~10℃ 之间，甚至低于-10℃。为保障学生身体健康和教学任务的顺利完成，必须采取保温和供暖措施，使室内维持一定的温度和适宜的微小气候。

目前，在夏热冬冷地区，由于集中供暖设施尚未普及，冬季仍以空调制热为主。以江苏省为例，根据国家电网的统计数据，2021 年 1 月 7 日 19 时 15 分，江苏电网最高用电负荷超过夏季用电高峰，达 1.17 亿 kW，再创历史新高，成为全国冬季用电负荷最高的省份，居民空调用电负荷占据较大比例。由此可见，夏热冬冷地区供暖需求量巨大，随着经济的发展以及人们日益增长的美好生活需要，设置集中供暖必将成为今后暖通行业发展的趋势，尤其是在幼儿园、中小学校、老年人照料设施、居住建筑等场所。

厨房、卫生间、水泵房、屋顶水箱间等有冻结危险的场所应设置供暖设施，室内温度应维持在 5～10℃，以防水被冻结，影响平时使用和消防灭火。条件不允许时，可设置保温、电伴热、空调等防冻措施。

16.1.1 规范要求

根据《民用建筑供暖通风与空气调节设计规范》GB 50736—2012 的规定，累年日平均温度稳定低于或等于 5℃ 的日数大于或等于 90 天的地区，应设置供暖设施，并宜采用集中供暖。

符合下列条件之一的地区，宜设置供暖设施；其中幼儿园、养老院、中小学校、医疗机构等建筑宜采用集中供暖：

(1) 累年日平均温度稳定低于或等于 5℃ 的日数为 60～89d；

(2) 累年日平均温度稳定低于或等于 5℃ 的日数不足 60d，但累年日平均温度稳定低于或等于 8℃ 的日数大于或等于 75d。

根据《中小学校设计规范》GB 50099—2011 的规定，中小学校的供暖形式应根据所在地的气候特征、能源资源条件及其利用成本，经技术经济比较确定。根据《民用建筑供暖通风与空气调节设计规范》GB 50736—2012 的规定，供暖方式应根据建筑物规模，所在地区气象条件、能源状况及政策、节能环保和生活习惯要求等，通过技术经济比较确定。

16.1.2 供暖形式

由于空调设施（以多联机为例）各组成部分符合"供暖"定义中的各类用语，如热媒制备（蒸发器）、热媒输送（压缩机＋铜管）、热媒利用（冷凝器），且规范未明确空调系统不属于供暖系统。因此，对于需要设置供暖设施的场所，采用空调设施也符合要求。本章讲述的供暖是指以热水作为热媒进行输送，且末端为散热器或地暖的集中供暖系统，而非各类空调氟系统或水系统。

笔者参与的项目中，有些学校位于寒冷地区，按要求应设置供暖设施，但因市政热网的收费较贵，且只按面积收取费用（某地供暖收费 35.5 元/m²），学校最终选择空调供暖；有些学校位于夏热冬冷地区，按要求无需设置供暖设施，但因学校定位高，且周边有热电厂废热蒸汽提供，学校最终选择集中供暖。因此，对于寒冷地区和夏热冬冷地区的中小学校，在设计前应根据学校所在地区的气象条件、热源形式、收费政策、校方要求等综合判定是否设置供暖设施。

当采用空气源热泵供暖时，应选用带喷气增焓、二级压缩技术的低温型空调设备或采用辅助电加热等措施保证室内空调效果，且应保证在冬季设计工况下，冷热风机组性能系数（COP）不应小于 1.8，如分体空调、多联机、屋顶空调；冷热水机组性能系数（COP）不应小于 2.0，如风冷热泵。

中小学校的学生宿舍、学生公寓、教师宿舍、教师公寓属于居住建筑；教室、办公、食堂属于公共建筑，当设置供暖设施时，均需按连续性供暖进行设计。

中小学校设置集中供暖时，末端应采用散热器，如图 16-1 所示。

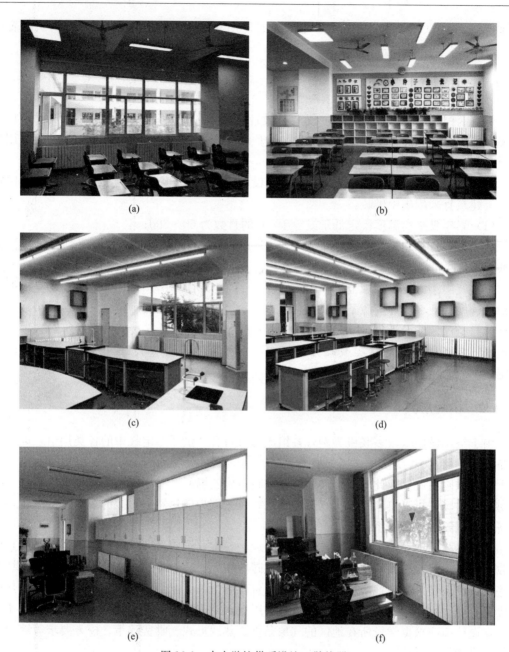

图 16-1　中小学校供暖设施（散热器）
(a)、(b) 教室；(c)、(d) 实验室；(e)、(f) 办公室

16.2　设计参数

16.2.1　设计温度

1. 供暖室外设计温度

供暖室外计算温度应采用历年平均不保证 5 天的日平均温度。

2. 供暖室内设计温度

中小学校各供暖场所室内设计温度详见表 16-1。

中小学校供暖室内设计温度　　　　　　　　　表 16-1

房间名称	室内温度（℃）
普通教室、专业教室、实验室	20～22
计算机教室、合班教室	18～20
舞蹈教室	22～24
学生宿舍、教师宿舍	20～22
办公室、会议室、值班室、监控室	20～22
浴室	25～27
图书馆	20～22
体育馆	14～17
食堂	16～18
卫生间、走道、楼梯间	16～18
值班供暖（防冻措施）	5

注：1. 在学习时间内，教室中部（距地面 0.8～1.2m）的气温为 20～22℃；
　　2. 教室水平温差和垂直温差均不宜超过 ±2℃。

3. 供回水温度

供暖系统应以热水作为供热介质，经热交换后或锅炉出口的二次侧供水温度不宜大于 85℃，供/回水温差不宜小于 20℃。夏热冬冷地区，供/回水温度建议取 75℃/50℃；严寒及寒冷地区，供/回水温度建议取 85℃/60℃。

16.2.2　热负荷

1. 供暖热指标

在暖通方案设计阶段，可根据表 16-2 中的数值估算学校供暖总热负荷以及一次侧热源需求量。

中小学校供暖热指标　　　　　　　　　表 16-2

供暖区域	供暖热指标（W/m²）
教学楼	60～70
宿舍楼	50～60
办公楼	50～60
食堂、图书馆、体育馆	120～150

注：1. 热指标中的面积为供暖区域的总建筑面积，不含地下汽车库面积；
　　2. 夏热冬冷地区取下限值，严寒及寒冷地区取上限值。

2. 热负荷计算

（1）冬季供暖热负荷主要包括围护结构耗热量和冷风渗透耗热量。

（2）在计算散热器片数时，应从耗热量中扣除未保温明装管道的散热量。

（3）供暖热负荷计算中不应出现新风热负荷，对于设置新风系统的场所，应单独计算新风热负荷，并由新风设备承担新风热负荷。

16.2.3 系统阻力

供暖系统的阻力包括机房阻力、管道阻力、热力入口阻力、末端阻力。

1. 机房阻力

暖通方案设计阶段，机房阻力可按表 16-3 进行估算。

机房主要设备阻力   表 16-3

机房设备	阻力（kPa）
锅炉	40～80
换热器	20～50
除污器	10～20
分集水器	5～10
Y 形过滤器	10～15
阀门	5～15

2. 管道阻力

管道阻力包括沿程阻力和局部阻力，沿程阻力根据管道比摩阻计算，详见表 16-4；局部阻力根据阻力系数以及水管流速逐个计算或按沿程阻力的 50% 估算。

管道比摩阻   表 16-4

管道类型	管长（m）	比摩阻（Pa/m）
干线	$\Sigma L \leqslant 500$	60～100
	$500 < \Sigma L \leqslant 1000$	50～80
	$\Sigma L \geqslant 1000$	30～60
支线		60～100
立管		30～60

注：1. 干线指热源与最远端热力入口之间的管道；
    2. 支线指从干线分支点到热力入口之间的管道；
    3. 立管指供暖楼栋内的竖向管道；
    4. ΣL 为干线供回水管的总长度。

3. 热力入口阻力

热力入口所需的资用压差应根据用热单元供暖系统的总水力损失确定，当不能确定时，热力入口资用压差宜取 50～60kPa。热力入口内各装置的阻力为 10～15kPa，包括关断阀、过滤器、热量表、平衡阀等。

4. 末端阻力

末端阻力是指热力入口后的系统阻力，包括散热器、温控阀、室内管道和支管阀门。不计热力入口阻力时，建筑物内供暖系统的总水力损失不宜大于 30kPa。采用双管系统时，阻力为 5～15kPa；采用单管系统时，阻力为 10～20kPa。

16.3 热源

中小学校设置集中供暖时，其热源主要有三种形式：

（1）市政供热管网；

（2）周边热电厂；

（3）自建锅炉房。

对于严寒及寒冷地区，若学校所在地已有城市集中供热系统，可利用市政供热管网作为供暖热源；对于夏热冬冷地区，若学校周边有热电厂，可利用热电厂的废热作为供暖热源；若学校周边无任何热源或市政供热管网尚未覆盖，可在校内合适的区域设置独立的锅炉房作为供暖热源。

16.3.1 热媒

当利用市政供热管网或热电厂废热作为一次侧热源时，建设单位应协助设计单位提供热源位置和热媒参数。当一次侧热媒为热水时，需要提供热水的供回水温度、管径、设计压力；当一次侧热媒为蒸汽时，需要提供蒸汽的压力、温度、管径。

1. 蒸汽参数

饱和蒸汽主要参数详见表 16-5。

饱和蒸汽主要参数　　　　表 16-5

饱和压力（MPa）	温度（℃）	密度（kg/m³）	气化潜热（kJ/kg）
0.1	99.63	0.59	2258.2
0.2	120.23	1.13	2202.2
0.4	143.62	2.16	2133.8
0.6	158.84	3.17	2086.0
0.8	170.42	4.16	2047.5
1.0	179.88	5.15	2014.4

2. 蒸汽流量

当一次侧热媒为蒸汽时，需要计算蒸汽的流量（用汽量），计算公式如下：

$$G = \frac{3.6Q}{r}$$

式中　G——蒸汽的流量，t/h；

　　　Q——换热器的总换热量，kW；

　　　r——蒸汽的气化潜热，kJ/kg。

其中，单台换热器的换热量应根据换热器承担总热负荷的百分比确定。如寒冷地区，设计两台换热器，每台换热器承担总热负荷的 65%，则两台换热器共承担总热负荷的 130%，换热器的总换热量还应乘以附加系数，具体要求详见本书第 16.3.2 节。

一次侧蒸汽总量还应包含泳池、厨房、浴室、空调等场所使用蒸汽的用量。

3. 蒸汽流速

当一次侧热媒为蒸汽时，蒸汽管径的流速不应大于最大允许设计流速，详见表 16-6。

蒸汽管道最大允许设计流速（m/s）　　　表 16-6

管道公称直径（mm）	过热蒸汽	饱和蒸汽
≤DN200	50	35
>DN200	80	60

16.3.2 换热站

当学校采用市政供热管网或热电厂废热作为供暖热源时，应在校内设置换热站，当中小学校共用一个地块时，如九年制学校，中学、小学应分别设置独立的换热系统。

换热站应优先设置在地下汽车库内，并靠近一次侧供热管网，且换热站应尽量靠近热负荷中心，换热站到最远末端的水平距离（供暖半径）控制在 250m 以内（降低输送能耗，减少热量损失）。当设置供暖设施的建筑物较为分散且间距较远时，如果设置一个集中换热站会导致循环水泵选型过大，输送能耗提高，耗电输热比（$EHR\text{-}h$）无法满足节能要求。此时可设置楼栋换热站，如在教学楼、宿舍楼、办公楼等建筑物内设置独立的小型换热站。

在暖通方案设计阶段，换热站的面积可按供暖建筑面积的 0.5% 进行估算。换热站不应贴邻教室、宿舍等对噪声敏感的场所布置，并应做好消声、隔声、减振措施。换热站的梁底净高不应小于 3.5m，换热站应设置排水、补水措施，补水点的压力应大于 0.25MPa。

换热站应设置机械通风系统，换气次数取 $6 \sim 8h^{-1}$，优先采用机械补风，补风量不小于排风量的 80%。部分地区要求换热站设置事故通风系统以及事故排水系统，事故通风换气次数不小于 $12h^{-1}$，事故排水量不小于 18t/h。

当一次侧热媒为蒸汽时，可采用壳管式换热器；当一次侧热媒为热水时，可采用板式换热器。换热器的台数不宜少于两台，且不应多于四台，通常情况下选用两台。当一台换热器停止工作时，剩余换热器的设计换热量应保障供热量的要求，寒冷地区不应低于设计供热量的 65%，严寒地区不应低于设计供热量的 70%，夏热冬冷地区建议不低于设计供热量的 60%。换热器的总换热量应在换热系统设计热负荷的基础上乘以 $1.1 \sim 1.15$ 的附加系数。

换热站还可给学校内的泳池、厨房、浴室、空调等场所提供热源，但应分别设置独立的换热系统，方便温度控制和用热管理。

蒸汽凝结水应优先考虑将所含热量回收利用，可用于生活热水预热，如无需回收或回收不经济时，在排出室外前应设降温池，将水温降至 40℃ 以下，降温池应设置在室外。

【案例一】某学校位于夏热冬冷地区，教学楼采用散热器集中供暖，一次侧热源为热电厂废热蒸汽，二次侧供/回水温度为 75℃/50℃，换热站就近设置在教学楼一层中间区域，面积约 60m²，如图 16-2 所示，蒸汽凝结水收集后通往室外降温池，降温至 40℃ 以下后排出室外。

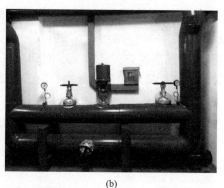

(a)   (b)

图 16-2　地上楼栋换热站（案例一）（一）

(a) 换热机房；(b) 蒸汽入口

图 16-2 地上楼栋换热站（案例一）（二）

（c）板式换热器；（d）分集水器；（e）水处理；（f）软化水箱

（g）凝结水箱；（h）定压罐；（i）加药装置；（j）排风系统

【案例二】某九年制学校位于夏热冬冷地区，学校采用散热器集中供暖，在地下汽车库分别设置中学换热站（面积约150m²）和小学换热站（面积约166m²），如图16-3所示。一次侧热源为热电厂废热蒸汽，二次侧供/回水温度为85℃/60℃，蒸汽凝结水降温至40℃以下，经雨水收集系统处理后作为景观用水水源。

图16-3 地下集中换热站（案例二）（一）

(a) 蒸汽入口；(b) 分汽缸；(c) 壳管式换热器；
(d) 循环水泵；(e) 软水装置；(f) 水处理

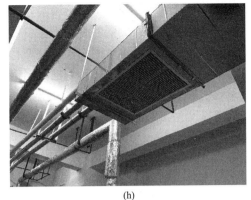

(g)　　　　　　　　　　　　　　　　(h)

图 16-3　地下集中换热站（案例二）（二）
(g) 凝结水箱；(h) 排风系统

16.3.3　锅炉房

当学校采用自建锅炉房作为供暖热源时，锅炉房应优先设置在靠外墙的地下汽车库内，当用热单元距地下汽车库较远时，也可将锅炉房设置在地面。锅炉房应靠近负荷中心，但应远离教学楼、宿舍楼、办公楼，且不应与人员密集场所贴邻布置。

锅炉房应设置 2 个出入口，其中 1 个出入口应直通室外，锅炉房的梁底净高不应小于 4.5m，锅炉房内不应有不规则的结构柱或剪力墙，变形缝不应穿过锅炉房。锅炉房应设置排水、补水措施，补水点的压力应大于 0.25MPa，锅炉房应做好消声、隔声、减振措施。在暖通方案设计阶段，锅炉房的面积可按建筑面积的 1% 进行估算，燃气用量可按每 10kW 供热量需要燃气 $1Nm^3/h$ 进行估算。

锅炉房应设置泄爆措施，泄爆面积不应小于锅炉房面积的 10%，泄爆口不得朝向人员出入口、疏散楼梯以及人员活动场所，可采用密度不大于 $60kg/m^3$ 的轻质屋面板和墙体。锅炉房设置在地下汽车库时，应预留设备吊装孔或运输通道，吊装孔尺寸至少比锅炉尺寸大 1000mm（可不含燃烧机头长度），锅炉房内通往室外的吊装孔可兼作泄爆口。当锅炉利用汽车坡道运输时，坡道至锅炉房的荷载以及坡道入口处的高度应满足锅炉运输要求。

锅炉房应设置平时通风和事故通风系统，平时通风换气次数地上锅炉房取 $6h^{-1}$，地下锅炉房取 $12h^{-1}$，排风温度不高于 45℃，事故通风换气次数取 $12h^{-1}$。采用机械补风，补风量应包含锅炉房燃烧空气量，且锅炉房内应维持微负压。事故排风机、事故补风机均可设置在锅炉房内，但应采用防爆风机和设置导除静电的接地措施，与锅炉房共用竖井的各类风机也应采用防爆风机并设置防倒流措施。

夏热冬冷地区锅炉台数不宜少于 2 台，严寒及寒冷地区锅炉台数不宜少于 3 台，建议采用真空锅炉或常压锅炉。当一台锅炉停止工作时，剩余锅炉的设计换热量应保障供热量的要求，寒冷地区不应低于设计供热量的 65%，严寒地区不应低于设计供热量的 70%，夏热冬冷地区建议不低于设计供热量的 60%。

锅炉房属于丁类生产厂房，燃气调压间属于甲类生产厂房，燃气调压间不可设置在地下室，燃气计量间可设置在地下室锅炉房内。锅炉房应设置操作室，并设有双层防爆玻璃观察室和隔音门，操作室应设置空调和新风。锅炉房应设置火灾自动报警系统和自动喷水灭火系统，并设置可燃气体浓度报警装置，所有电气设备均需采用防爆设备。

锅炉的安装应由有资质的专业安装单位承担，需要锅炉压力容器技术监督部门审查批准，安装单位持有与锅炉级别、安装类型相符的安装许可证。承压或常压热水锅炉需要设置排污降温池，排污时间和排污频次根据锅炉运行情况确定。

每台锅炉单独设置烟囱，采用预制双层不锈钢成品烟囱，内外壁均为 SUS304 不锈钢，内壁厚度为 1.0mm，外壁厚度为 0.8mm，隔热材料为复合硅酸铝纤维棉，厚度为 50mm，密度 $>150kg/m^3$，导热系数 $\leqslant 0.053W/(m \cdot K)$，烟囱外表面温度不大于 50℃。烟囱敷设坡度不小于 1%，烟囱底部设置水封式泄水口，烟囱应采取热补偿措施。

烟囱出口的排烟温度应高于烟气露点温度 15℃ 以上，烟囱应通往屋面，烟气高空排放。烟囱高度不得小于 8m，烟囱伸出屋面的高度不得小于 0.6m，且不得低于女儿墙高度。烟囱的排放浓度应符合国家和地方规范及环评要求，部分地区要求氮氧化合物排放浓度低于 $30mg/m^3$。烟囱排放口应高于进风口 3m 以上，或水平距离大于 10m 以上，防止进、排风气流短路，造成安全事故。

燃气锅炉烟囱出口直径可参考表 16-7。

烟囱出口直径参考值　　　　　　　　　表 16-7

单台锅炉容量（燃气型）	t/h	1	1.5	2	3	4	5	6
	MW	0.7	1.05	1.4	2.1	2.8	3.5	4.2
烟囱出口直径	mm	300	350	400	500	550	600	650

16.3.4　热力入口

换热站或锅炉房制取满足设计要求的供暖热水后，通过输配系统送至各用热单元，供暖管道在进入用热单元前，应设置热力入口。用热单元可按楼栋进行划分，如教学楼 A、教学楼 B、宿舍楼 A、宿舍楼 B；也可按功能进行划分，如教学楼、宿舍楼、办公楼、图书馆、食堂、体育馆等。热力入口的作用主要有：

（1）可对各用热单元进行独立控制；

（2）用于调节各用热单元之间的水力平衡；

（3）便于统计各用热单元的用热情况；

（4）有利于供暖系统的分时分区控制。

供暖系统的热力入口应设置在专用房间内，如图 16-4 所示。用热单元有地下室时，热力入口宜设置在地下室的专用房间；用热单元无地下室时，热力入口可设置在首层的独立房间。热力入口空间的面积为 $12\sim15m^2$，净高不低于 2.0m，热力入口装置前操作面净距离不小于 0.8m，室内设置排水和补水措施（也可由换热站统一补水）。

在中小学校建筑中，设置集中供暖的区域主要为教学楼和宿舍楼，而教学楼和宿舍楼通常无地下室，当楼梯间不设置供暖设施时，为避免供暖管道穿楼梯间，热力入口不宜设置在楼梯间下部空间。热力入口也不宜设置在地沟内，尤其是地下水位较高的地区，否则地沟容易积水，需要采用混凝土结构，并设置防水措施，施工较为麻烦，且造价较高。

图 16-5 为热力入口装置大样图，设计要求如下：

（1）当用热单元之间阻力差值大于 15% 时，应在回水管上设置静态水力平衡阀；

（2）当热力入口的差压变化幅度较大时，应在回水管上设置自力式压差控制阀；

（3）可在回水管上设置热量表，以此作为用热单元的热量结算点。

图 16-4 热力入口

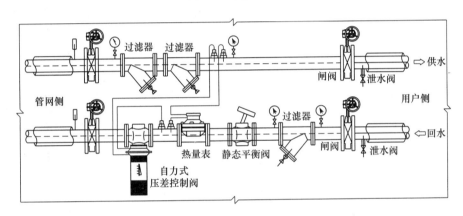

图 16-5 热力入口装置大样图

16.4 系统形式

中小学校各类场所供暖系统形式可参考表 16-8 和图 16-6。其中，教学楼和宿舍楼是师生停留时间较长的场所，也是中小学校设置集中供暖的主要场所。其他场所，如食堂、图书馆、办公楼、报告厅、风雨操场等，当学校位于寒冷地区时，也可采用空调供暖。对于高大空间场所，如风雨操场、门厅等，可采用散热器和暖风机相结合的供暖方式。无论供暖系统采用何种形式，水平管道应优先采用同程布置，并充分利用管道设计调节水力平衡，当调整管径仍不能满足水力平衡时，可增大末端阻力或设置水力平衡装置。

供暖系统常用形式 表 16-8

供暖场所	楼层特点	推荐形式	备注
教学楼	不大于 5 层	上供中回垂直双管系统 中供中回垂直双管系统	无地下室
		下供下回垂直双管系统 上供下回垂直双管系统	有地下室

续表

供暖场所	楼层特点	推荐形式	备注
宿舍楼	不大于6层	上供中回垂直双管系统 中供中回垂直双管系统	无架空层
		下供下回垂直双管系统 上供下回垂直双管系统	有架空层
办公楼	不大于2层	下供下回垂直双管系统 上供下回垂直单管系统	有地下室
食堂	不大于2层	下供下回垂直双管系统 上供下回垂直单管系统	有地下室
		上供中回垂直单管系统 中供中回垂直双管系统	无地下室

注：1. 上供上回系统自然压头和阻力叠加，先天性水力不平衡，应避免采用；
    2. 双管系统阻力小，可变流量运行，建议优先采用。

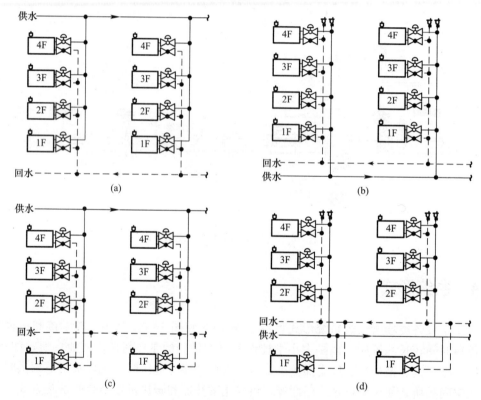

图 16-6　供暖系统常用形式
（a）上供下回；（b）下供下回；（c）上供中回；（d）中供中回

16.4.1　下供下回

当供暖场所投影面内有地下车库且为非人防区域时，如食堂、图书馆、办公楼，或首层为架空层时，如宿舍，应优先采用下供下回的供暖形式，供回水主管设置在地下车库或架空层。当上下层房间布局相同时，如教学楼、宿舍楼，上下层可共用立管，供回水立管沿柱边布置，立管可明装也可暗装。

下供下回垂直双管系统，立管采用异程，水管阻力越往上越大，管道中的压力越往上越小，但上一层的自然压头比下一层大，增大的自然压头正好被增大的阻力抵消，避免自然压头上下累积的问题，水力易于平衡，应优先采用，且立管不得采用同程布置。

16.4.2 上供下回

采用下供下回的供暖场所也可用上供下回的供暖形式代替，供水主管设置在最上层，回水主管设置在地下室或架空层，竖向可采用垂直双管系统或垂直单管跨越式系统。

上供下回垂直单管系统，自然压头每层相同，不会有层层叠加的问题，但需要注意的是，层数不宜太多，否则下层水温较低、散热器片数较多，建议供暖系统不要超过 4 层。

上供下回垂直双管系统，立管为同程，水管阻力上下相同，但上一层的自然压头比下一层大，可以通过设置高阻力温控阀调节水力平衡。

垂直单管跨越式系统会导致下游散热器片数增多，对室内统一性、美观性有所影响。因此，不推荐在教学楼、宿舍楼使用，尤其是采用装配式建筑的教学楼和宿舍楼。图书馆、食堂层数较低，通常不超过 2 层，下游水温降低幅度不大，竖向可采用垂直单管跨越式系统。

采用单管跨越式系统时，应考虑分流系数对散热器片数的影响，选用流通能力大的低阻力温控阀，分流系数取 0.5。

采用上供下回系统时，最上层和架空层的层高应保证管道安装后的净高要求，管道安装空间包括管道直径、保温层厚度、敷设坡度，通常需要 200～400mm。由于现场坡度难以精确控制，不建议供暖管道穿梁布置，应优先在梁下安装。

16.4.3 上供中回、中供中回

当供暖场所投影面内无地下车库或首层无架空层时，上供中回或中供中回也是常用的供暖形式，尤其是在教学楼。采用上供中回系统时，供水主管设置在最上层，回水主管设置在首层，竖向可采用垂直双管系统或垂直单管跨越式系统；采用中供中回系统时，供回水主管均设置在首层，竖向采用垂直双管系统。

如图 16-7 所示，某学校教学楼供暖采用中供中回系统，供回水主管设置在首层教室外走廊吊顶内，同程布置；供回水支管设置在首层教室吊顶内；供回水立管设置在教室前后靠外窗的柱子边缘。

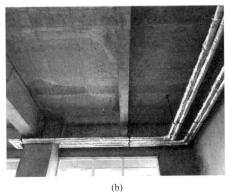

(a)　　　　　　　　　　　　　　　(b)

图 16-7　中供中回系统（教学楼）（一）

（a）供暖主管；（b）供暖支管

(c)

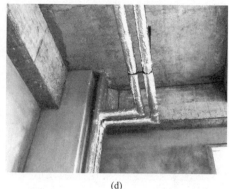
(d)

图 16-7　中供中回系统（教学楼）（二）

（c）供暖立管；（d）支管与立管连接

采用上供中回或中供中回系统时，系统的最低点在室内垂直立管的最低处，需要设置泄水阀。供水立管的泄水阀应低于首层散热器的供水支管，回水立管的泄水阀应低于首层散热器的回水支管，如图 16-8 所示，泄水阀靠近首层地面，排水较为不便，且首层散热器无法泄水。另外，立管底部的泄水阀不仅影响室内美观，而且容易引起学生误操作，建议内装专业对立管进行隐藏处理，此时立管需要设置保温层，如图 16-9 所示。

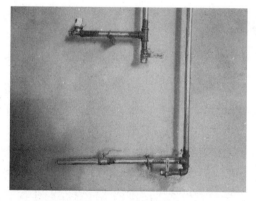
图 16-8　立管最低处

图 16-9　立管暗装

16.5　散热器

16.5.1　材质

中小学校设置集中供暖时，末端一般采用散热器。散热器的材质多种多样，有铸铁散热器、钢制散热器、铝制散热器、复合型散热器等，如图 16-10 所示。

铸铁散热器的材质为灰铸铁，形式有柱型、翼型、柱翼型、板翼型等，优点是耐腐蚀性能好、寿命长，对水质的要求不高，可用于开式供暖系统，非供暖季节不苛求充水保养，价格较低，早期应用比较广泛。但这种散热器体形不紧凑，重量较大，外形不美观，与室内装修不协调，在追求品质的中小学校项目中很少使用，但在湿度较高的地方，如浴室、游泳馆、卫生间等，可优先采用，并选用内腔不含粘沙型的散热器。

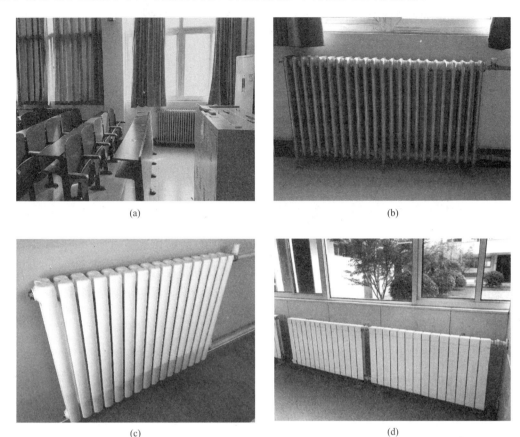

图 16-10　散热器材质

(a)、(b) 铸铁散热器；(c) 钢制散热器；(d) 铝制散热器

钢制散热器采用厚度 $1.2\sim1.5$mm 的碳素优质冷轧钢板，形式有板型、柱型、柱翼型、钢管型、扁管型、装饰型等。优点是热工性能好，散热量大，重量轻，承压高，价格适中。但容易氧化腐蚀，焊点较多，对水质要求比较高，在非供暖季节应充水保养，运行时循环水的 pH（检测温度为 $25℃$）为 $9.5\sim12.0$。

铝制散热器根据制造方法的不同可分为压铸铝散热器、型材铝散热器、复合铝散热器、铜铝复合散热器和钢铝复合散热器五大类。优点是耐氧化，不会产生锈蚀碎屑，不易发生水路堵塞，价格适中，但最怕碱性水腐蚀，适合中性水质，应选用内防腐型，运行时循环水的 pH（检测温度为 $25℃$）为 $6.5\sim8.5$。

16.5.2　温控阀

散热器恒温控制阀也称温控阀或恒温阀，如图 16-11 所示，具有感受室内温度变化并根据设定的室内温度对系统流量进行自力式调节的特性，有效利用室内自由热从而达到节省室内供热量的目的。

温控阀按类型分，有两通阀和三通阀；按位置分，有直型、角型、H 型；按阻力分，有高阻型和低阻型。双管系统阻力小，应采用高阻型温控阀；单管系统阻力大，应采用低阻型温控阀；超过 5 层的垂直双管系统宜采用有预设阻力调节功能的温控阀。温控阀的调节接近线性，且散热器进出水温差越大，流量和散热量越接近线性调节。

图 16-11　散热器温控阀

温控阀应安装在末端散热器的供水支管上，当散热器暗装时，如舞蹈教室，应采用温包外置式温控阀。温控阀安装前应对管道和散热器进行清洗，以防杂质堵塞温控阀。

16.5.3　注意事项

散热器在设计和选型时，应注意以下问题：

（1）如图 16-12 所示，当散热器暗装时，如舞蹈教室，装饰罩应能在上部和正面下部开口，保证室内空气流通，装饰罩的开口率不宜小于 60%，并应对散热器的散热量进行修正，修正系数可取 0.9～0.95。装饰罩应便于开启检修，温控阀的感温包应设置在装饰罩外部。当墙体为内保温复合墙体时，不应采用嵌入式安装。

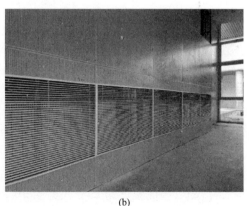

(a)　　　　　　　　　　　　　　　　　　(b)

图 16-12　散热器暗装

(a) 外墙布置；(b) 内墙布置

（2）散热器设计时应考虑安装空间和散热空间，如图 16-13 所示。

室内立管中心距不小于 100mm，立管与散热器边缘间距不小于 300mm。散热器的宽度根据片数计算，每片宽度为 60～70mm。散热器的厚度一般在 100mm 左右，散热器背面距墙面需留有 50mm 的安装空间，散热器正面需留有 100～150mm 的散热空间。因此，散热器在安装时，应保证固定家具与安装墙面间距不小于 300mm，如宿舍床铺、宿舍书桌与墙面；教室桌椅、办公桌椅与墙面。散热器通常采用侧向接管，散热器底部距地面不小于 100mm；当空间受限无法侧向接管时，可采用底部接管的方式，散热器底部距地面不小于 250mm。

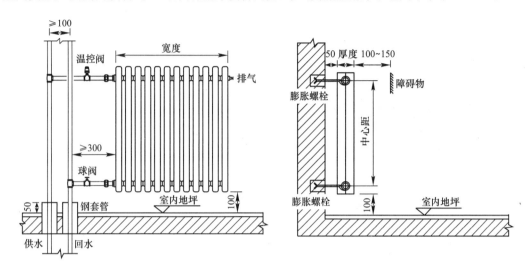

图 16-13　散热器安装要求

（3）选用中心距 600mm 高的散热器，优先布置在外墙窗台下方，散热器顶部一般比窗台高度（900mm）低 150～200mm，剩余散热器可布置在室内其他区域。

（4）散热器应靠近混凝土墙或砖墙安装，当墙体为玻璃幕墙时，若直接落地安装散热器，不仅稳定性差，而且影响室内美观，如图 16-14 所示；若将散热器布置在内区，会导致玻璃幕墙附近室温偏低，室内冷热不均匀，人员热舒适度差。建议暖通专业与方案专业、建筑专业、内装专业协商，可局部调整墙体形式，若条件不允许时，可在玻璃幕墙下方设置凹槽摆放散热器，类似空调系统中的地出风。

（5）为防止学生课间攀爬损坏散热器，建议教室中的散热器采用落地安装＋墙壁固定相结合的安装方式，如图 16-15 所示。另外，散热器通常布置在外墙窗台下，对于二层及二层以上的教室，建议校方在散热器旁设置"禁止攀爬"警示标识，防止发生安全事故，如图 16-16 所示。

图 16-14　玻璃幕墙处的散热器

图 16-15　散热器落地安装＋墙壁固定

（6）散热器支管长度超过 1.5m 时，应在支管上安装管卡，如图 16-17 所示。管卡应避免采用尖锐材质，以防碰伤室内人员。

图 16-16　警示标识　　　　　　　　　　　图 16-17　管卡

（7）当室内面积较大，散热器片数较多，需要设置多组散热器时，应优先设置多组立管或每组散热器分别与立管单独连接。当条件受限时，可采用分组串接的方式，串接的散热器不超过 2 组，如图 16-18 所示，分组串接时，应优先采用异侧连接，如图 16-19 所示。当采用同侧连接时，两组散热器之间的连接管管径应放大一级，使其相当于一组散热器，保证距立管较远的散热器的散热量。当采用异侧连接时，若散热器不设置落地支架，回水管应优先安装在散热器的下部，此时散热器与墙面的间距较小，美观性较好；若散热器设置落地支架，回水管需要安装在散热器的后部，此时散热器与墙面的间距较大，美观性较差，但学生攀爬造成的影响较小，如图 16-20 所示。

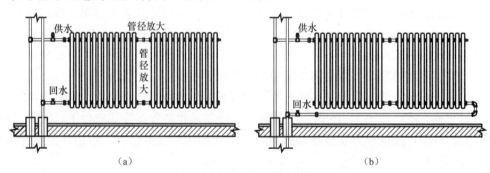

图 16-18　散热器分组串接
（a）同侧连接；（b）异侧连接

图 16-19　串接散热器异侧连接

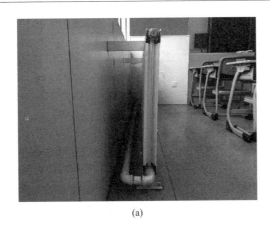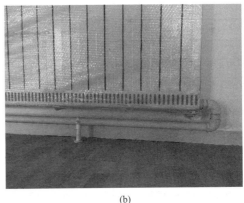

（a）　　　　　　　　　　　　　　　　　（b）

图 16-20　散热器回水管安装方式

（a）后部安装；（b）下部安装

（8）散热器及其支管、立管应避免与电气插座、化学实验室低位排风扇、空调柜机、冷媒管及预留洞碰撞。

（9）散热器的片数按"进一取整"的原则选取。

（10）散热器的外表面应刷非金属性涂料（散热量比刷金属性涂料增加 10%）。

16.6　施工

16.6.1　管道

1. 管材与连接方式

热水管材：管径≤DN32 时，采用热镀锌钢管，丝扣连接；管径>DN32 时，采用无缝钢管，焊接。

蒸汽管材：采用无缝钢管，焊接。

2. 安装坡度

供暖管道的安装坡度详见表 16-9。

当现场安装条件受限时，热水管道也可无坡度敷设，但管中的水流速不宜小于 0.25m/s，以便水流将管中的空气带走，使之不能浮升。

相比空调系统注重管道"堵塞"，供暖系统更注重管道"堵气"。由于水温较高，管道中更容易产生空气，而供暖系统末端不热的主要原因之一就是排气不畅。因此，供暖管道应尽量按有坡度敷设，且条件允许时，可适当提高供回水管的坡度到 5‰～8‰。

供暖管道安装坡度　　　　　　　　　　　　　　　表 16-9

管道类型		坡度	坡向	注意事项
热水管	汽水同向	3‰	立管	供水管抬头走，有利于排气
	汽水逆向	5‰	立管	回水管低头走，有利于泄水
蒸汽管	汽水同向	3‰		低头走，有利于凝结水排出
	汽水逆向	5‰		

续表

管道类型		坡度	坡向	注意事项
散热器支管		1%		供回水支管均低头走，有利于排气和泄水
楼前支管		3‰	干管	
凝结水管		3‰	凝结水箱	低头走
直埋管	蒸汽管	2‰	疏水点	根据现场地形
	热水管	2‰	排水点	根据现场地形

3. 管道穿墙

供暖管道穿墙、楼板时，应预埋钢套管，套管比管道大两号，套管应和墙面或楼板底部平齐，并高出地面50mm，如图16-21所示，管道与套管之间的空隙应用不燃保温材料封堵。

(a) (b)

(c) (d)

图16-21 供暖管道预埋套管

（a）、（b）穿教室楼板；（c）穿地下室外墙；（d）穿地下室顶板

供暖管道穿越建筑物基础、变形缝时，应采取预防建筑物下沉而损坏管道的措施，如设置金属波纹软管，具体做法及要求详见本书第19.3.16节。供暖管道穿越防火墙时，应预埋钢套管，并在穿墙处一侧设置固定支架，管道与套管之间的空隙应采用耐火保温材料封堵。供暖管道穿越人防围护结构时，应采取可靠的防护密闭措施，并在围护结构的内侧

（人防区）设置工作压力不小于 1.0MPa 的铜芯闸阀。供暖管道穿越地下室外墙时，应预埋柔性防水套管。各类套管的尺寸详见本书第 18.3.2 节。

16.6.2　阀门

供暖系统的水平支管、竖向支管应设置可关闭的阀门，可采用球阀或闸阀。末端散热器支管上应设置可关闭的阀门，供水支管上设置温控阀，回水支管上设置阻力较小的球阀或闸阀，温控阀具有关闭功能时，无需再设置关闭阀，如图 16-22 所示。若楼梯间设置供暖，应单独设置支管，并在支管上设置可关闭的阀门，末端散热器支管上无需设置关闭阀和温控阀，防止学生误操作关闭阀门，冻坏散热器。

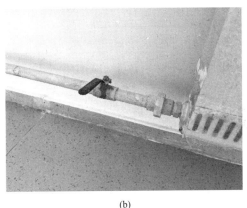

(a)　　　　　　　　　　　　　　(b)

图 16-22　散热器支管阀门

(a) 供水支管设置温控阀；(b) 回水支管设置球阀

供暖系统应在系统最高处及所有可能积聚空气的管段最高处设置自动排气阀，并在排气阀下方设置关闭阀（球阀或截止阀），以便检修或更换排气阀，如图 16-23 所示。供暖系统应在系统最低处设置泄水阀（球阀或截止阀），如图 16-24 所示。

当供暖管道与风管交叉时，供暖管道应上翻，并在上翻处设置自动排气阀，如图 16-25 所示。

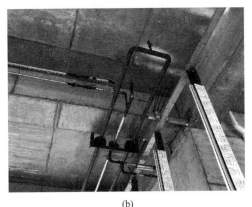

(a)　　　　　　　　　　　　　　(b)

图 16-23　最高处设置自动排气阀

(a) 立管最高处；(b) 水平干管最高处

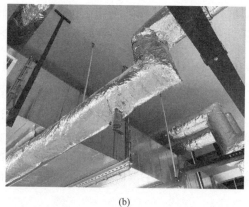

(a)　　　　　　　　　　　　　　　　(b)

图 16-24　最低处设置泄水阀

（a）立管最低处；（b）水平干管最低处

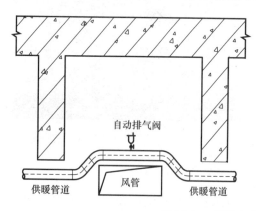

图 16-25　管道上翻处设置自动排气阀

当供暖管道暗装时，应在每个阀门处设置检修口，如图 16-26 所示。

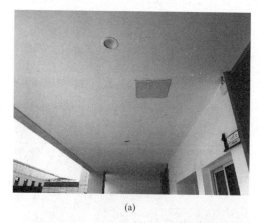

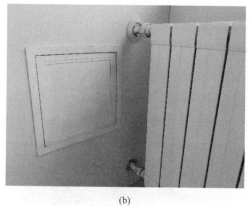

(a)　　　　　　　　　　　　　　　　(b)

图 16-26　供暖阀门检修口

（a）支管阀门；（b）末端阀门

16.6.3　保温

室内明装管道无需设置保温层，但应考虑管道散热量对散热器片数的影响。当管道设置在吊顶、管井以及非供暖区域时，应设置保温层，可不考虑管道中水的冷却降温。由于供暖管道表面温度较高，在中小学校项目中，为防止学生烫伤（当人偶然触及时，60℃被认为是能够承受的温度极限），建议室内明装管道设置保温层。

橡塑保温的推荐使用温度为 60~80℃，而离心玻璃棉保温的使用温度可达 300℃，中小学校设置供暖时，管道温度通常在 80℃左右。因此，建议供暖系统的供回水管、蒸汽管、凝结水管统一采用离心玻璃棉（外覆夹筋铝箔）保温，A 级不燃，密度为 40~48kg/m³，25℃时的导热系数≤0.034W/(m·K)，材料不含石棉、不含渣球，保温层外侧贴抗氧化防潮防火贴面，贴面水汽渗透率≤1.15ng/(N:s)。当供暖管道设置在室外时，应在保温层外再做一层 0.5mm 厚的铝板或不锈钢板保护层。保温层厚度可参考表 16-10~表 16-12，保温后的外表面温度不应大于 50℃，保护层应为可拆卸式的结构。

供回水管保温厚度　　　　　　　　　　表 16-10

管道公称直径	≤DN40	DN50~DN100	DN125~DN300
离心玻璃棉厚度（mm）	50	60	70

蒸汽管保温厚度　　　　　　　　　　　表 16-11

管道公称直径	≤DN32	DN40~DN80	DN100~DN200
离心玻璃棉厚度（mm）	50	60	70

凝结水管保温厚度　　　　　　　　　　表 16-12

管道公称直径	≤DN40	DN50~DN100	DN125~DN900
离心玻璃棉厚度（mm）	35	40	50

16.6.4　热补偿

当供暖直管道长度大于 20m 时，应考虑热媒温度变化引起的管道膨胀，并采取补偿措施。暖通设计时，应充分利用管道拐弯形成的"L"形或"Z"形进行自然补偿，当自然补偿不能满足要求时，应设置补偿器。当管径≤DN150 时，宜选用轴向型波纹管补偿器；当管径≥DN200 时，宜选用压力平衡型波纹管补偿器；当管径≥DN50 时，应进行固定支架的推力计算，验算支架的强度。补偿器的两端需要设置固定支架和导向支架，如图 16-27 所示，并根据管道伸缩量选择补偿器的补偿量，冬季应按管道所在环境温度计算，室内环境温度可取 0℃。固定支架安装完毕后，必须对补偿器进行预拉伸，其预拉伸量为管道补偿量的一半或产品标明的数值。

16.6.5　直埋敷设

在中小学校建筑中，设置集中供暖的区域主要为教学楼和宿舍楼，而教学楼和宿舍楼的正下方通常无地下室。因此，从换热站或锅炉房到热力入口的供暖管道需要采用直埋敷设。另外，当采用市政供热管网或热电厂废热蒸汽时，一次侧热力管道也需经直埋敷设至换热站。

· 199 ·

室外直埋供暖管道主要施工顺序为：管沟施工→管道安装→阀门、补偿器、固定支架安装→接头和监测系统的装配→敷设砂垫层→管道试压→回填→路面重整。其中，管沟内的热水管道安装可参考图 16-28，管沟尺寸详见表 16-13。

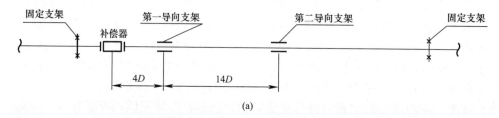

(a)

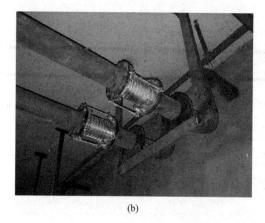

(b) (c)

图 16-27 供暖管道热补偿

(a) 安装示意图；(b)、(c) 波纹管补偿器

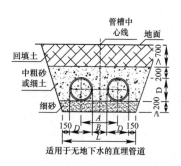
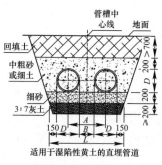
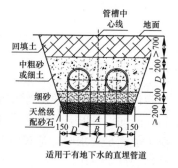

适用于无地下水的直埋管道　　适用于湿陷性黄土的直埋管道　　适用于有地下水的直埋管道

图 16-28 直埋热水管道管沟要求

直埋热水管道管沟尺寸表　　　　　　　　　　　　　　表 16-13

公称直径	钢管（mm）		外套管（mm）		保温层厚度（mm）	A（mm）	B（mm）	L（mm）
	外径	壁厚	外径	壁厚				
DN50	57	3.5	140	3.0	38.5	390	250	830
DN70	76	3.5	145	3.0	31.5	400	255	845
DN80	89	3.5	160	3.2	32.3	410	250	870
DN100	108	4.0	192	4.0	38.0	450	258	942
DN125	133	4.0	220	4.5	39.0	470	250	990

续表

公称直径	钢管（mm）		外套管（mm）		保温层厚度（mm）	A（mm）	B（mm）	L（mm）
	外径	壁厚	外径	壁厚				
DN150	159	4.5	250	5.0	40.5	500	250	1050
DN200	219	6.0	315	5.0	43.0	570	255	1185
DN250	273	6.0	365	6.0	40.0	620	255	1285
DN300	325	7.0	420	7.0	40.5	670	250	1390

注：本表摘自国家标准图集《热力工程》12YN6。

直埋热力管道的最小覆土深度应符合表 16-14、表 16-15 的规定。

直埋热水管道的最小覆土深度　　　　　　　　　　　　表 16-14

管道公称直径（mm）	最小覆土深度（m）	
	机动车道	非机动车道
≤DN125	0.8	0.7
DN150～DN300	1.0	0.7
DN350～DN500	1.2	0.9

注：本表摘自《城镇供热直埋热水管道技术规程》CJJ/T 81—2013。

直埋蒸汽管道的最小覆土深度　　　　　　　　　　　　表 16-15

外护管公称直径（mm）	最小覆土深度（m）	
	车行道	非车行道
≤DN500	1.0	0.8

注：本表摘自《城镇供热直埋蒸汽管道技术规程》CJJ/T 104—2014。

管道除了要满足最小覆土深度外（荷载要求），还应敷设在当地冻土层以下，防止管道受冻损坏。暖通设计时，应查询当地冻土层深度，尤其是严寒及寒冷地区的学校，要确保管道敷设在冻土层以下，否则应设置可靠的保温防潮措施。

直埋敷设的供回水管、蒸汽管采用无缝钢管，焊接；当管径大于 DN200 时，采用螺旋缝埋弧焊钢管，焊接。保温层采用硬质聚氨酯泡沫塑料，保护层采用玻璃钢或高密度聚乙烯。直管段每隔 10～20m 及弯头处应预留伸缩缝，缝内应填充柔性保温材料，伸缩缝的外防水层应采用搭接。暖通设计时，可注明保温层采用成品直埋管或预制保温管，如图 16-29 所示。

图 16-29　直埋预制保温管

中小学校项目的直埋管道管径较小，一般在 $DN300$ 以内，安装时宜采用无补偿敷设。图 16-30 为室外直埋管道起始两端在建筑内部的预留接口：一端接至换热站，施工后期与换热站供回水主管焊接；另一端接至热力入口，施工后期与室内供回水主管焊接。

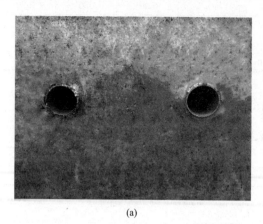

(a)   (b)

图 16-30　直埋管道两端接口

（a）接至换热站；（b）接至热力入口

16.7　控制与计量

北方地区法定供暖时间为每年 11 月 15 日至次年 3 月 15 日，共 4 个月，约 120 天。部分严寒地区会提前一个月开始供暖，并推后一个月结束供暖。

16.7.1　控制

中小学校设置集中供暖时，为保持供热和需热之间的平衡，应对系统供热量进行调节，防止供热过多或不足，影响室内人员热舒适度，合理的供暖调节还可节约运行费用。

供暖调节分为质调节和量调节，质调节改变供热介质的温度；量调节改变供热介质的流量。通常情况下，供暖系统一次网采用量调节，供暖系统二次网采用质调节。

与空调变流量系统不同，对于学校供暖系统而言，不建议在二次网采用量调节，即采用变频循环水泵，通过改变二次网流量进行供热量调节，主要原因如下：

（1）空调系统的末端可开可关，而供暖系统的末端为散热器，需要一直开启；

（2）空调系统的末端为变流量，供暖系统末端分为单管和双管，单管为定流量，双管虽然流量可变，但并非因开关导致，而是因室温达到后，温控阀调小引起的流量变化；

（3）空调系统末端有电动两通阀、动态平衡阀，可以自动调节压差和流量，有利于末端平衡和控制，而供暖系统二次网流量发生变化时，容易造成水力不平衡，个别散热器不热；

（4）供暖系统设置气候补偿器，根据室外温度调节供水温度，二次网流量可能不变。

因此，中小学校供暖系统应优先采用定频循环水泵，保持二次网流量不变，通过电动调节阀改变一次网流量来控制二次网供水温度，实现二次网的质调节。

1. 分时分区控制

中小学校建筑与其他建筑在供暖周期有着明显的区别，主要体现在：

（1）在教学期间，宿舍楼无供暖需求，教学楼、办公楼有供暖需求；

（2）在放学期间，宿舍楼有供暖需要，教学楼、办公楼无供暖需求；

（3）在寒假期间，宿舍楼、教学楼、办公楼均无供暖需求。

因此，从节能角度考虑，中小学校建筑的供暖应实行室内温度分时分区控制，可参考表 16-16。学校可结合自身作息时间将供暖时间分为教学期间、放学期间、寒假期间。在教学期间，教学楼、办公楼的室内温度应满足设计温度要求，宿舍楼的室内温度应满足值班温度要求；在放学期间，宿舍楼的室内温度应满足设计温度要求，教学楼、办公楼的室内温度应满足值班温度要求；在寒假期间，宿舍楼、教学楼、办公楼应满足值班温度要求。

中小学校供暖室内温度分时分区控制要求　　　　　　　　表 16-16

供暖区域	教学楼、办公楼		宿舍楼	
供暖时间	08：00～18：00	19：00～07：00	08：00～18：00	19：00～07：00
供暖温度（℃）	设计温度	值班温度	值班温度	设计温度
	20～22	15～18	15～18	20～22

注：1. 校有晚自习时，供暖时间可适当放宽；
　　2. 寒假期间值班温度取 5℃；
　　3. 通过时间控制器设定不同时间段的不同室温；
　　4. 考虑室内温度因供暖调节滞后的时间。

2. 气候补偿器

锅炉房和换热站应设置供热量控制装置，气候补偿器是供暖热源常用的供热量控制装置，如图 16-31 所示。气候补偿器的工作原理是根据室外温度自动计算二次侧供水温度，并依据二次侧供水温度控制一次侧热媒流量。室外温度传感器应设置在通风、遮阳、不受热源干扰的位置。气候补偿器的主要目的是对供热系统进行总体质调节，在室内温度不变的前提下，保证供暖系统的供热量始终与建筑物的需热量一致，实现按需供热，避免室内温度过高造成能源浪费。气候补偿器正常工作的前提是供热系统已经达到水力平衡要求，末端散热器均设置温控阀。

（a）

（b）

图 16-31　供热量控制装置
（a）一次侧蒸汽电动调节阀；（b）气候补偿器

3. 室温控制

供暖系统应设置室温调控装置，即散热器恒温控制阀，详见本书第 16.5.2 节。

16.7.2 计量

中小学校采用集中供暖时，必须安装热量计量装置，可作为用热量结算的依据，即使学校所在地的用热量按面积收费，供暖系统也应设置热计量，方便学校及时了解和分析用能情况，提高节能意识和节能积极性，加强节能管理，并自觉采取节能措施。

锅炉房、换热站、热力入口应进行能量计量，可作为用能量化管理的依据，能量计量应包括燃料的消耗量、用电设备的耗电量、集中供热的供热量、补水量，具体部位有：

（1）换热站

水-水换热，一次侧设置热量表；汽-水换热，一次侧和二次侧均设置热量表，如图 16-32 所示；补水管设置水表；循环水泵单独设置电表。

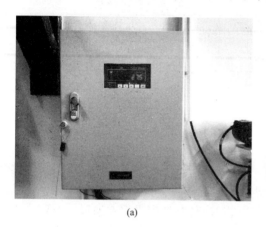 

（a）   （b）

图 16-32 换热站热计量设施
（a）一次侧蒸汽；（b）二次侧热水

（2）锅炉房

燃气供应管设置燃气表；回水管设置热量表；补水管设置水表；循环水泵单独设置电表。

（3）热力入口

回水管设置热量表。

热量表应具有监测和计量温度、流量、热量的功能，具有数据远传功能，具有符合行业标准的物理接口，采用 ModBUS 通信协议，精度等级不低于 2 级。热量表应根据公称流量选型，并校核在设计流量下的压降，公称流量可按设计流量的 80% 确定。若选用热量表的口径小于所接管道的管径时，应采用缩径措施，缩径范围不宜超过两档。回水管温度相对较低，热量表的流量传感器宜安装在回水管上，有利于延长电池寿命和改善仪表使用工况。热量表不应安装在可能产生气泡的部位，热量表安装应避免对管道产生附加压力，必要时设置支架或基座。热量表前后不得设置旁通，热量表应采用不间断电源供电。

热水计量常用超声波热量表（内部带电池），如图 16-33 所示，或电磁流量计（24V）；蒸汽计量常用涡街流量计（220V），如图 16-34 所示，或孔板流量计；天然气计量常用气体涡轮流量计；补水计量常用机械式水表；耗电计量常用智能电度表。热量表、水表、电度表均应具有远传功能。

图 16-33　超声波热量表（热水）

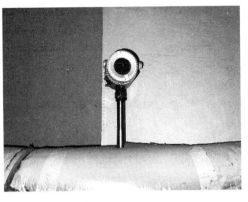

图 16-34　涡街流量计（蒸汽）

第17章

绿色建筑

为促进绿色建筑发展，规范绿色建筑活动，节约资源，提高环境质量，推动新型城镇化建设，国家及地方均制定了关于绿色建筑的各种政策、规范、文件，如评价标准、设计规范、审图要点、发展条例、行动方案、实施指南等。

以江苏省为例，新建民用建筑的规划、设计、建设，应当采用一星级以上绿色建筑标准；使用国有资金投资或者国家融资的大型公共建筑，应当采用二星级以上绿色建筑标准进行规划、设计、建设；鼓励其他建筑按照二星级以上绿色建筑标准进行规划、设计、建设。

地方政府在项目立项时，应当落实绿色建筑要求；规划部门在建设用地规划条件中明确绿色建筑等级等指标；施工图审查机构应当审核施工图设计文件是否符合绿色建筑标准，未达到项目绿色建筑等级标准的，不得出具施工图审查合格证书；建设单位在进行项目咨询、设计招标或者委托设计时，应当明确建设工程的绿色建筑等级等指标要求；设计单位的设计文件应当符合绿色建筑等级标准，并编制包含建筑节能内容的绿色建筑专篇；施工单位应当根据施工图设计文件和绿色建筑标准，编制绿色施工方案并组织实施；监理单位应当根据施工图设计文件和绿色建筑标准，结合绿色施工方案，编制绿色建筑监理方案并实施监理。建设单位组织工程竣工验收，应当对建筑是否符合绿色建筑标准进行验收，不符合绿色建筑标准的，不得通过竣工验收；在工程竣工验收前，建设单位应当进行能源利用效率测评。

本章结合《民用建筑绿色设计规范》JGJ/T 229—2010、《绿色建筑评价标准》GB/T 50378—2019、《绿色校园评价标准》GB/T 51356—2019 等规范，总结中小学校项目中与绿色建筑有关的暖通设计内容。

17.1　室外环境

在中小学校建筑中，校园内不应有排放超标的污染源，同时污染物的排放应满足相关规范要求，主要包含以下内容：

（1）地下车库排风口不应朝向邻近建筑的可开启外窗，排风口朝向人员活动区域时，排风口底部距地面不应小于 2.5m；

（2）厨房的油烟应高空排放，且油烟排放浓度及净化设备的最低去除效率不应低于现行规范和环境主管部门的要求；

（3）厨房、锅炉房、制冷机房的事故排风应高空排放；

（4）化学实验室全面通风的室外排风口应高于人员逗留地面 2.5m 以上；

（5）化学实验室局部通风的室外排风口应通往屋面，废气高空排放；

（6）锅炉房、热水机房、柴油发电机房的烟囱应通往屋面，烟气高空排放，烟囱伸出屋面的高度不得小于 0.6m，且不得低于女儿墙的高度，污染物排放浓度不应低于现行规范和环境主管部门的要求；

（7）垃圾房、污水间、隔油间的室外排风口应高出室外地面 2.0m 以上，且不应朝向人员活动场所。

17.2　室内环境

在中小学校建筑中，各类功能场所室内空气中的氨、甲醛、苯、总挥发性有机物、氡等污染物浓度应符合现行国家标准《民用建筑工程室内环境污染控制标准》GB 50325 和《中小学校设计规范》GB 50099 的规定。

为避免异味或污染物扩散到其他房间，以下场所应设置机械排风系统，并保持室内为负压，同时采取有效措施防止气流倒灌：

（1）地下车库，包括机动车库、非机动车库、自行车库；

（2）厨房、餐厅；

（3）卫生间、隔油间、清洁间、垃圾房；

（4）淋浴间、更衣间、洗衣房；

（5）打印室、复印室；

（6）化学实验室；

（7）室内泳池；

（8）锅炉房、热水机组；

（9）其他设备用房。

建筑应满足室内热环境舒适度要求，采用集中供暖空调系统的建筑，房间内的温度、湿度、新风量等设计参数应符合现行国家标准《民用建筑供暖通风与空气调节设计规范》GB 50736 的规定；采用非集中供暖空调系统的建筑，如教室、宿舍、食堂、风雨操场等，应预留空调安装条件，保障室内热环境。

17.3 噪声控制

学校教学区的声环境质量应符合现行国家标准《民用建筑隔声设计规范》GB 50118 和《中小学校设计规范》GB 50099 的规定。

17.3.1 噪声标准

在中小学校建筑中，各类教学用房、辅助用房的噪声级，应符合表 17-1 的规定。

中小学校建筑室内允许噪声级   **表 17-1**

房间名称	允许噪声级 [dB(A)]
语言教室，阅览室	≤40
普通教室、实验室、计算机房	≤45
音乐教室、琴房	≤45
舞蹈教室	≤50
教室办公室、休息室、会议室	≤45
健身房	≤50
教学楼中封闭的走廊、楼梯间	≤50
宿舍居室	昼间≤45，夜间≤37

注：1. 学校周界处 25m 范围内已有邻里建筑处的噪声级不应超过现行国家标准《民用建筑隔声设计规范》GB 50118 有关规定的限值；
    2. 各类教室的外窗与相对的教学用房或室外运动场地边缘间的距离不应小于 25m。

17.3.2 降噪措施

在中小学校项目中，与暖通设计有关的噪声主要来自两方面：设备自身产生的噪声；设计不合理产生的噪声。

因此，解决校园噪声问题应从噪声源出发，采取合理设计降低或消除噪声对周围环境的影响，保证校园安静的教学环境。暖通设计中，噪声较大的设备有：空调室外机、平时通风机、排油烟风机、大容量新风机、风冷热泵、水泵等，其噪声范围详见表 17-2。

暖通常用设备噪声范围   **表 17-2**

设备名称	噪声范围 [dB(A)]
多联机室外机	60～70
新风机组（≥3000m³/h）	50～60
屋顶空调	65～75
排油烟风机（离心风机）	70～80
排油烟风机（轴流风机）	80～90
风冷热泵	65～75
水泵	75～90

注：表中数据仅供参考，实际噪声以设备样本为准。

暖通设计时，常用的降噪措施有：

（1）空调室外机、风冷热泵、屋顶空调应优先设置在屋顶，且不应摆放在对噪声要求高的房间的正上方，如图书馆、会议室、办公室、教室等。

（2）采用风冷热泵时，由于水泵的噪声较大，可将水泵摆放在地下室水泵房内。

（3）离心风机的噪声比轴流风机低，排油烟风机应优先采用低噪声的柜式离心风机，当排油烟风量较大时，可选用两台风机并联设置，必要时可在风机四周设置隔声罩。

（4）当新风机组风量大于 2500m³/h 或噪声大于 50dB 时，不可直接安装在吊顶内，应将新风机组设置在新风机房内，同时新风机房采取隔声措施。

（5）空调、风机、水泵应设置减振装置。

（6）风管、水管与设备连接时，应采用柔性接头。

（7）平时使用的通风机前后、空调机组送回风管设置消声器。

（8）风管风速、风口风速满足设计要求。通风、空调主风管的风速不大于 6m/s，支风管的风速控制在 2~4m/s，风口风速满足表 17-3 的要求。

风口风速　　　　　　　　　　　　　　　　　　　　　　　表 17-3

风口类型	风速（m/s）
散流器、百叶风口、条形风口	2~3
回风口	≤2
旋流风口	3~4
喷口	4~6
地板送风口	1~2
排风口	2~3

17.4　节能设计

17.4.1　设备能效

在中小学校项目中，暖通常用设备能效要求如下：

1. 单位风量耗功率

通风空调系统的风量大于 10000m³/h 时，通风系统单位风量耗功率（W_s）不应大于表 17-4 中的数值，通风机能效等级应满足现行国家标准《通风机能效限定值及能效等级》GB 19761 的规定，绿建得分要求详见表 17-5。

单位风量耗功率 $W_s[W/(m^3 \cdot h)]$　　　　　　　　　　　　表 17-4

系统形式	单位风量耗功率 $W_s[W/(m^3 \cdot h)]$
机械通风系统	0.27
新风系统	0.24

单位风量耗功率得分要求　　　　　　　　　　　　　　　　表 17-5

系统形式	评分要求	$W_s[W/(m^3 \cdot h)]$	得分
机械通风系统	降低 20%	≤0.216	2 分
新风系统	降低 20%	≤0.192	2 分

2. 分体空调能效

分体空调各能效等级实测全年能源消耗率（APF）不应小于表 17-6 中的数值，绿建得分要求详见表 17-7。

分体空调能效等级指标值 表 17-6

额定制冷量 CC(W)	全年能源消耗效率（APF）				
	能效等级				
	1 级	2 级	3 级	4 级	5 级
CC≤4500	5.00	4.50	4.00	3.50	3.30
4500<CC≤7100	4.50	4.00	3.50	3.30	3.20
7100<CC≤14000	4.20	3.70	3.30	3.20	3.10

注：表中数据针对热泵型房间空气调节器。

分体空调能效得分要求 表 17-7

额定制冷量 CC（W）	评分要求	APF	得分
CC≤4500	二级能效	≥4.50	5 分
	一级能效	≥5.00	10 分
4500<CC≤7100	二级能效	≥4.00	5 分
	一级能效	≥4.50	10 分
7100<CC≤14000	二级能效	≥3.70	5 分
	一级能效	≥4.20	10 分

注：表中数据针对变频空调。

3. 多联机能效

多联机在名义制冷工况和规定条件下的制冷综合性能系数 IPLV（C）不应低于表 17-8 中的数值，绿建得分要求详见表 17-9。

多联机制冷综合性能系数 IPLV（C） 表 17-8

额定制冷量 CC（kW）	制冷综合性能系数 IPLV（C）
CC≤28	4.00
28<CC≤84	3.95
CC>84	3.80

注：表中数据针对夏热冬冷地区。

多联机能效得分要求 表 17-9

额定制冷量 CC（kW）	评分要求	制冷综合性能系数 IPLV（C）	得分
CC≤28	提升 8%	≥4.32	5 分
	提升 16%	≥4.64	10 分
28<CC≤84	提升 8%	≥4.266	5 分
	提升 16%	≥4.582	10 分
CC>84	提升 8%	≥4.102	5 分
	提升 16%	≥4.408	10 分

注：表中数据针对夏热冬冷地区。

4. 屋顶空调能效

屋顶空调在名义制冷工况和规定条件下的能效比（EER）不应低于表 17-10 中的数

值，绿建得分要求详见表 17-11。

屋顶空调能效比（*EER*）　　　　　　表 **17-10**

名义制冷量 *CC*（kW）	能效比（*EER*）
7.1＜*CC*≤14.0	2.60
CC＞14.0	2.55

注：表中数据针对夏热冬冷地区。

屋顶空调能效得分要求　　　　　　表 **17-11**

额定制冷量 *CC*（kW）	评分要求	能效比（*EER*）	得分
7.1＜*CC*≤14.0	提升 6%	≥2.756	5 分
	提升 12%	≥2.912	10 分
CC＞14.0	提升 6%	≥2.703	5 分
	提升 12%	≥2.856	10 分

注：表中数据针对夏热冬冷地区。

5. 风冷热泵能效

风冷热泵在名义制冷工况和规定条件下的性能系数（*COP*）不应低于表 17-12 中的数值，绿建得分要求详见表 17-13。

风冷热泵性能系数（*COP*）　　　　　　表 **17-12**

压缩机类型	名义制冷量 *CC*（kW）	性能系数（*COP*）
涡旋式	*CC*≤50	2.70
	CC＞50	2.90
螺杆式	*CC*≤50	2.90
	CC＞50	3.00

注：表中数据针对夏热冬冷地区。

风冷热泵能效得分要求　　　　　　表 **17-13**

压缩机类型	名义制冷量 *CC*（kW）	评分要求	性能系数（*COP*）	得分
涡旋式	*CC*≤50	提升 6%	≥2.862	5 分
		提升 12%	≥3.024	10 分
	CC＞50	提升 6%	≥3.074	5 分
		提升 12%	≥3.248	10 分
螺杆式	*CC*≤50	提升 6%	≥3.074	5 分
		提升 12%	≥3.248	10 分
	CC＞50	提升 6%	≥3.180	5 分
		提升 12%	≥3.360	10 分

注：表中数据针对夏热冬冷地区。

6. 锅炉热效率

锅炉的设计热效率不应低于表 17-14 中的数值，绿建得分要求详见表 17-15。

锅炉名义工况下的热效率　　　　　　表 **17-14**

锅炉类型及燃料种类	锅炉热效率（%）
燃气锅炉	92

锅炉热效率得分要求
表 17-15

锅炉类型及燃料种类	评分要求	锅炉热效率（%）	得分
燃气锅炉	提高 2%	≥93.84	5 分
	提高 4%	≥95.68	10 分

7. EHR-h/EC（H）R-a

集中供暖系统热水循环泵的耗电输热比、空调冷（热）水系统循环水泵的耗电输冷（热）比，比现行国家标准《民用建筑供暖通风与空气调节设计规范》GB 50736 规定值低 20%，得 3 分。水泵能效等级应满足现行国家标准《清水离心泵能效限定值及节能评价值》GB 19762 的规定。

17.4.2 节能措施

在中小学校项目中，暖通设计常用的节能措施如下：

1. 合理的空调方案

空调系统是建筑能耗的大户，是节能设计的重点对象，在全年能耗中，空调系统的能耗占 40%～50%。因此，选择合理的空调方案是空调系统节能的前提条件。在中小学校建筑中，不同功能的建筑单体较多，且布局较为分散，同时使用率也不高。因此，不建议所有单体共用集中式冷热源，而应针对每个单体分别设置独立的空调系统，不同单体常用的空调形式详见本书第 4.1 节。

2. 高效节能的设备

暖通设备中的空调、风机、水泵应在预算范围内尽可能采用高能效设备，有条件时，应优先选用变频设备。对于需要进行政府采购的设备，品牌及型号应在政府节能产品清单中。

3. 合理的气流组织

中小学校建筑中的高大空间场所，如报告厅、风雨操场、图书馆、门厅等，当室内净高大于 10m 时，可采用分层空调，将送风口布置在低位侧送风，或采用地板送风、座椅送风，将送风口直接布置在人员活动区。

空调出风口应尽量布置在房间外墙或外窗附近，空调回风应尽量布置在房间内区，远离外窗或玻璃幕墙，防止回风温度过高，增加空调能耗。

4. 热回收技术

暖通设计中，应充分利用各种热回收技术，常见的有：

（1）空调季节，室内排风与室外新风进行热回收；

（2）夏季，空调设备冷凝热回收可用于空调系统二次再热或生活热水预热；

（3）烟气余热回收，可使锅炉热效率提高到 100% 以上（但应保证烟气最低排放温度）。

除此之外，有条件时还可对空调系统的冷凝水、蒸汽供暖系统的凝结水回收利用。

5. 全新风运行

采用全空气空调系统时，如报告厅、风雨操场、游泳馆等，过渡季节可实现全新风运行，最大新风比不小于 50%，充分利用室外新鲜空气去除室内余热、余湿量。暖通设计时，新风百叶、新风井以及新风管的尺寸应考虑过渡季节全新风运行时的风速要求，避免因尺寸过小导致阻力、噪声变大。

6. 监测与控制

(1) CO 监控

采用机械通风的地下汽车库，应对 CO 浓度进行实时监测和控制，并根据 CO 浓度对风机进行联动控制，如启停控制、台数控制、转速控制，保证 CO 浓度不大于 $30mg/m^3$，每个防烟分区至少设置 2 个 CO 浓度探测器，详见本书第 15.1.1 节。中小学校的汽车库主要供教师使用，上下班时间固定，平时可采用时间定时控制风机启停，当学校举办大型活动时，外来车辆较多，可根据 CO 浓度对风机进行控制。

(2) CO_2 监控

采用全空气空调系统的人员密集场所，应对 CO_2 浓度进行实时监测和控制，保证室内 CO_2 浓度不大于规范要求，如报告厅、图书馆等，详见本书第 7.3.5 节。空调机组根据 CO_2 浓度自动控制室内新风量，同时排风量也应与新风量匹配，排风量一般为新风量的 $80\%\sim90\%$，保证室内空调环境为正压。CO_2 浓度探测器应设置在通风良好的人员活动区域，也可设置在空调总回风管内。

(3) 能耗监控

当中小学校建筑面积大于或等于 $20000m^2$，或设有集中空调或供暖系统时，应设置能耗监测系统，使建筑能耗可知、可见、可控，从而达到优化运行、降低消耗的目的。水、电、气、热的使用应实现单独、单项计量。

(4) 末端控制

设置供暖空调系统的场所，末端可分室控制，房间温、湿度可分室调节。采用集中供暖时，应在散热器的末端设置恒温控制阀，同时在换热站或锅炉房内设置供热量自动控制装置；采用集中供暖时，教学楼、宿舍楼、办公楼等应实行分时分区控制。

7. 可再生能源

新建政府投资的中小学校项目应当至少利用一种可再生能源，如太阳能热水系统、空气源热泵热水系统、与建筑一体化的分布式光伏发电系统。

8. 日常使用

根据相关文献，夏季室内温度设定值提高 $1℃$，空调系统总体能耗可下降 6% 左右。采用空调制冷、制热时，除特殊用途外，室内空调温度的设置夏季不得低于 $26℃$，冬季不得高于 $20℃$。

9. 其他

(1) 空调系统不应利用土建风道作为送风道和输送冷、热处理后的新风风道。当受条件限制利用土建风道时，应采取可靠的防漏风和绝热措施，如报告厅采用座椅送风时，座椅下方的结构夹层，以及高大空间空调采用上送下回时，低位回风的回风竖井。

(2) 不得采用直接电加热供暖，如设置加热电缆辐射供暖，不包含空调辅助电加热以及用于二次再热的电加热。

(3) 严寒及寒冷地区，通风或空调系统与室外相连接的风管和设施上应设置可自动联锁关闭且密闭性能好的电动风阀（漏风量不大于 0.5%）。

(4) 室内有大面积天窗或玻璃幕墙时，应设置遮阳措施，以降低空调冷负荷。

第18章

专业互提资

每个项目在施工过程中都会出现各式各样的问题，常见的有：安装空间不够、安装完净高不满足要求、没有预留套管、缺少设备基础、电气容量不够、机房面积偏小、管井内有梁横穿、缺少空调机位等。除了一些不可预测的因素外，大多数原因是设计前没有做好专业间的沟通、配合、协调工作。

设计人员除了要做好本专业的设计工作外，更要注重专业间的配合工作，要重视设计前的提资工作，充分考虑各种不利因素、不确定因素，尽早暴露问题并解决。同时，在施工前做好技术交底工作，并将图纸中需要注意的事项以及施工过程中容易出错的问题告知施工单位，这样在施工时才不会出现重大问题，有利于保障项目进度和工程质量。

本章主要讲述在暖通设计中，针对方案、建筑、结构、电气、给水排水、内装6个专业的提资要点和注意事项，供设计人员参考。

18.1 暖通与方案

暖通专业涉及方案整体效果的部位主要在屋顶和外立面。

18.1.1 屋顶设施

屋顶又称建筑"第五立面"，在中小学校的方案设计中越来越受到重视，有些项目的屋顶不仅用于展示建筑特色，还是教学、休闲、活动的场所。

屋顶经常会摆放各种机电设备，其中又以暖通设备为主，包括各类风机、空调室外机、油烟净化设备、屋顶空调、风冷热泵等，同时还有各类管井以及设置在屋顶的各类机房。

在方案阶段，暖通专业应将屋顶主要设备的摆放区域、尺寸、高度、间距等重要参数提资给方案专业，方案专业在效果图上体现。对于上人屋面，尤其是有屋顶绿化、屋顶花园的项目，通常需要对屋顶设备进行集中摆放和遮挡处理，暖通专业应进行可行性分析，并提供技术要求，保证集中摆放的设备满足使用功能，且互不影响。

方案专业应了解屋顶暖通主要设施以及基本要求，详见表18-1。

屋顶暖通主要设施与基本要求 表 18-1

设施名称	设施高度（m）	基本要求
多联机室外机	1.8~2.0	靠近冷媒管井、需要散热
屋顶空调	2.5~3.5	设备较大、需要考虑接管方向、需要散热
风冷热泵	2.0~2.5	需要空间布置水管、需要散热
冷却塔	3.0~5.0	设备较大、基础较高、需要散热

续表

设施名称	设施高度（m）	基本要求
通风机	0.5～1.5	进、排风口间距大于 10m
排油烟设备	1.5～2.0	出风口远离其他设备
管井	1.0～2.0	靠近使用设备
防排烟机房	2.5～3.0	进、排风口间距大于 20m

注：设施高度指设施高出屋顶完成面的高度，包含设备基础。

18.1.2　外立面百叶

暖通设计中，防排烟系统、通风系统、新风系统均需与外界空气接触，除了在建筑内部设置各类风井外，常用的方式就是在外墙设置百叶，包括排烟百叶、排风百叶、新风百叶、补风百叶、加压送风百叶等。

在方案阶段，暖通专业应与方案专业沟通，明确外立面哪些区域可开设百叶，哪些区域不可开设百叶。对于可开设百叶的区域，暖通专业应将百叶的位置、尺寸、间距等要求提资给方案专业；对于不可开设百叶的区域，暖通专业应采取在建筑内部设置风井并通往屋面的方式满足设计要求。当外立面为玻璃幕墙时，方案专业应提供玻璃幕墙的玻璃单元尺寸，暖通专业根据玻璃单元的尺寸设计百叶尺寸。

方案专业应了解外立面百叶的基本要求：

（1）新风口与排风口的水平间距不小于 10m，或排风口高于新风口不小于 3m。

（2）排烟口与加压送风口、消防补风口的水平间距不小于 20m，或排烟口高于加压送风口、消防补风口不小于 6m。

（3）事故排风口与进风口的水平间距不小于 20m，或事故排风口高于进风口不小于 6m。

（4）地下汽车库出地面的排风口高出地面不小于 2.5m，补风口高出地面不小于 2.0m，当补风口设置在绿化带中时，补风口高出地面不小于 1.0m。

（5）有防雨要求时，外立面百叶应采用防雨百叶，有效系数取 0.6；无防雨要求时，外立面百叶可采用普通百叶，有效系数取 0.8。

18.1.3　外立面机位

对于教室、宿舍、办公等采用分体空调的场所，需要在外立面设置空调机位，暖通专业应将空调机位的数量、位置、尺寸、遮挡等要求提资给方案专业。

需要注意的是，空调机位要设置排水措施，排水立管应隐藏处理，如果遗漏排水立管，后期将有滴水问题。另外，连接室内外机的管道不能直接暴露在外墙上，需要隐藏在机位内。

空调机位的外立面应采用百叶、格栅、花隔墙等通透性好的材质遮挡，开口率应大于80%，百叶水平倾斜角度不大于 15°，其他要求详见本书第 5.4.2 节、第 5.4.3 节。

18.1.4　外立面窗户

暖通设计中，涉及外立面的窗户有：房间的自然排烟窗、楼梯间的自然通风窗、机械排烟场所的固定窗、加压送风楼梯间的固定窗以及排烟场所的自然补风窗。

自然排烟窗的开启形式应有利于火灾烟气的排出，除面积小于 $200m^2$ 的房间外，不可采用外开上悬窗，应优先采用外开下悬窗，部分地区要求教室的自然排烟窗不得开向外走廊，关于排烟窗的要求详见本书第 18.2.4 节。

楼梯间采用自然通风时，应在最高部位设置面积不小于 $1.0m^2$ 的可开启外窗；当建筑高度大于 10m 时，尚应在楼梯间的外墙上每 5 层内设置总面积不小于 $2.0m^2$ 的可开启外窗，且布置间隔不大于 3 层（最多连续两层不开窗）。楼梯间设置机械加压送风时，应在顶部设置不小于 $1.0m^2$ 的固定窗。

采用机械排烟的中庭应设置固定窗，总面积不小于中庭面积的 5%；采用机械排烟的报告厅，当有表演功能时，建议设置固定窗，总面积不小于建筑面积的 2%。

设置排烟系统的场所，当建筑面积大于 $500m^2$ 时，应设置补风系统，如风雨操场，需要在低位处（储烟仓以下）设置可开启外窗。

18.2 暖通与建筑

18.2.1 层高

暖通风管在机电管线中尺寸较大，对层高的影响也较大，但层高并不仅仅由暖通一个专业决定，还与结构梁、室内装修、局部降板、其他机电管线以及施工顺序和安装水平有关。对于管线密集场所，如走道、食堂等，应遵循小管让大管、支管让主管、有压管让无压管的原则，并采取局部上翻或绕行的方式保证室内净高。必要时，可调整设计内容，如将机械排烟改为自然排烟，确实无法满足室内净高要求时，建筑专业应调整建筑层高。

暖通设计时，影响室内净高的场所详见本书第 3.3 节。

在中小学校项目中，各类场所风管所需安装空间详见表 18-2。

风管安装空间要求（梁下高度） 表 18-2

房间名称	管线种类	安装空间（m）
餐厅	排烟、新风、空调	0.5～0.6
厨房	排油烟、排烟、排风、事故通风、补风	0.7～0.8
图书馆	排烟、新风、空调	0.5～0.6
报告厅	排烟、补风、空调、排风	0.8～1.0
化学实验室	局部排风	0.5～0.6
办公	新风、空调	0.3～0.4
走道	排烟、新风	0.3～0.5
汽车库	排烟、排风	0.6～0.7

注：1. 风管安装空间应考虑防火包覆、保温层厚度；
　　2. 风管下方应考虑电动挡烟垂壁卷轴的安装空间。

18.2.2 机房

暖通设计时，需要设置的机房有：防排烟机房、通风机房、新风机房、空调机房、制冷机房、锅炉房、换热机房、水泵房等，相关机房要求详见本书第 15.2 节。

机房提资注意事项：

（1）建筑内的机房均需设置甲级防火门，且门朝外开启；

（2）机房的尺寸需要满足设备安装和检修要求；

（3）设备噪声或振动较大时，机房不应贴邻安静的房间布置；

（4）设备噪声或振动较大时，机房应设置隔声、减振措施，并采用隔声门；

（5）空调机房、新风机房的作用半径一般不大于 40m；

（6）机房内不宜有不规则的柱子、剪力墙；

（7）机房内不应出现变形缝，机房出管面不应贴邻变形缝布置。

18.2.3 管井

暖通设计时，涉及的管井有：排烟井、加压送风井、补风井、排油烟井、排风井、新风井、送风井、冷媒管井、空调水管井等。

管井提资注意事项：

（1）管井内有风管时，梁不得横穿管井，井内也不应有凸出的柱子、梁；

（2）管井通常需要通往屋顶，并高出屋面一定高度；

（3）管井应在风管安装完毕后再砌筑墙体；

（4）管井需在长边出管，长边宜朝向公共区域或使用房间，出管侧不宜设置剪力墙；

（5）管井应设置检修门，防排烟管井采用乙级防火门，其他管井采用丙级防火门；

（6）管井应考虑安装和检修空间；

（7）管井出管面应远离变形缝，否则无法设置防火、防沉降措施；

（8）管井内有竖向水管、冷媒管时，应预留插筋，待管道安装完毕后再砌筑楼板，并采取防火封堵措施；

（9）管井的短边不宜小于 600mm。

18.2.4 排烟窗

当房间采用自然排烟时，暖通专业应将排烟窗的开窗类型、有效面积、设置高度等提资给建筑专业，部分设置机械排烟的场所以及设置加压送风的楼梯间还应设置固定窗。

排烟窗提资注意事项：

（1）排烟窗应设置在储烟仓内，开窗形式、有效面积满足设计要求；

（2）排烟窗、通风窗设置在高位时（人手无法操作或高于 1.7m），应在距地 1.3～1.5m 处设置手动开启装置；

（3）高大空间场所，如风雨操场、门厅、中庭、图书馆等，应设置与火灾自动报警系统联动的自动排烟窗，并在距地 1.3～1.5m 处设置手动开启装置；

（4）用于高大空间的排烟窗还应兼顾平时通风功能。

固定窗提资注意事项：

（1）排烟固定窗下沿距室内地面高度不宜小于层高的 1/2，可与消防救援窗组合布置；

（2）内部楼梯间的固定窗可通过设置土建风道的方式通至室外；

（3）固定窗的材质应便于火灾时破拆，并应设置永久明显标识；

（4）其他关于固定窗的要求详见本书第 19.2.7 节、第 19.2.8 节。

18.2.5 其他

暖通提资注意事项：

（1）建筑内的房间应根据使用功能和室内环境要求设置可开启的外窗，用于自然通风，对于无法开窗的暗房间，应另设通风设施。

（2）暖通设备的基础应提资给建筑专业，并在建筑图上体现，由土建施工单位完成。

（3）机房内的大型设备，如锅炉、制冷机组、空调机组、新风机组、柜式离心风机等，应留有设备运输通道，待设备安装完毕后再砌筑墙体或门窗。

（4）屋顶应留有检修通道，通行宽度不小于600mm，设备较多无法满足时，建筑专业可设置人行栈桥。

18.3 暖通与结构

18.3.1 基础与荷载

设备的基础与荷载是暖通专业提资给结构专业的主要内容，设置基础的目的是防水和减振。屋顶设备通常采用混凝土基础，并需与屋面一起做好保温和防水措施；地下室、室内、地面设备也可采用槽钢基础。采用槽钢做基础时，槽钢规格不应小于10号；采用混凝土做基础时，风机、空调基础的混凝土等级不应小于C20，水泵基础的混凝土等级不应小于C30。

基础尺寸应满足市场上大多数品牌要求（至少三家），基础高度可参考表18-3。

暖通设备基础高度   表18-3

设备名称	基础高度（mm）	设备名称	基础高度（mm）
多联机	200	屋顶空调	200
风机	200	油烟净化机组	200
风冷热泵	200	板换	200
制冷主机	200	锅炉	300
水泵	200	膨胀水箱	200
分集水器、分汽缸	300	定压罐	300

注：1. 当设备需要架高时，可在混凝土基础上再增设槽钢；
    2. 屋顶设备基础应与屋面板一起浇筑；
    3. 冷却塔基础高度应保证下方管道布置，可由厂家设计。

初步设计时，设备荷载可按表18-4提资；施工图设计时，应根据设备选型，将设备实际运行重量提资给结构专业，并留有一定余量，保证后期采购不同品牌的设备时，荷载均在设计范围内。对于大型设备，如锅炉、冷水机组、冷却塔等，还应考虑设备运输线路上（从室外到设备基础）的荷载，如汽车坡道到设备用房，并提资给结构专业复核。

暖通设备单位面积荷载   表18-4

设备名称	单位面积荷载（kg/m²）	设备名称	单位面积荷载（kg/m²）
多联机	400	风冷热泵	500
风机	400	制冷机房	1500

续表

设备名称	单位面积荷载（kg/m²）	设备名称	单位面积荷载（kg/m²）
换热站	1000	冷却塔	1500
空调机房	800	锅炉房	1500
屋顶空调	400	水泵房	1500
油烟净化机组	300	新风机房	600

注：1. 表中数据不含基础重量；
　　2. 吊装设备大于 500kg 时，应采用预埋件固定，不可采用膨胀螺栓锚固。

18.3.2　预埋套管

暖通管道在穿过剪力墙、防火墙、防护墙、外墙、楼板、结构梁时，需要预埋套管，暖通专业应将套管的位置和尺寸提资给结构专业。

暖通设计中，需要预埋套管的位置有：

（1）水管穿过地下室外墙时，需要预埋柔性防水套管；

（2）水管穿过地上外墙时，需要预埋刚性防水套管；

（3）水管穿过结构梁时，需要预埋钢套管；

（4）水管或风管穿过防火墙时，需要预埋钢套管；

（5）水管或风管穿过剪力墙时，需要预埋钢套管；

（6）水管或风管穿过楼板时，需要预埋钢套管；

（7）水管或风管穿过防护墙时，需要预埋密闭穿墙短管；

（8）水管或风管穿过变形缝墙体时，需要预埋钢套管；

（9）采用地板送风或座椅送风时，需要预埋钢套管。

管道穿墙时，套管两端应与墙面齐平；管道穿楼板时，套管底部与楼板底部齐平，套管顶部高出楼板面 30～50mm。当风管穿越防火、防爆的墙体或楼板时，钢套管的厚度不小于 2.0mm，套管尺寸可按矩形风管尺寸每边加 50mm、圆管直径加 100mm 选取。当管道穿越防火分区时，套管与管道之间的缝隙应采用不燃材料进行防火封堵，管道接口不得置于套管内。另外，管道穿墙时，还应避开构造柱、暗柱、圈梁。

柔性防水套管尺寸详见表 18-5，刚性防水套管尺寸详见表 18-6，钢套管尺寸详见表 18-7。

柔性防水套管尺寸　　　　　　　　　　　　　　表 18-5

管道直径（mm）	管道外径（mm）	套管外径（mm）	套管厚度（mm）	翼环直径（mm）	翼环厚度（mm）
DN50	60	95	4	200	10
DN65	76	114	4	220	10
DN80	89	127	4	235	10
DN100	108	146	4.5	255	10
DN125	133	180	6	290	10
DN150	159	203	6	315	10
DN200	219	265	6	375	12
DN250	273	325	8	435	12
DN300	325	377	10	495	14

注：表中数据摘自国家标准图集《防水套管》02S404。

刚性防水套管尺寸   表 18-6

管道直径（mm）	管道外径（mm）	套管外径（mm）	套管厚度（mm）	翼环直径（mm）	翼环厚度（mm）
DN50	60	114	3.5	225	10
DN65	76	121	3.75	230	10
DN80	89	140	4	250	10
DN100	108	159	4.5	270	10
DN125	133	180	6	290	10
DN150	159	219	6	330	10
DN200	219	273	8	385	12
DN250	273	325	8	435	12
DN300	325	377	10	500	14

注：表中数据摘自国家标准图集《防水套管》02S404。

普通钢套管尺寸   表 18-7

管道直径（mm）	管道外径（mm）	套管外径（mm）	套管厚度（mm）	翼环直径（mm）	翼环厚度（mm）
DN25	32	89	4	170	10
DN32	38	89	4	170	10
DN40	45	108	4	210	10
DN50	57	108	4	210	10
DN65	76	133	4	235	10
DN80	89	159	4.5	260	10
DN100	108	159	4.5	260	10
DN125	133	219	6	320	10
DN150	159	219	6	350	10
DN200	219	273	6	405	14
DN250	219	325	6	460	14
DN300	325	377	7	540	14

注：表中数据摘自国家标准图集《管道穿墙、屋面套管》18R409。

18.4 暖通与电气

18.4.1 用电设备

暖通设计中，需要电气专业配电的设备有：

1. 风机

防排烟风机、事故风机应采用消防电源，双速风机应提供低速/高速两种功率。平时使用的风机，当功率大于 3kW 时，可考虑采用变频风机。

暖通设计选型时应注意，风机电机的极数是指每相线圈在定子圆周内均匀分布的磁极数，磁极都是成对出现，最少是两极，极数越多，转速越低；极数越少，转速越高。两极为高速电机，转速为 2800～3000r/min；四极为中速电机，转速为 1400～1500r/min；六极为低速电机，转速为 900～1000r/min；不小于八极为超低速电机，转速小于 760r/min。当采用单相电源时，两级最大功率为 1.1kW，四级最大功率为 0.75kW，六级最大功率为 0.55kW。

2. 空调

空调若考虑辅助电加热功能，应提供辅助电加热的电量。分体空调应明确单相供电还是三相供电、内机供电还是外机供电；多联机的室外机和室内机应分别供电，室外机电源为 380V，室内机电源为 220V。提供需要二次再热的空调机组的电加热功率。

3. 阀门和风口

常闭排烟口和常闭排烟阀应在距地 1.3～1.5m 处设置手动开启装置，阀门和风口的电源要求详见表 18-8。

阀门和风口的电源要求 表 18-8

名称	电压
电动风阀	220V、24V
电动水阀	220V、24V
消防联动阀门	24V
消防联动风口	24V

注：1. 消防联动阀门指排烟防火阀、排烟阀，防火阀通常处于监视状态；
　　2. 消防联动风口指板式排烟口、多叶排烟口、多叶送风口；
　　3. 消防联动阀门和消防联动风口附近应设置输入输出模块。

4. 电动挡烟垂壁

供电电源为 220V，控制电源为 24V，单樘功率约 100～300W，单樘长度一般不超过 4m。每樘单独设置控制箱，如图 18-1 所示；每樘距地 1.3～1.5m 处设置手动开启装置，如图 18-2 所示。

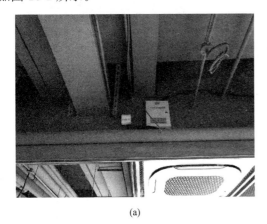
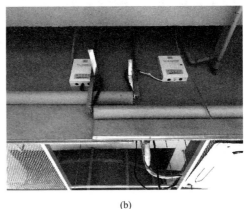

(a) (b)

图 18-1　电动挡烟垂壁控制箱
(a) 单樘；(b) 多樘

5. 电动排烟窗

电动排烟窗常见形式有：链条式、推杆式、齿条式、螺杆式。控制箱应提供 220V 不间断电源，输出电压为 24V，开窗器的工作电压为 24V。控制箱的保护等级不小于 IP30，开窗器的防护等级不小于 IP52。

发生火灾时，控制箱收到消防控制室提供的火灾信号后，自动打开防烟分区内的所有电动排烟窗，消防控制室应能显示电动排烟窗的开启、关闭、运行、故障等状态，电动排烟窗附近墙壁距地 1.3～1.5m 处应设置手动开启装置，如图 18-3 所示。

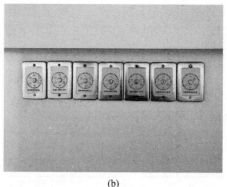

(a)   (b)

图 18-2　电动挡烟垂壁手动开启装置

（a）单樘；（b）多樘

图 18-3　电动排烟窗及其手动控制箱

控制箱必须和开窗器兼容，控制箱内提供备用电池，保证断电情况下可正常工作。当电动排烟窗兼作平时通风窗时，还应设置日常通风开关，并配置风雨传感器。

6. 空气幕

非加热型空气幕电压为 220V，单台功率为 100～200W；加热型空气幕电压有 220V/380V 两种，单台功率为 8～15kW。

空气幕主要用于防止室外冷、热空气侵入和室内污染物扩散，在中小学校项目中，通常设置在食堂、报告厅、图书馆、游泳馆等主要出入口处。夏热冬冷、夏热冬暖地区建议采用非加热型空气幕；严寒及寒冷地区可采用电热型空气幕。有热水条件时，可采用热水型空气幕；无热水条件时，可利用室内空调设备，在出入口处设置出风口兼作空气幕。

7. 监控系统

CO 监控系统、CO_2 监控系统、加压送风余压监控系统、能耗监测与计量系统以及各类控制面板等，需要电气专业配置电源和线路。

8. 普通照明

当报告厅采用座椅送风时，结构夹层内应设置普通照明，方便人员进入检修。

18.4.2　消防联动

暖通设计中，需要电气专业消防联动的设备有：

1. 加压送风机

现场手动启动；火灾自动报警系统自动启动；消防控制室手动启动；系统中任一常闭加压送风口开启时，加压送风机应能自动启动。

当防火分区内火灾确认后，应能在 15s 内联动开启该防火分区楼梯间内的全部加压送风机；开启该防火分区内着火层及其相邻上下层前室及合用前室的常闭送风口，同时开启加压送风机。

2. 排烟风机和补风机

现场手动启动，如图 18-4（a）所示；火灾自动报警系统自动启动；消防控制室手动启动，如图 18-4（b）所示；系统中任一排烟阀或排烟口开启时，排烟风机、补风机自动启动；排烟防火阀在 280℃时应自行关闭，并应联锁关闭排烟风机和补风机。用于联动排烟风机关闭的排烟防火阀应为排烟风机入口总管处的排烟防火阀，而非排烟支管处的排烟防火阀，如图 18-5 所示。

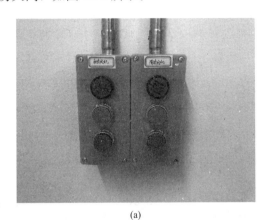

(a)　　　　　　　　　　　　　　　　(b)

图 18-4　消防风机手动启动方式
（a）现场手动启动；（b）消防控制室手动启动

(a)　　　　　　　　　　　　　　　　(b)

图 18-5　排烟防火阀
（a）排烟支管；（b）排烟总管（排烟风机入口处）

3. 电动挡烟垂壁

火灾自动报警后自动下降；感烟探测器报警后自动下降；70℃熔断后自动下降；断电

后自动下降；接受消防中心控制信号后自动下降。

控制信号线两根，反馈信号线两根，无源干触点信号。火灾自动报警后，15s 内联动相应防烟分区的全部电动挡烟垂壁，60s 以内挡烟垂壁应开启到位。

4. 自动排烟窗

采用与火灾自动报警系统联动和温度释放装置联动的控制方式，当采用与火灾自动报警系统联动时，自动排烟窗应在 60s 内或小于烟气充满储烟仓时间内开启完毕。带有温控功能的自动排烟窗，其温控释放温度应大于环境温度 30℃且小于 100℃。

5. 余压监控

楼梯间、前室、合用前室采用机械加压送风时，由于加压送风作用力的方向与疏散门开启方向相反，为防止火灾时疏散门无法打开，还应设置余压监控装置。前室、合用前室每层设置 1 个压差传感器，安装高度距当层地面不小于 2.0m。地下楼梯间以及高度不大于 24m 的楼梯间设置 1 个压差传感器，位于楼梯间卜部 1/3 处；高度大于 24m 的楼梯间设置 2 个压差传感器，且间距不大于楼梯间高度的 1/2；压差传感器安装高度距当层楼梯间平台不小于 2.0m。余压控制箱应采用消防电源，并根据余压传感器自动控制加压送风机的电动调节阀，如图 18-6 所示，保证楼梯间与走道的压差为 40～50Pa；前室、合用前室与走道的压差为 25～30Pa。

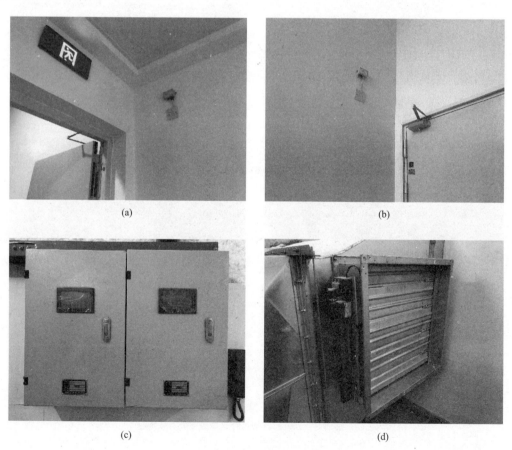

(a)   (b)

(c)   (d)

图 18-6 余压监控装置

(a) 前室压差传感器；(b) 楼梯间压差传感器；(c) 余压控制箱；(d) 电动调节阀

18.5 暖通与给水排水

18.5.1 排水

暖通设计中,需要设置排水措施的位置有:

1. 空调机位

空调机位应设置地漏排水,可用于室内机冷凝水排放以及室外机化霜水排放。

2. 设备机房

空调机房、新风机房、制冷机房、锅炉房、换热机房、热力入口应设置排水措施,地上设备机房或地下非底层设备机房可采用地漏排水;地下最底层设备机房可采用排水沟+集水井排水。

3. 管井

空调水管井、冷凝水管井、供暖水管井应设置地漏排水。地下室为非人防区域时,排水立管可通至地下室,间接排入附近集水井;地下室为人防区域时,排水立管可通至首层,间接排入室外雨水井。

18.5.2 补水

暖通设计中,需要设置补水措施的位置有:

1. 设备机房

空调机房、新风机房、制冷机房、锅炉房、换热机房、热力入口应设置补水措施。

2. 空调设备

风冷热泵、高位膨胀水箱、软水装置、加湿器、锅炉、冷却塔应设置补水措施。

3. 通风设备

带清洗功能的油烟净化机组应设置补水措施。

补水主要用于设备清洗、初始充水、管道补水、空调加湿等。设置补水措施时,应注意补水点的水压应满足设备进水压力要求,如软水装置的补水压力需要大于 0.25MPa。

18.5.3 喷淋

如图 18-7 所示,与暖通专业有关,需要设置喷淋的位置有:

(1) 排烟系统与通风、空调系统共用机房时,机房应设置喷淋;

(2) 设置集中空调系统且总建筑面积大于 3000m² 的建筑,如教室设置中央空调或新风系统时,教室内应设置喷淋;

(3) 通风管道宽度大于 1.2m 时,下方应增设喷头。

18.5.4 气体灭火

设置气体灭火的场所,如变电所、数据机房、档案室、网络控制室等,如图 18-8 所示,暖通专业应设置气体灭火后的通风设施,排风量应根据灭火剂的种类和通风稀释时间经计算确定,且换气次数不小于 $5h^{-1}$。由于七氟丙烷、IG541 混合气体、热气溶胶、CO_2

等灭火剂的密度比空气大，且对人体有害，排风口应设置在低位并应直通室外。为保证排风效果，采用气体灭火的场所还应设置补风系统，并与排风系统联锁，补风量不小于排风量的80%。

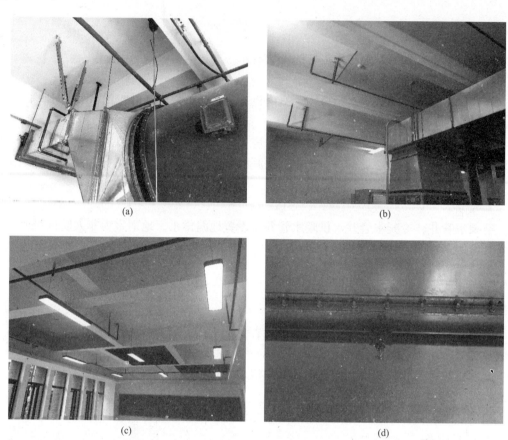

图 18-7　设置喷淋的场所

（a）、（b）排烟、通风合用机房；（c）设置新风的教室；（d）宽度大于 1.2m 的风管下方

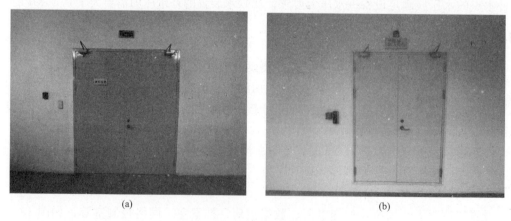

图 18-8　气体灭火场所（一）

（a）变电所；（b）数据机房

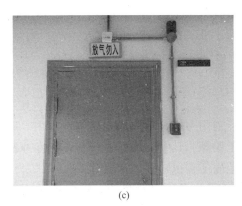

(c)　　　　　　　　　　　　　　　(d)

图 18-8　气体灭火场所（二）

（c）档案室；（d）网络控制室

　　防护区内的气体灭火剂需要达到一定浓度才能快速灭火，因此门窗在喷放灭火剂时应处于关闭状态，防护区内除泄压口外的开口应能自行关闭。风管穿越防护区的隔墙和楼板处，应设置远控电动密闭阀门，同时应在防护区外侧方便操作处设置就地手动启闭装置。需要注意的是，设置气体灭火的场所无需再设置排烟设施。

　　当采用七氟丙烷灭火系统或 IG541 混合气体灭火系统时，还需在防护区墙体上设置泄压口，泄压口应开向室外或公共走道，泄压口下沿应位于房间净高 2/3 以上的位置，泄压口的面积应经计算确定。气溶胶预制灭火系统喷放灭火剂后，防护区内的压力变化很小，不会导致其围护结构发生破坏，故无需设置泄压口，图 18-9 为气体灭火系统主要部件。

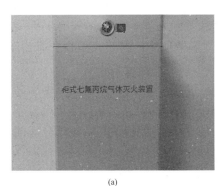

(a)　　　　　　　　　　　　　　　(b)

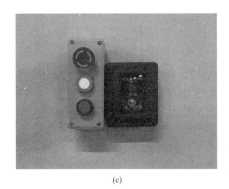

(c)　　　　　　　　　　　　　　　(d)

图 18-9　气体灭火系统主要部件

（a）灭火剂；（b）控制器；（c）启停按钮；（d）泄压口

18.6 暖通与内装

18.6.1 装修范围

在中小学校项目中，除了地下室以及一些设备用房外，单体均在装修范围内。装修类别包含墙面工程、顶面工程、地面工程、门窗工程等。其中，顶面工程与暖通专业密切相关，对于地板下方有风管、风口的场所，部分地面工程也与暖通专业有关。

项目设计前，内装专业应结合项目预算明确哪些场所设置吊顶，哪些场所不设置吊顶。应尽量避免项目前期设置吊顶，项目后期取消吊顶，或项目前期不设置吊顶，项目后期增加吊顶的情况出现，否则会导致原设计出现问题，甚至引起重大变更。

同样，暖通专业也应将某些不设置吊顶但有管线明露的场所，或严重影响内装效果的末端设备提资给内装专业，如各类手动开启装置，由内装专业采取措施进行美观处理。

18.6.2 室内净高

内装专业应将所有设置吊顶的室内净高要求提资给暖通专业，暖通专业根据设计要求以及管线布置进行复核，无法满足室内净高要求时，应及时提出并讨论解决方案，涉及多个专业时，还需进行管线综合设计或 BIM 碰撞设计。

18.6.3 吊顶形式

室内吊顶形式关系到排烟系统的净高计算和管线布置，吊顶形式有：平吊顶、斜吊顶、人字形吊顶、锯齿形吊顶、凹凸形吊顶、弧形吊顶等；封闭式吊顶、非封闭式吊顶；全部吊顶、局部吊顶。内装专业应将室内各区域吊顶形式提资给暖通专业。

对于封闭式吊顶，排烟净高应从吊顶处算起；对于非封闭式吊顶，排烟净高应从上层楼板下边缘算起。当吊顶开口不均匀或开口率不大于25%时，吊顶内空间高度不得计入储烟仓厚度。当采用非封闭式吊顶时，如格栅吊顶、穿孔铝板吊顶等，防烟分区的划分应包含吊顶内的空间，即挡烟垂壁应设置在吊顶内的梁下或顶板下。

18.6.4 室内风口

暖通专业的风口种类和数量较多，风口也是暖通专业与内装专业互提资最多的内容。中小学校项目通常采用一次性消防验收（土建＋内装），暖通设计时，各类风口的形式、位置、大小应提前与内装专业配合，并一次设计到位，室内风口主要分为消防风口和空调风口（包括空调室内机）。

1. 空调风口

空调系统常用的风口有：双层百叶风口、单层百叶风口、条形风口、格栅风口、方形散流器、圆形散流器、喷口、旋流风口、地板风口、座椅风口等，如图 18-10 所示；常用的空调室内机有：四面出风嵌入机、两面出风嵌入机。

每种空调风口的适用场所各不相同，如喷口常用于中庭、舞台、游泳馆等设置分层空调的场所；旋流风口常用于报告厅、图书馆等高大空间场所；条形风口、方形散流器常用于办公室、会议室等注重美观的场所；地板送风口常用于顶面为清水混凝土的场所，或低位无法侧送风的高大空间场所；圆形散流器常用于吊顶有圆形灯具或圆形造型的场所；单层百叶风口常用于空调回风口。四面出风嵌入机常用于餐厅、教室等内装简单的场所；两面出风嵌入机常用于走道、电梯厅等单面狭窄的场所。因此，内装设计时应结合房间功能和装修造型确定采用何种形式的风口，并尽早提资给暖通专业，由暖通专业复核风口形式和空调效果。

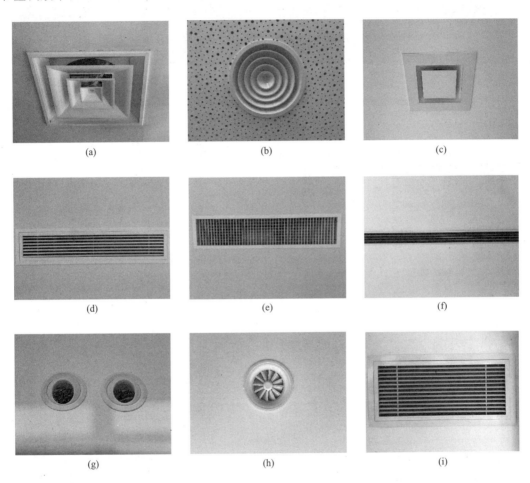

图 18-10　空调风口

(a) 方形散流器；(b) 圆形散流器；(c) 方盘散流器；(d) 单层百叶；
(e) 双层百叶；(f) 条形风口；(g) 喷口；(h) 旋流风口；(i) 回风百叶

当舞蹈教室（高大空间）采用低位回风口时，应避免风口与后期安装的镜面冲突，影响使用效果，如图 18-11 所示。

2. 消防风口

防排烟系统涉及的风口有：排烟风口、加压送风口、消防补风口。其中，排烟风口形式有：单层百叶排烟口、多叶排烟口、板式排烟口，如图 18-12 所示；加压送风口形式有：自垂百叶送风口、多叶送风口，如图 18-13 所示；消防补风口通常采用单层百叶风口，且设置在低位。

（a）   （b）

图 18-11　舞蹈教室内的镜面与回风口

（a）碰撞；（b）未碰撞

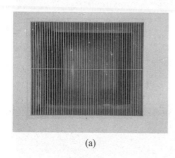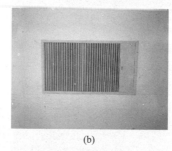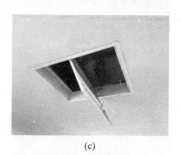

（a）   （b）   （c）

图 18-12　排烟风口

（a）百叶排烟口；（b）多叶排烟口；（c）板式排烟口

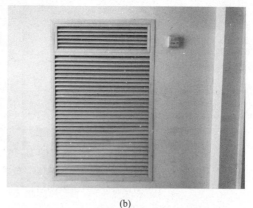

（a）   （b）

图 18-13　加压送风口

（a）自垂百叶风口（楼梯间）；（b）多叶送风口（前室）

　　消防风口的形式、位置、尺寸、数量是经过排烟计算确定的，内装专业不可随意调整风口形式、位置、尺寸、数量，以免违反设计规范，确需调整时，应与暖通专业协商。报告厅内的排烟口，尺寸较大，对内装影响也较大，建议有条件时可采用条形风口，且应保证风口中心点到最近墙体的距离不小于 2 倍的排烟口当量直径，否则排烟口数量需要翻倍。

3. 风口布置

暖通设计时，所有风口应尽量按照对称、对齐、等间距原则布置，且风口不可影响吊顶造型。当吊顶为模块组合时，风口尺寸可按吊顶模块尺寸设计，如模块尺寸为 600mm×600mm，风口尺寸可设计成 600mm×600mm、1200mm×600mm、1200mm×1200mm 等，尺寸无法对应时，风口应居中对称安装，提高室内美观性，如图 18-14 所示。当风口为弧形时，风口厂家应通过现场放线定制专用弧形风口，不得采用多个条形风口拼接而成；当地板送风口布置在玻璃幕墙附近时，风口长度、位置应与玻璃幕墙的分隔对应、对齐或对称。

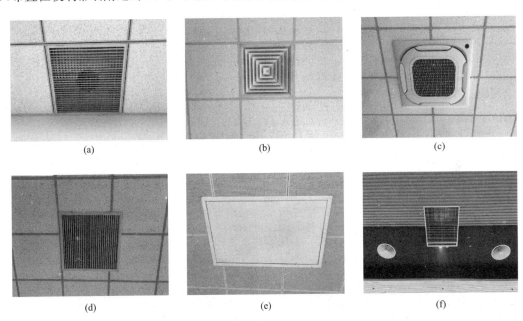

图 18-14　室内风口

(a)、(b)、(c) 与吊顶造型匹配；(d)、(e)、(f) 与吊顶造型不匹配

18.6.5　挡烟垂壁

在中小学校项目中，有吊顶的场所应优先采用固定挡烟垂壁，材质为防火玻璃，无特殊情况时，不宜采用无机纤维防火布材质（美观性较差），关于挡烟垂壁的材质详见本书第 19.5.6 节。防火玻璃安装时，建议将螺母、固定件、金属封边等安装构件隐藏设置在吊顶内，以增强室内美观性，如图 18-15 所示。

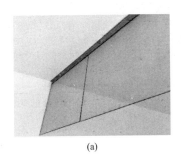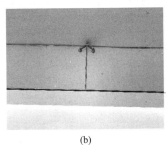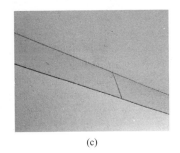

图 18-15　挡烟垂壁安装构件

(a)、(b) 明装设置；(c) 隐藏设置

当防火玻璃底部标高较低（小于2.0m），影响室内美观或使用功能时，应采用电动挡烟垂壁，材质为无机纤维防火布。当防火玻璃高度大于1.0m，且长度较长时，为避免因玻璃质量较大而带来的安全隐患，建议改用电动挡烟垂壁。

挡烟垂壁的位置和高度是根据室内净高、面积、长度、排烟量确定的，内装专业不可随意调整挡烟垂壁的位置和高度，以免违反设计规范。确需调整时，应与暖通专业协商。

18.6.6 检修口

暖通设计中，需要设置检修口的部位有：空调室内机、风阀、水阀、防火阀、电动挡烟垂壁等。检修口的尺寸一般为450mm×450mm。暖通专业应将所有需要设置检修口的位置提资给内装专业，由内装专业统一布置，如图18-16所示。

当内装有要求时，也可利用空调回风口兼做检修口，回风口长度增加300~400mm，回风口宽度不小于300mm。

当需要检修的设备位于高大空间场所时，如风雨操场、报告厅，舞台等，建筑专业可设置检修马道，或内装专业设置上人吊顶，主龙骨荷载不小于800kg/m²，次龙骨荷载不小于300kg/m²。

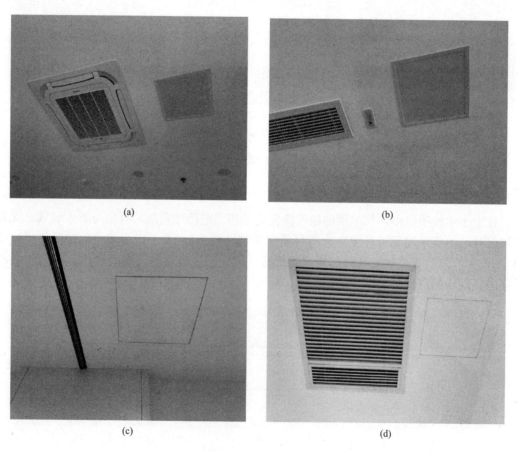

(a)　　　　　　　　　　(b)

(c)　　　　　　　　　　(d)

图18-16　检修口（一）

（a）嵌入机；（b）风管机；（c）电动挡烟垂壁；（d）多叶排烟口

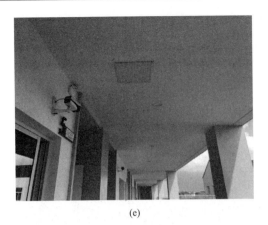
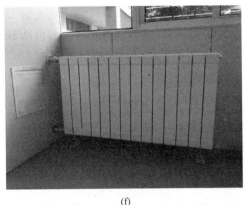

(e)　　　　　　　　　　　　　　　　(f)

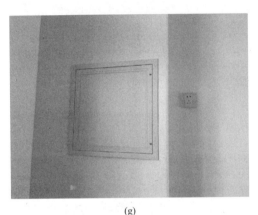

(g)　　　　　　　　　　　　　　　　(h)

图 18-16　检修口（二）

（e）供暖支管阀门；（f）散热器阀门；（g）、（h）供暖立管自动排气阀

18.6.7　手动开启装置

暖通设计中，需要设置手动开启装置的部位有：常闭排烟口、常闭排烟阀、电动挡烟垂壁、电动排烟窗、高位通风窗、高位排烟窗等。

手动开启装置通常设置在墙壁或柱子上，距地 1.3～1.5m。从内装效果来看，手动开启装置的美观性较差，应进行美观处理，如图 18-17～图 18-19 所示。暖通专业应将手动开启装置的位置提资给内装专业，并注意以下问题：

（1）手动开启装置的机械缆绳、控制线路应暗敷；

（2）高大空间场所的排烟口或排烟阀应靠近墙壁或柱子布置，以免因机械缆绳过长、阻力较大而无法操作；

（3）排烟口、排烟阀应避免设置在悬挑区域或清水墙、清水柱、玻璃隔断、玻璃幕墙附近，以免手动开启装置无法安装或无法暗装；

（4）手动开启装置属于消防设施，应设置永久性标识，并保证火灾时明显可见、便于操作，不可过度遮挡、过度隐藏，以免火灾时无法使用。

18.6.8　供暖管道及末端

当中小学校项目设置集中供暖时，供暖立管通常布置在墙角或柱子边缘，水平干管通常布置在顶层或首层的梁底，室内供暖管道可明装，也可暗装。当管道明装时，应计算管道散热量对散热器片数的折减；当管道暗装时，应设置保温层。因此，内装专业应将室内装修要求提资给暖通专业，当室内设置吊顶时，吊顶内的供暖管道应设置保温层；当供暖立管需要隐藏包覆时，立管应设置保温层。另外，供暖系统所有暗装的阀门均应设置检修口。

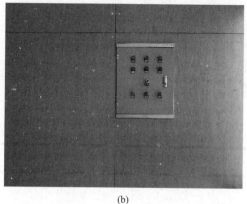

(a)　　　　　　　　　　　　　　　　(b)

图 18-17　电动排烟窗手动开启装置

（a）管线明露；（b）管线暗敷

(a)　　　　　　　　　　　　　　　　(b)

图 18-18　电动挡烟垂壁手动开启装置

（a）管线明露；（b）管线暗敷

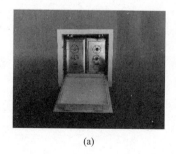

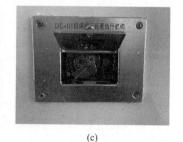

(a)　　　　　　　　(b)　　　　　　　　(c)

图 18-19　常闭排烟口（阀）手动开启装置

（a）设置检修口；（b）、（c）设置操作面板

　　末端散热器应优先布置在靠外墙的窗台下，剩余散热器可布置在内墙处。散热器的位置由内装专业提资，且应避免布置在玻璃幕墙、玻璃隔断、轻质隔墙处，否则散热器无法固定安装。当散热器暗装或设置防护罩时，内装专业应与暖通专业协商，确保散热器的散热效果。散热器及其支管、立管还应避免与空调柜机、电气插座、低位排风扇、室内家具发生碰撞。

第19章

常见问题

本章以实际项目为素材，对中小学校建设全过程中经常出现的问题进行归纳总结，从建设单位、设计审图、施工过程、项目验收、方案效果、校方使用这 6 个角度对常见问题进行阐述，并给出个人意见和建议，希望能够给相关人员提供参考和帮助。

中小学校项目的建设单位通常为学校所在地的社会事业管理局、教育局、开发区管委会或街道办事处，负责对项目进行投资，并实际享有项目建设形成的产权。为书写方便，本章中所指建设单位还包括受建设单位委托，负责项目代建管理，对项目进行组织、协调、统筹的代建公司。

19.1 建设单位

19.1.1 关于项目预算的问题

政府投资的中小学校项目，由财政部门制定建设概算标准，实行限额设计、限额编标，其概算标准主要包括各专业单相概算指标、建安工程费概算指标、总投资概算指标，详见本书附录。以苏州工业园区为例，某九年制学校项目，规划总建筑面积约 10 万 m²，由园区财政投资，采用造价限额设计，土建工程限价设计标准（含土建、门窗、空调、机电等）为 3000 元/m²，装修限价设计标准为 800 元/m²，景观绿化限价设计标准为 400 元/m²。

有些项目在编标时发现预算超标，再采取各种措施降低工程造价，原本设计吊顶的区域取消吊顶；原本设计空调的区域取消空调；原本设计新风的区域取消新风；原本设计空调的区域改为电风扇；原本设计中央空调的区域改为分体空调；原本需要采购并安装到位的空调改为后期由校方单独采购安装。

项目中途因预算问题取消或调整设计内容，不仅对设计是一种浪费，也会导致各类问题的出现，进而影响消防验收、竣工验收。因此，在项目前期，建设单位一定要充分做好预算工作，设计人员也应主动了解项目预算，并根据预算决定设计思路。暖通专业应根据项目档次及预算标准确定设计范围和设计内容，尤其是各类单体的空调区域、空调形式、新风系统。对于预算较低的项目，应尽量简化设计，并优先考虑自然排烟、自然通风、分体空调、电风扇等造价低的方案。

暖通专业预算参考值（建筑面积）：地上通风防排烟工程造价约为 100 元/m²；地下通风防排烟工程造价约为 200 元/m²；空调工程造价为 250～300 元/m²；供暖工程造价为 100～150 元/m²。

19.1.2 关于缺项漏项的问题

项目在编标过程中，经常发生缺项、漏项的问题，导致预算不准、屡次变更，不仅增加项目造价，而且影响项目进度，甚至因设备未到场，施工无法进行。建设单位应组织设计单位与编标单位进行设计编标交底，设计单位应将设计范围、材料要求以及编标中容易遗漏的内容反馈给编标单位。

暖通设计中，常见的缺项漏项内容有：

（1）抗震支吊架；

（2）防排烟风管的防火包覆；

（3）空调室外机的导流风管；

（4）CO、CO_2 监控系统；

（5）加压送风余压监控系统；

（6）油烟排放在线监测系统；

（7）风机盘管温控器、三速开关，空调箱温控器、电控柜；

（8）多联机集中控制面板；

（9）供暖集中控制系统。

19.1.3　关于专业厂家配合的问题

在中小学校项目的设计过程中，各专业都会有相关专业厂家参与配合，为保证项目的时间进度和工程质量，建设单位应提前确定符合要求的专业厂家，使其尽早参与到项目中。

在设计前期，专业厂家应根据项目要求以及自身产品特点尽快提供设计图纸和技术要求，以供设计单位参考和使用，减少项目后期的调整和变更。

暖通设计中，需要参与配合的专业厂家有：

（1）厨房厂家；

（2）泳池厂家；

（3）实验室厂家；

（4）座椅厂家（座椅送风）；

（5）舞台厂家；

（6）抗震支吊架厂家；

（7）智能化厂家。

19.1.4　关于内装单位配合的问题

若设计单位与内装单位非同一家单位时，建设单位应提前确定好内装单位，使其尽早参与到项目中，与设计单位进行配合，包括内装区域、内装风格、吊顶形式、风口要求等。有些项目，内装单位到项目后期才介入，导致提出的内装要求无法实现或需要通过重大变更调整才能实现，不仅影响工程进度，而且造成不必要的浪费。

19.1.5　关于取消吊顶的问题

在实际项目中，建设单位经常因预算超标而取消吊顶，有些项目在概算阶段取消吊顶，有些项目在土建施工阶段取消吊顶，有些项目甚至在机电管线安装后取消吊顶。在中小学校项目中，容易被取消吊顶的区域有：教室、餐厅、外走廊。

设计完成后取消吊顶不仅影响室内美观，而且会导致原设计出现问题，尤其是排烟系统，主要问题如下：

（1）室内净高变大，防烟分区需要重新划分；

（2）清晰高度变大，储烟仓内有效开窗面积变小，需要增加排烟窗面积；

（3）室内净高变大，若超过 6m，机械排烟量增加，排烟系统需要重新设计；

（4）排烟口最大允许排烟量发生变化，排烟口需要重新设计；

（5）机电管线安装后，导致原吊顶下的挡烟垂壁无法安装；

（6）排烟风管的耐火极限由 0.5h 提升为 1.0h，风管需要重新包覆。

某学校餐厅原设计为机械排烟，采用电动挡烟垂壁，吊顶下储烟仓厚度为 1.5m。机电管线安装完毕后因预算问题取消吊顶，现场电动挡烟垂壁无法安装，改为固定挡烟垂壁，材质为无机纤维防火布。为保证室内净高，固定挡烟垂壁高度降低，导致排烟口 d_B 值❶变小，排烟口无法满足最大允许排烟量要求，后将排烟口移至排烟风管上方，如图 19-1 所示。

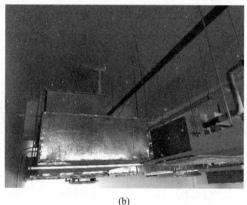

（a）　　　　　　　　（b）

图 19-1　餐厅取消吊顶

（a）挡烟垂壁材质调整；（b）排烟口位置调整

19.1.6　关于机电管线碰撞的问题

在实际项目中，经常出现机电管线因碰撞无法安装的问题，主要原因是机电管线安装涉及多家施工单位，常常是先进场的单位先施工，后进场的单位很难施工，甚至需要拆除已安装管线方能施工，给工程造成不必要的浪费。

对于此类问题，建议建设单位优先采用机电总包模式或 EPC 模式，由一家单位统一施工，或由建设单位指定牵头单位或项目经理进行现场安装协调，必要时可进行 BIM 碰撞设计，并优先采用综合支吊架，保证管线安装后的室内净高。

19.1.7　关于新风系统分包的问题

新风系统属于空调系统的一部分，在空调系统中所占的比例不大，且安装工艺相对简

---

❶ d_B 指：排烟系统吸入口最低点之下烟气层厚度。

单，但现场施工时与水电管线、空调管线交叉作业较多。

新风系统可由机电分包单位负责安装，也可由空调分包单位负责安装，亦可由新风设备供应单位负责安装。如由机电分包单位或空调分包单位负责安装，有利于现场管理和协调，减少施工单位及现场交叉作业，但设备和安装需要分别验收；如由新风设备供应单位负责安装，有利于设备安装后的整体验收移交，但不利于现场管理和协调，现场交叉施工较多。

鉴于以上情况，建议在空调设备招标、新风设备招标时，分别对新风系统的安装费进行报价，并与机电分包单位的报价进行对比分析，最终选择适合项目的新风安装单位。

19.1.8　关于座椅送风预留洞的问题

报告厅采用座椅送风时，需要在楼板上预留送风洞口，如图 19-2 所示。建设单位应提前确定座椅厂家，座椅厂家根据建筑平面图、观众厅人数以及座椅参数提供精确的座椅定位图，暖通专业根据座椅定位图布置座椅送风口，将预留洞位置和尺寸提资给结构专业。若建设单位无法提前确定座椅厂家，也可采用后期水钻打孔的方式，但结构专业需要加强楼板配筋。

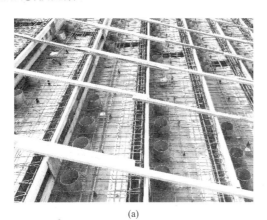

(a)　　　　　　　　　　　　　　　　　(b)

图 19-2　座椅送风预留洞
(a) 支模中；(b) 拆模后

19.2　设计审图

19.2.1　关于地下楼梯间首层直通室外的问题

当地下封闭楼梯间不与地上楼梯间共用且地下仅为一层时，可不设置机械加压送风系统，但首层应设置直通室外的疏散门。在实际项目中，经常遇到首层疏散门外有顶板的情况，如图 19-3 所示，且顶板的范围有大有小。目前，关于此类楼梯间是否算直通室外并没有定量的规定。暖通设计时，可参考以下原则进行判断：

（1）建筑定性首层有顶板的区域为室内还是室外；

（2）有顶板的区域是否会导致烟气聚集；

（3）有顶板的区域是否影响人员疏散。

图 19-3　地下楼梯间的首层疏散门

19.2.2　关于防火阀遗漏的问题

防火阀（包括排烟防火阀）是暖通设计中经常使用的产品，由于规范中需要设置防火阀的位置较多，设计人员稍有疏忽就容易遗漏，且防火阀的设置属于规范中强制性条文，暖通设计时应格外重视，图纸中容易遗漏防火阀的位置有：

（1）风管穿越厨房的防火隔墙；

（2）风管穿越各类库房的隔墙；

（3）风管穿越档案室的隔墙；

（4）风管穿越楼板；

（5）风管穿越设置防火门的房间隔墙；

（6）风管穿越变形缝墙体两侧；

（7）风管穿越各类机房、风井；

（8）排烟风机总入口；

（9）负担多个防烟分区的排烟支管，尤其是水平风管下方的排烟支管。

另外，暖通专业在设计防火阀时，尽量不要使用带调节功能的防火阀，应将防火阀和调节阀分开设置，以保证火灾时防火阀的可靠性。厨房排油烟风管和蒸饭间排蒸汽风管上应采用 150℃防火阀。

19.2.3　关于规范适用范围的问题

初中起点的中专、中技类学校属于中等教育的学校，该类学校的学生属于中小学校的青少年范畴，应执行现行国家标准《中小学校设计规范》GB 50099。

19.2.4　关于利用外廊排烟的问题

如图 19-4 所示，当房间外侧有外廊时（有顶、侧面为花隔墙或门洞），如果建筑专业将其定性为室外空间，且外廊不用于疏散，类似雨棚、阳台功能，则房间的自然排烟窗可开向外廊；如果外廊用于疏散，烟气有可能影响人员疏散，则房间的自然排烟窗不可开向外廊。

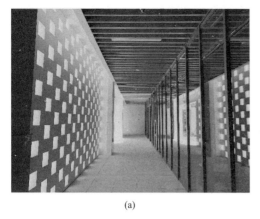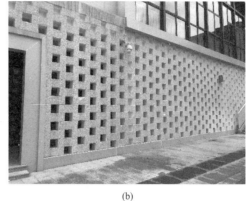

（a）　　　　　　　　　　　　　　　　（b）

图 19-4　外廊

（a）内侧；（b）外侧

19.2.5　关于储烟仓完整性的问题

在实际项目中，审图人员经常提出储烟仓要保持完整性，主要集中在三个方面：

（1）汽车库采用坡道自然补风时，在地下室坡道入口处应设置挡烟垂壁，如图 19-5 所示。一方面，保证储烟仓完整性；另一方面，可使坡道补风口位于储烟仓以下。坡道入口处的挡烟垂壁底标高应与该防火分区内的其他挡烟垂壁底标高一致。

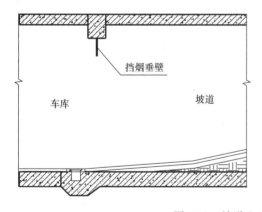

图 19-5　坡道入口处设置挡烟垂壁

（2）当防烟分区交界处有门（不含防火门，包含人防门）、窗（不含防火窗）、洞口时，应设置挡烟垂壁，保证储烟仓完整性，防止烟气扩散到相邻防烟分区。当门洞上方设置挡烟垂壁时，为不影响平时使用，应优先采用电动挡烟垂壁，平时收缩在吊顶内，火灾时自动落下。挡烟垂壁应安装在疏散门开启方向的后方，且安装在疏散指示标志的背面，如图 19-6 所示。

（3）设置机械排烟时，储烟仓内不应有可开启外窗或应采用防火窗，防止火灾时外窗破裂，导致同一防烟分区存在两种排烟方式，排烟紊乱，影响机械排烟效果。可在储烟仓范围内的外窗内侧设置挡烟垂壁，如图 19-7 所示。暖通设计时，应注意挡烟垂壁材质的选择，透明的防火玻璃有利于采光，不透明的无机纤维防火布有利于遮阳。

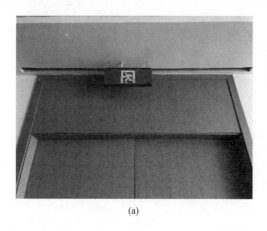
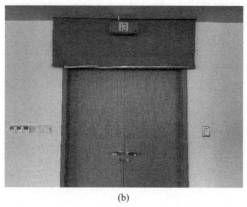

(a)　　　　　　　　　　　　　　　　(b)

图 19-6　疏散门上方设置挡烟垂壁
(a) 收起；(b) 落下

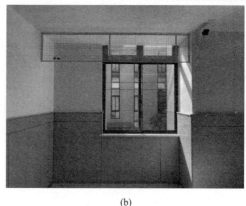

(a)　　　　　　　　　　　　　　　　(b)

图 19-7　外窗内侧设置挡烟垂壁
(a) 房间（无机纤维防火布）；(b) 走道（防火玻璃）

19.2.6　关于中庭和高大空间的问题

由于规范对中庭未给出明确定义，且在实际项目中建筑空间复杂多变，导致暖通设计时无法确定挑空的场所是中庭还是高大空间。

中庭和高大空间的排烟量不同，高大空间根据室内净高计算排烟量；中庭按周围场所防烟分区中最大排烟量的 2 倍计算排烟量，且不应小于 $107000\text{m}^3/\text{h}$，主要是考虑周围场所的机械排烟存在机械或电气故障等失效的可能，烟气将会大量涌入中庭。

结合《建筑设计防火规范》GB 50016—2014（2018 年版）、《建筑防烟排烟系统技术标准》GB 51251—2017、《民用建筑设计术语标准》GB/T 50504—2009，中庭和高大空间的区别是：

（1）中庭不应布置可燃物，而高大空间可以布置可燃物；

（2）中庭至少贯通两个楼层，而高大空间内部为单层或有局部夹层；

（3）中庭与周围场所连通，属于共享空间，而高大空间一般是独立的房间，与周围场所有固定防火分隔，在空间上不连通。

关于中庭和高大空间的定义，详见本书第 1.2 节；关于中庭和高大空间的对比可参考图 19-8、图 19-9。

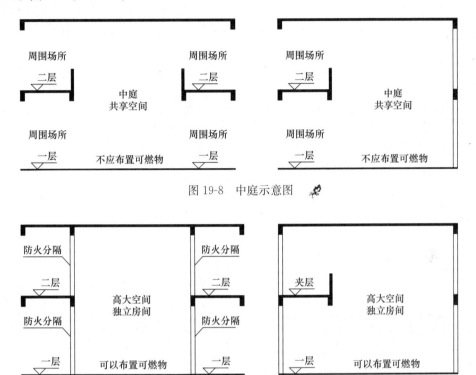

图 19-8　中庭示意图

图 19-9　高大空间示意图

19.2.7　关于加压送风系统固定窗的问题

根据《建筑防烟排烟系统技术标准》GB 51251—2017 的规定，设置机械加压送风系统的封闭楼梯间、防烟楼梯间，尚应在其顶部设置不小于 $1m^2$ 的固定窗，这里的楼梯间包括地上楼梯间和地下楼梯间。

在中小学校项目中，地上楼梯间一般为敞开楼梯间或封闭楼梯间，通常采用自然通风，即使需要设置机械加压送风系统，其顶部固定窗的设置也相对较为容易，如图 19-10 所示。而地下楼梯间一般为封闭楼梯间，常常因为不能直通室外而需要设置机械加压送风系统，当楼梯间位于内区或外墙无法设置固定窗时，可采用设置土建风道或风管的方式将楼梯间的顶部区域延伸至室外，并在外墙上设置固定窗，如图 19-11 所示。

用于设置固定窗的土建风道或风管的耐火极限应同楼梯间的耐火极限保持一致（隔墙 2.0h，楼板 1.5h），且风管上无需设置防火阀。

19.2.8　关于机械排烟系统固定窗的问题

根据《建筑防烟排烟系统技术标准》GB 51251—2017 的规定，任一层建筑面积大于 $3000m^2$ 或走道长度大于 60m 的商店建筑、展览建筑及类似功能的公共建筑，当设置机械排烟系统时，应在外墙或屋顶设置固定窗。由于规范未明确中小学校建筑是否属于类似的公共建筑，以上场所是否设置固定窗应以当地消防部门的要求为准。

(a)

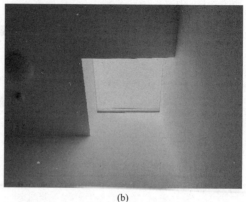
(b)

图 19-10　地上楼梯间的固定窗
（a）侧墙；（b）顶板

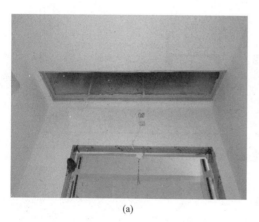
(a)

(b)

图 19-11　地下楼梯间的固定窗
（a）楼梯间顶部开口；（b）土建风道

中小学校的报告厅属于高大空间场所，通常无可开启外窗，一般采用机械排烟，且排烟量较大，建议有条件时设置固定窗。对于有演出功能的报告厅，室内设置舞台，当总建筑面积大于 1000m² 时，应设置固定窗，且舞台和观众厅应分别设置固定窗。

结合实际项目以及各地要求，目前关于报告厅的固定窗主要有三种做法：

（1）固定窗设置在外墙，采用隔声、不透明玻璃，并满足声学和光学要求；

（2）固定窗设置在顶板，采用隔声、不透明玻璃，并满足声学和光学要求，且固定窗不得设置在吊顶内，可在固定窗的区域设置凹形吊顶；

（3）以上两种做法确实无法实现时，可将观众厅的固定窗设置在舞台区域，但固定窗的面积应按舞台和观众厅的面积叠加计算。

排烟固定窗的基本要求：

（1）单个固定窗面积不应小于 1m²；

（2）非顶层区域布置时，间距不宜大于 20m；

（3）下沿距室内地面的高度不宜小于层高的 1/2；

（4）宜按防烟分区均匀布置；

（5）易于人工破碎；

（6）设置明显永久标识；

（7）可以和消防救援窗结合布置，但不能代替消防救援窗。

19.2.9 关于消防救援窗的问题

消防救援窗应直通建筑内的公共区域或走道，火灾时方便消防队员进入救援，如图 19-12 所示，消防救援窗的基本要求：

图 19-12 教室内的消防救援窗

（1）净高度和净宽度不应小于 1.0m；

（2）间距不宜大于 20m；

（3）下沿距室内地面不宜大于 1.2m；

（4）每个防火分区不应少于 2 个；

（5）易于人工破碎；

（6）设置易于识别的明显标志；

（7）设置位置与消防车登高操作场地相对应；

（8）可以和排烟固定窗结合布置，但不能代替排烟固定窗。

19.2.10 关于影响室内净高的问题

暖通设计中，除了管线密集处、风管交叉处会影响室内净高外，以下几种情况也会影响室内净高（见图 19-13）且容易被忽视，设计人员应引起重视：

（1）采用常闭排烟口时，风管下方需要增加 100~150mm 的安装空间，竖向支管设置排烟防火阀时，还需再增加 250~300mm 的安装空间；

（2）风管下方的电动挡烟垂壁卷轴需要 200~250mm 的安装空间；

（3）风管外包防火板时，需要增加 150mm 的安装空间；

（4）吊顶上设置灯槽时，灯槽需要凹进吊顶 200~300mm，占据部分吊顶空间；

（5）敞开楼梯的开口部位需要设置挡烟垂壁，当楼梯踏步上方有挡烟垂壁时，应满足楼段净高不小于 2.2m 以及室内美观要求，无法满足时，可采用电动挡烟垂壁。

图 19-13 影响室内净高的情况

(a) 风管下方设置板式排烟口；(b) 风管下方设置多叶排烟口；(c) 风管下方设置电动挡烟垂壁；

(d) 风管外包防火板；(e)、(f) 楼梯踏步上方设置挡烟垂壁

　　在项目施工前，设计单位要仔细核对每个场所的净高，并对影响室内净高的区域进行优化设计，避免在施工过程中出现管线无法安装或安装后无法达到设计净高的问题。

19.2.11　关于敞开楼梯间设置挡烟垂壁的问题

　　在中小学校建筑中，常设置敞开楼梯间，由于敞开楼梯间连通不同楼层，发生火灾时，容易引起烟气蔓延到上一层，给人员疏散和扑救带来不利。因此，当敞开楼梯间与内走廊相连时，应在敞开楼梯间的入口处设置挡烟垂壁，可有效防止烟气进入楼梯间；当敞开楼梯间与外走廊相连且相距较近时，烟气可通过外走廊排出室外，敞开楼梯间的入口处可不设置挡烟垂壁，外走廊也无需划分防烟分区。

挡烟垂壁可采用固定式，也可采用活动式，如图 19-14 所示。采用电动挡烟垂壁时，卷轴可隐藏安装在敞开楼梯间的内侧。为保证平时人员通行以及火灾时人员疏散，挡烟垂壁的底部净高不宜小于 2.0m。

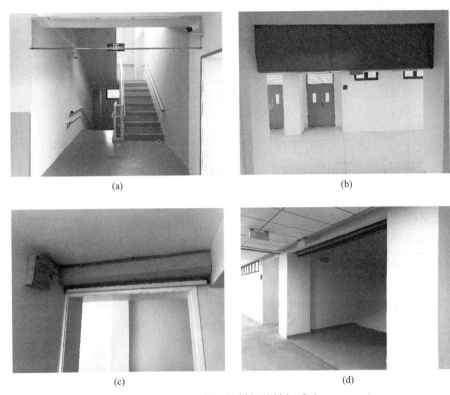

(a)　　　　　　　　　　　　　　　　(b)

(c)　　　　　　　　　　　　　　　　(d)

图 19-14　敞开楼梯间的挡烟垂壁

(a)、(b) 固定式；(c)、(d) 活动式

19.2.12　关于教室是否设置新风的问题

目前，在中小学校项目中，教室通常不设置新风系统，主要通过课间开窗自然通风满足室内新风要求。良好的通风可以引入新风，带走室内污染物，改善室内空气品质，提高室内人员舒适度，有助于师生身体健康。

在实际项目中，部分地区审图认为教室需设置新风系统；部分地区审图认为图纸上如果显示空调室内外机，则需设置新风系统；部分地区审图认为采用分体空调的教室无需设置新风系统，而采用中央空调的教室才需设置新风系统。

教室设置新风系统，不仅需要增加吊顶、提高建筑层高，而且还要增加喷淋，对项目的影响较大。建议设计前，暖通专业提前与当地审图人员沟通，并结合地方做法、校方要求、项目预算等因素综合判定教室是否设置新风系统。

另外，教室的空调通常由校方后期自行采购安装，建议设计单位在图纸上无需显示空调室内外机，仅需做好预留措施即可。

19.2.13　关于油烟排放噪声及污染的问题

中小学校附近通常是居民住宅区，属于环境敏感目标，容易因噪声或空气污染引起居民投诉。其中，厨房的排油烟设备是主要投诉对象。

暖通设计时，针对排油烟系统应采取以下措施：

（1）排油烟设备与相邻最近的住宅边界的直线距离不得小于 30m；

（2）油烟净化设备去除效率不小于 90%；

（3）油烟排放浓度不大于 $1.0mg/m^3$；

（4）排油烟风机采用低噪声柜式离心风机，必要时在风机外侧设置隔声罩；

（5）当排油烟风量较大时，可采用两台离心风机并联设置；

（6）风机与风管之间采用柔性连接，风机与基础之间设置弹簧减振器；

（7）油烟净化设备的出风管上设置消声器。

19.2.14 关于厨房通风设计的问题

在中小学校项目中，常常遇到这样的情况：在厨房单位介入后，会对厨房区域重新设计甚至重新选择厨房区域，即使厨房区域不变，由于流线、布局的变化，厨房的风井位置、风井尺寸以及屋顶设备也会随之调整。同时，厨房单位提出的风井尺寸始终是大于原设计要求，主要原因是计算方式不同，设计单位根据换气次数计算，厨房单位根据灶台数量和尺寸计算，具体计算方式详见本书第 12.1.2 节。

对于此类问题，建议厨房单位提前介入项目，并尽早提供厨房布局和设计图纸，以免后期产生较大改动。暖通设计时，排油烟井尺寸应尽量放大，可按换气次数 $80\sim100h^{-1}$ 或排风量 $25000\sim30000m^3/h$ 进行预留，以免后期改动困难。另外，中小学校项目的厨房不可遗漏蒸饭间的局部排蒸汽系统，具体要求详见本书第 12.3.1 节。

19.2.15 关于加压送风系统泄压管的问题

当加压送风系统的余压值超过最大允许压力差时应采取泄压措施，前室与走道之间的压差应为 $25\sim30Pa$；楼梯间与走道之间的压差应为 $40\sim50Pa$。为提高泄压速度，保证火灾时疏散门能轻易打开，泄压风量可按总送风量的 20%～30% 计算。

如图 19-15 所示，当采用支管泄压时，泄压管应接至机房外，或在机房外墙设置通风百页，保证泄压通畅；当采用旁通泄压时，机房外墙无需设置通风百页。

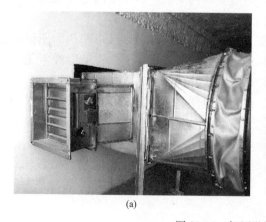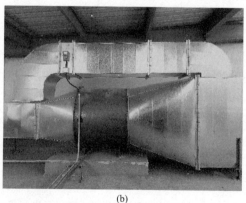

(a)   (b)

图 19-15 加压送风系统泄压装置

（a）支管泄压；（b）旁通泄压

19.2.16　关于弧形区域挡烟垂壁的问题

当室内有局部挑空区域时，需要在楼板的开口部位设置挡烟垂壁，当开口形状为弧形时，如圆形、椭圆形、不规则弧形等，挡烟垂壁的设计应注意：

（1）优先采用固定挡烟垂壁，材质为防火玻璃，如图 19-16（a）所示，现场可通过多块防火玻璃小角度拼接成弧形状，如图 19-16（c）所示，也可通过现场放线定制弧形挡烟垂壁。

（2）若现场无法拼接或制作弧形挡烟垂壁较为困难时，可在楼板弧形开口的外侧设置最小外切矩形挡烟垂壁，如图 19-16（b）所示，方便现场安装，如图 19-16（d）所示。此时，可采用固定挡烟垂壁，也可采用电动挡烟垂壁。

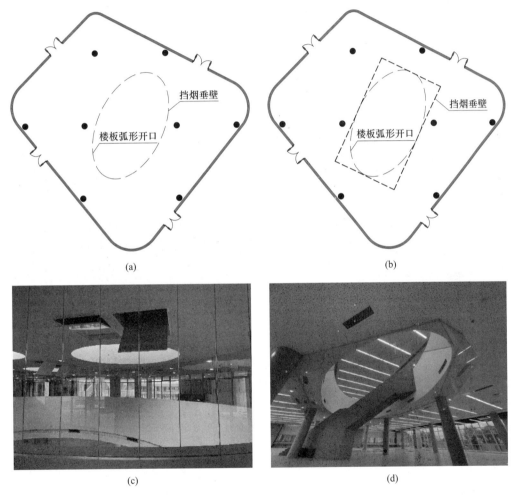

图 19-16　弧形区域的挡烟垂壁
（a）、（c）防火玻璃拼接成弧形状；（b）、（d）外切矩形防火玻璃

19.2.17　关于风管耐火极限的问题

根据《建筑防烟排烟系统技术标准》GB 51251—2017 的规定，风管在不同的场所应满足不同的耐火极限要求，详见表 19-1～表 19-3。

排烟风管的耐火极限 表 19-1

风管场所	管井内衬	室内明装	房间吊顶	走道吊顶	穿防火分区	车库设备用房
耐火极限	0.5h	1.0h	0.5h	1.0h	1.0h	0.5h

加压送风管的耐火极限 表 19-2

风管场所	管井内衬	室内明装	吊顶暗装	合用管井	穿防火分区
耐火极限	0.5h	1.0h	0.5h	1.0h	1.5h

补风风管的耐火极限 表 19-3

风管场所	管井内衬	室内明装	吊顶暗装	穿防火分区
耐火极限	0.5h	1.0h	0.5h	1.5h

根据《建筑设计防火规范》GB 50016—2014（2018 年版）的规定，风管穿过防火隔墙、楼板和防火墙时，穿越处风管上的防火阀、排烟防火阀两侧各 2.0m 范围内的风管应采用耐火风管或风管外壁应采取防火保护措施，且耐火极限不应低于该防火分隔体的耐火极限，如图 19-17 所示。

图 19-17　风管穿防火隔墙采用防火包覆

排烟风管应尽量避免穿越楼梯间、前室，确实需要穿越时，应设置土建夹层或对排烟风管采取防火保护措施，风管耐火极限不应低于楼梯间或前室墙体的耐火极限，排烟风管的正压段不得设置在楼梯间或前室内。

设计单位应在设计说明中注明防排烟风管在不同场所的耐火极限，明确不同耐火极限风管的具体做法，并附带安装详图或参考图集。

做法一：镀锌风管外包防火板，如图 19-18 所示，技术参数要求如下：有耐火极限要求的风管采用 100%无石棉防火板包覆，密度不大于 95kg/m³。耐火极限 0.5h、1.0h，采用 8mm 防火板；耐火极限 1.5h、2.0h，采用 9mm 防火板；耐火极限 2.5h、3h，采用 12mm 防火板。防火板与镀锌风管之间内衬 50mm 岩棉，容重 100kg/m³。耐火风管应有国家防火建筑材料质量监督检验中心出具的耐火极限检验报告。

做法二：镀锌风管外包离心玻璃棉，如图 19-19 所示，技术参数要求如下：镀锌风管外包防排烟专用离心玻璃棉，耐火极限 0.5h，采用容重 48kg/m³、厚 50mm 的离心玻璃棉；耐火极限 1.0h，采用容重 64kg/m³、厚 60mm 的离心玻璃棉。耐火风管应有国家防火建筑材料质量监督检验中心出具的耐火极限检验报告。

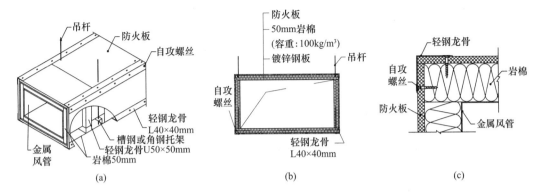

图 19-18　镀锌风管外包防火板

（a）安装详图；（b）剖面图；（c）角部节点图

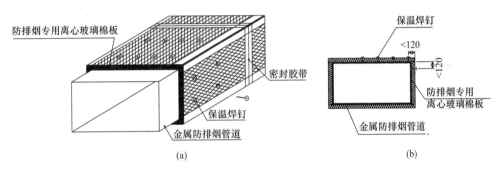

图 19-19　镀锌风管外包离心玻璃棉

（a）安装详图；（b）剖面图

防排烟专用离心玻璃棉应采用保温焊钉固定：

（1）保温钉与风管、部件及设备表面结合应牢固，钉杆长度与离心玻璃棉厚度相匹配，保温钉的固定压片应松紧适度、均匀压紧；

（2）矩形风管及设备表面的保温钉应均匀布置，风管保温钉数量应符合表 19-4 的规定，首行保温钉距绝热材料边沿的距离应小于 120mm。

保温焊钉数量（单位：个/m²）　　　　　　　　　表 19-4

耐火材料	风管底面	风管侧面	风管顶面
防排烟专用离心玻璃棉	≥16	≥10	≥8

　　做法三：镀锌风管外包防火纤维卷材，技术参数要求如下：耐火极限≤1.5h 的防排烟风管采用防火轻质柔性卷材包覆，密度 96kg/m³，厚度 50mm，最高耐温 1200℃，在 800℃下的导热系数≤0.27W/(m·K)。耐火风管应有国家防火建筑材料质量监督检验中心出具的耐火极限检验报告。

　　上述三种常见做法均为在镀锌风管外包覆各类耐火材料，以满足风管耐火极限要求。除此之外，也可直接采用满足耐火极限要求的复合防火风管，耐火风管应有国家防火建筑材料质量监督检验中心出具的耐火极限检验报告。需要注意的是，采用复合风管时，管道设计风速不应大于 15m/s。满足耐火极限要求的现场风管详见本书第 19.3.10 节。

对于设置在风井内的防排烟风管，风管耐火极限需要满足 0.5h，若风井墙体的耐火极限满足 0.5h，相当于风管外包土建风道，风管无需再采取防火保护措施。对于设置在风管上的防火阀，也应采取防火包覆，并应设置检修口和明显标识。

火灾时，用于承受风管重量的支吊架也应同风管一样满足耐火完整性要求，但《建筑防烟排烟系统技术标准》GB 51251—2017 未对风管支吊架的耐火极限作出规定，支吊架的耐火极限也无数据可查，建议规范修订时，可以明确此问题。

19.2.18 关于风管隔热的问题

根据《建筑防烟排烟系统技术标准》GB 51251—2017 的规定，当吊顶内有可燃物时，吊顶内的排烟管道应采用不燃材料进行隔热，并应与可燃物保持不小于 150mm 的距离，隔热层应采用厚度不小于 40mm 的不燃绝热材料，如图 19-20 所示。

图 19-20　排烟风管设置隔热层

排烟风管设置隔热层的目的是防止排烟风管内的高温烟气引燃吊顶内的可燃物，若吊顶内无可燃物，排烟风管也无需设置隔热层。另外，地下汽车库通常无吊顶，车库上方均为机电管线，无可燃物，车库内的排烟风管也无需设置隔热层。

需要注意的是，"隔热"和"耐火极限"是两个不同的概念。耐火极限是指在标准耐火试验条件下，建筑构件、配件或结构从受到火的作用时起，至失去承载能力、完整性或隔热性时止所用的时间，用小时表示。风管的耐火极限包括耐火完整性和耐火隔热性，两者需要同时满足，与结构梁、结构柱、承重墙不同的是，风管无需满足耐火承载能力。

风管的耐火完整性针对的是"火"，即风管在火灾时需要保持结构完整性，不能被火焰烧穿、烧烂、烧毁；风管的耐火隔热性针对的是"烟"，即风管内的高温烟气不能透过风管引燃周围可燃物，引发二次火灾。

根据现行国家标准《建筑防烟排烟系统技术标准》GB 51251—2017 的规定，风管本身应满足所在场所的耐火极限要求，即同时满足耐火完整性和耐火隔热性。因此，满足耐火极限要求的风管无需再增加隔热措施。

19.2.19 关于走道分隔的问题

大于 20m 的内走道需要设置排烟设施，建筑专业不可采用增加防火门的方式将走道分隔成若干小于 20m 的内走道，而不设置排烟设施。这里的 20m 指的是整个内走道的长度，而非内走道中门与门之间的长度。

在火灾时，建筑内可供人员安全进入楼梯间的时间比较短，一般为几分钟，而疏散走道是人员在楼层疏散过程中的一个重要环节，且也是人员汇集的场所，要尽量使人员的疏散行动通畅不受阻。因此，在疏散走道上不应设置卷帘、门等隔断设施。

19.2.20 关于天窗遮阳的问题

当房间设置较大面积天窗时，夏季室内空调冷负荷较大，可达 $400 \sim 500 \mathrm{W/m^2}$。由于阳光的直射以及玻璃表面的热辐射，即使加大空调室内机的容量，也很难保证夏季室内热舒适度。建筑设计时，应考虑遮阳措施，可采用固定遮阳（建筑遮阳）、活动外遮阳、活动内遮阳，如图 19-21 所示。

 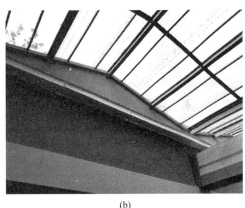

(a)　　　　　　　　　　　　　　　　　(b)

图 19-21　天窗遮阳
(a) 固定遮阳；(b) 活动内遮阳

天窗通常高出屋面，形成凸字形空间，容易聚集热气，有条件时，可在天窗的周边设置排风措施或采用可开启天窗，及时排出室内热量，改善室内环境，降低空调能耗。

需要注意的是，天窗有利于降低冬季供暖能耗，固定遮阳一般不适用于严寒地区。建筑专业在设计遮阳的同时，还应兼顾建筑通风，两者权衡设计。另外，当天窗用于排烟时，电动遮阳应具备火灾时自动收起（关闭）功能，以免影响排烟效果。

19.2.21 关于高大空间空调形式和气流组织的问题

对于中小学校建筑中的一些高大空间场所（净高大于 6m），如舞蹈教室、餐厅、报告厅、图书馆等，很多设计人员习惯采用多联机中的风管机，上送上回，如图 19-22 所示。从多个实际项目来看，该方案普遍存在冬季室内温度偏低的问题，即使采用高静压风管机＋温控旋流风口，冬季热气流也很难到达人员活动区。另外，若干台风管机布置在高大空间的吊顶内，后期室内机检修、更换滤网也十分麻烦，而且对于大容量的风管机，室内噪声也无法控制。

因此，对于这些场所，应优先采用全空气系统，上送下回。当采用多联机系统时，建议采用侧送上回的气流组织形式（分层空调）。同时，室内温度传感器应设置在人员活动区，距地 1.3～1.5m，不可设置在顶部回风口处。

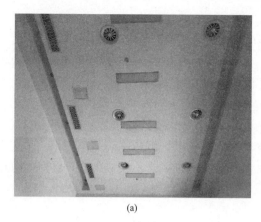

(a)   (b)

图 19-22 风管机上送上回
(a) 图书馆；(b) 报告厅

19.2.22 关于多联机冷媒管径标注的问题

根据《多联机空调系统工程技术规程》JGJ/T 174—2010 的规定，多联机空调系统工程的施工图设计可分为两个阶段完成：第一阶段，设计深度除制冷剂管道预留走向、不标注管道管径及标高等外，其他按《建筑工程设计文件编制深度规定》的要求执行；第二阶段，由设备供应方配合设计人员完成多联机空调系统工程图纸的深化设计。

编标单位在进行空调辅材统计时，冷媒管的管径可参考多联机厂家的技术样本，也可参考本书第 4.3.6 节。待空调品牌确定后，空调厂家可对多联机配管进行深化设计。

19.2.23 关于分体空调负荷计算书的问题

根据《公共建筑节能设计标准》GB 50189—2015 的规定，对于仅安装房间空气调节器的房间，通常只做负荷估算，不做空调施工图设计，所以不需进行逐项逐时的冷负荷计算。

在中小学校项目中，教室等采用分体空调的场所，仅需预留设计，无需进行负荷计算。当预留分体空调时，部分地区要求图纸上不能出现空调室内外机图块，否则属于审查范围，图纸上需完善冷媒管连接，并提供空调材料表以及负荷计算书。

19.2.24 关于防火间距的问题

当房间的顶板上设置电动排烟天窗、采光通风天窗时，窗户开口与上部建筑开口之间的水平距离不应小于 4m，直线距离不应小于 6m；当上部建筑开口设置防火分隔措施时（防火窗、防火门、防火卷帘），两者距离可不限，如图 19-23 所示。

除此之外，暖通专业在设计自然排烟窗时，还应注意以下建筑防火问题：

（1）防火墙两侧的门、窗、洞口之间最近边缘的水平距离不应小于 2.0m；内转角防火墙两侧的门、窗、洞口之间最近边缘的水平距离不应小于 4.0m，当设置乙级防火窗等防止火灾水平蔓延的措施时，该距离可不限。

（2）楼梯间、前室及合用前室外墙上的窗口与两侧门、窗、洞口最近边缘的水平距离不应小于 1.0m。

（3）封闭楼梯间除出入口和外窗外，楼梯间的墙上不应开设其他门、窗、洞口。

（4）室外疏散楼梯除疏散门外，楼梯周围 2m 内的墙面上不应设置门、窗、洞口。

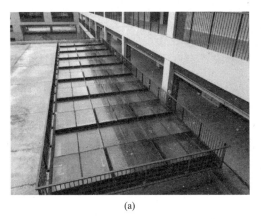

（a）

（b）

图 19-23　上下开口设置防火分隔措施
（a）二层顶部设置排烟天窗；（b）三层开口设置防火卷帘

19.2.25　关于排烟风口最小间距的问题

根据《建筑防烟排烟系统技术标准》GB 51251—2017 的规定，单个排烟风口的排烟量不应大于最大允许排烟量，每个防烟分区需设计若干个排烟风口，但规范未明确排烟风口之间需满足最小间距要求，而在实际项目中，审图人员常提出排烟风口需满足最小间距要求。

考虑到排烟风口距离较近时，相当于一个大的排烟风口，计算单个排烟风口最大允许排烟量也失去意义。因此，排烟风口应满足最小间距要求，如图 19-24 所示，计算公式详见本书第 13.2.3 节，最小间距指的是风口边缘之间的最小距离。

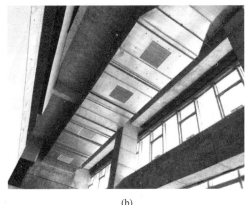

（a）

（b）

图 19-24　满足最小间距的排烟风口
（a）房间；（b）中庭

19.2.26　关于改造项目消防设计的问题

在实际项目中，当遇到对既有学校进行改造时，应在设计说明中明确改造范围、改造面积、改造内容，并根据地方审图要求进行消防设计。对于未改造区域，应在图纸上用阴影线示意。

以苏州地区为例，对既有建筑进行改造时，消防设计审查要点如下：

（1）既有建筑改造应满足现行消防技术标准要求，存在下列情况之一时可部分沿用原有建筑消防设施系统：

1）涉及建筑构造原因，如消防水池、屋顶消防水箱、风机房、排烟风道、消防电梯等无法实现的；

2）涉及隐蔽工程改造，如改造区域之外的机电系统管网及控制线路无法实现的；

3）改造范围较小，改造面积不超过 $3000m^2$，且不大于单体总建筑面积 1/3 的。

（2）仅内部改造，不涉及外立面时，消防救援场地、消防救援窗、外保温材料等可沿用原设计规范。

（3）改造范围较小，改造面积不超过 $500m^2$，且未改变原有使用性质时，可仅作为内部装修报审，可沿用原建筑消防设计。

对于改造项目，当楼梯间不满足自然通风要求，且设置加压送风管井有困难时，楼梯间可采用直灌式送风方式，如图 19-25 所示，计算风量不应小于常规管井送风量的 1.2 倍，设计风量不应小于计算风量的 1.2 倍。

图 19-25　直灌式加压送风口

19.2.27　关于报告厅防烟分区的问题

当报告厅有演出功能时，需要设置舞台，台口为舞台和观众厅的分界处，天然形成两个防烟分区，舞台和观众厅应分别设置独立的排烟系统（风机、风管、风口均应独立设置）。

当报告厅无演出功能时，通常将整个报告厅划分成一个防烟分区进行排烟，如图 19-26（a）所示。需要注意的是，虽然报告厅无需设置舞台，但某些项目会设置类似舞台的主席台，并形成类似舞台的台口，将报告厅分隔成两个防烟分区，如图 19-26（b）所示。暖通设计时，报告厅仍可设置一套排烟系统，但主席台和观众区应按两个防烟分区考虑。当排烟净高均大于 6m 或一处大于 6m，另一处不大于 6m 时，应按排烟量最大的一个防烟分区的排烟量计算系统排烟量；当排烟净高均不大于 6m 时，应按两个防烟分区的排烟量之和计算系统排烟量。

(a)　　　　　　　　　　　　　　　　　(b)

图 19-26　无演出功能的报告厅

(a) 无台口；(b) 有台口

19.2.28　关于挡烟垂壁遮挡的问题

对于高大空间场所，如游泳馆、风雨操场、图书馆、门厅、中庭等，暖通专业在划分防烟分区时，应与电气专业核对挡烟垂壁是否遮挡火灾探测器的红外监控；应与给水排水专业核对挡烟垂壁是否遮挡水炮负担的周围场所。

19.2.29　关于避难场所的问题

当学校被地方政府确定为避难场所时，应根据现行国家标准《防灾避难场所设计规范》GB 51143 的规定进行设计。避难场所宜采用自然采光和通风，并具备防风、防雨、防晒和防寒等适合宿住的条件。在中小学校建筑中，风雨操场面积、空间较大，且符合以上要求，通常可作为固定避难场所。暖通设计时，应满足以下要求：

（1）室内人均新风量不小于 $10m^3/h$；

（2）室内人均通风口面积不小于 $0.0077m^2$；

（3）机械通风设施应配置紧急备用供电系统。

19.3　施工过程

19.3.1　关于施工界面的问题

在中小学校项目中，涉及的专业种类较多，有土建、机电、消防、内装、人防、绿建、智能化、市政、景观、幕墙等，另外还有很多专业厂家，如泳池、厨房、座椅、实验室、空调、钢结构、校园文化等。施工中经常出现专业交叉、界面不清的问题，而建设单位在合同中又没有明确详细施工范围，导致部分内容缺失、漏项，甚至无人问津。

暖通设计中，需要明确施工界面的内容有：

（1）外墙百页的施工单位；

（2）空调风口的施工单位；

（3）各类检修口的施工单位；

（4）厨房通风、防排烟系统的施工单位；

（5）CO、CO_2 监控的施工单位；

（6）加压送风系统余压监控的施工单位；

（7）挡烟垂壁的施工单位；

（8）电动排烟窗手动开启装置的施工单位；

（9）抗震支吊架的施工单位；

（10）空调集中控制的施工单位；

（11）新风系统的施工单位；

（12）泳池空调机房外风管的施工单位；

（13）烟囱的施工单位；

（14）槽钢基础的施工单位；

（15）直埋供暖管道的施工单位；

（16）其他。

以上内容包括相关设备的供货、安装、调试、验收等环节，建设单位除明确施工单位外，还应控制施工顺序，以免造成不必要的返工。有条件时，可采用机电总包模式或 EPC模式。

19.3.2　关于内衬风管安装的问题

暖通设计中，会设置很多风井，大多数风井均有内衬风管（防排烟风井、空调风井、油烟风井、事故风井、桌面排风井等），风井的施工属于土建专业，而内衬风管的施工属于机电专业。在实际项目中，经常遇到土建专业已将风井砌筑完毕而机电专业尚未安装内衬风管的问题，导致风井被迫拆除，风管安装完毕后还需重新砌筑风井，尤其是高大空间场所，甚至需要多次搭建脚手架，造成不必要的浪费。

对于此类问题，建议设计时，建筑专业和暖通专业均在图纸上注明：待风管安装完毕后再砌筑风井。

19.3.3　关于风管材质的问题

暖通设计中，各类风管除了应采用不燃材料制作外，还需满足以下要求：

（1）根据机电抗震要求，高层建筑及抗震设防烈度为 9 度地区的建筑，防排烟风管、事故通风风管应采用镀锌钢板或钢板制作；

（2）根据防排烟要求，防排烟风管应满足所在场所的耐火极限要求；

（3）根据防排烟要求，金属风管设计风速不应大于 20m/s，非金属风管设计风速不应大于 15m/s；

（4）游泳馆的通风、空调风管应采用防腐风管；

（5）化学实验室的通风风管应采用防腐风管；

（6）排油烟风管应采用不锈钢风管；

（7）锅炉、热水机组、柴油发电机组的烟囱应采用预制不锈钢成品烟囱；

（8）人防染毒区的风管应采用厚度不小于 3mm 的钢板；

（9）风管需要满足强度、严密性、保温、隔热等要求。

由于市场上的风管种类较多且参差不齐，不同材质风管的性能参数和设计要求相差较大，施工单位应严格按图施工，不得私自改变风管材质，以免造成不必要的返工。另外，设置在室外的保温风管，还应在其保温层外再设一层 0.5mm 厚的铝板保护层。

19.3.4 关于设备基础的问题

暖通设备在运行时会产生较大的振动，如空调、水泵、风机等。一方面，为保证设备运行稳定，避免振动直接作用于楼板，需要将设备固定在专用基础上；另一方面，对于室外摆放的设备，基础也有利于设备防水。在实际项目中，经常出现施工单位未浇筑基础或浇筑的基础尺寸与设备尺寸不匹配的问题。

通常情况下，基础由土建单位负责施工，设备由机电单位或设备厂家负责安装。现场未浇筑基础的主要原因是土建图纸上未显示设备基础或施工单位未按图施工。

如图 19-27（a）所示，空调室外机的基础未浇筑，室外机直接摆放在设备机房的楼板上；如图 19-27（b）所示，柜式离心风机的基础未浇筑，后用槽钢代替。

(a)　　　　　　　　　　　　　　　(b)

图 19-27　设备基础未浇筑

(a) 空调室外机；(b) 离心风机

某些项目在设备到场安装时才发现基础尺寸偏小，主要原因是建设单位采购的设备尺寸与设计中的参考尺寸有较大偏差，导致现场无法安装。如报告厅、风雨操场、游泳馆等场所采用屋顶空调时，实际采购的设备大于设计选型的设备，或设计的机组为整体式，而实际采购的机组为分体式，导致基础偏小或缺失。

暖通专业在设计基础时，应考虑基础尺寸可以满足市场上大多数品牌的尺寸，并将设备基础分别提资给建筑专业和结构专业，建筑专业明确基础做法，结构专业复核基础荷载。

建设单位应提前确定设备供货商，施工单位在浇筑基础前，应与设备供货商确认设备尺寸，并由设计单位复核。

19.3.5 关于防火阀安装的问题

防火阀是暖通设计中最重要的部件（见图 19-28），也是消防审查、消防验收关注的重点。

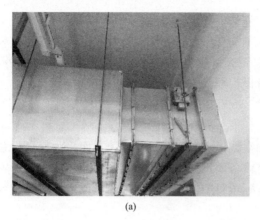

（a）　　　　　　　　　　　　（b）

图 19-28　防火阀

（a）贴墙安装；（b）防火包覆

施工单位在安装防火阀时，应注意的问题有：

（1）防火阀距墙面的距离不应大于 200mm；

（2）防火阀应单独设置支吊架；

（3）吊顶内的防火阀应在手柄处的下方设置检修口；

（4）防火阀也应采取防火包覆措施，与风管的耐火极限一致。

19.3.6　关于挡烟垂壁材质的问题

挡烟垂壁的材质有：夹胶防火玻璃、夹丝防火玻璃、无机纤维防火布、涂碳硅钙板、镀锌钢板、不锈钢板等。挡烟垂壁除要使用不燃材质外，还需满足在 $620\pm20℃$ 的温度下，保持耐火完整性时间不小于 30min，不同材质的挡烟垂壁要求详见表 19-5。

挡烟垂壁材质要求　　　　　　　　　　表 19-5

材质	要求	参考规范
金属板材	熔点不低于750℃，厚度不小于0.8mm	
无机复合板	不燃材质厚度不小于10.0mm	《不燃无机复合板》GB 25970—2010
无机纤维织物	燃烧性能A级	《建筑材料及制品燃烧性能分级》GB 8624—2012
玻璃	防火玻璃	《建筑用安全玻璃 第1部分：防火玻璃》GB 15763.1—2009

注：表中数据摘自《挡烟垂壁》XF 533—2012。

采用不燃无机复合板、金属板材、防火玻璃等材料制作刚性挡烟垂壁的单节宽度不应大于 2m；采用金属板材、无机纤维织物等制作柔性挡烟垂壁的单节宽度不应大于 4m。

暖通设计时，应在图纸上注明挡烟垂壁的材质，施工单位不得擅自改变挡烟垂壁的材质。

19.3.7　关于挡烟垂壁高度的问题

根据《建筑防烟排烟系统技术标准》GB 51251—2017 的规定，挡烟垂壁不仅用于机械排烟场所，也会用于自然排烟场所。挡烟垂壁的高度根据设计确定，机械排烟时，挡烟垂壁的高度不小于室内净高的 10％，且不小于 500mm；自然排烟时，挡烟垂壁的高度不小于室内净高的 20％，且不小于 500mm。室内有吊顶时，挡烟垂壁安装在吊顶下方；室内无吊顶时，挡烟垂壁优先安装在梁的下方，其次安装在顶板的下方；室内为镂空吊顶时，吊顶内也应安装挡烟垂壁。

有些设计人员习惯在图纸上标注梁下挡烟垂壁的高度，若现场结构梁高低不同，这种表述就不够严谨，会导致挡烟垂壁底部不在同一标高，施工人员也容易产生困惑。建议暖通专业在图纸上注明挡烟垂壁的底部标高，方便现场施工人员测量、制作、安装。

19.3.8　关于挡烟垂壁安装的问题

挡烟垂壁的安装方式分为室内有吊顶和室内无吊顶（包括镂空吊顶）两种情况，如图 19-29 所示。

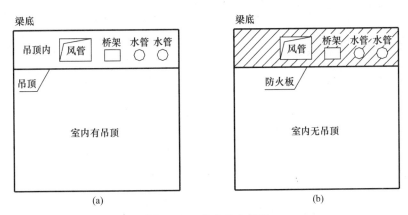

图 19-29　室内机电管线

（a）有吊顶；（b）无吊顶

1. 室内有吊顶

当室内有吊顶时，机电管线暗装在吊顶内，如图 19-29（a）所示。此时，防火玻璃设置在吊顶下；电动挡烟垂壁的卷轴设置在吊顶内的机电管线下方，挡烟垂壁的底部应与吊顶底部齐平，如图 19-30 所示。

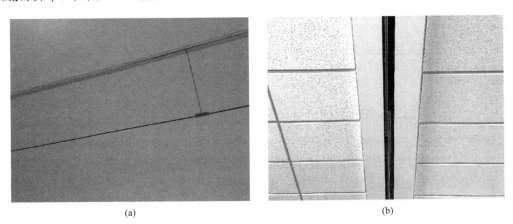

图 19-30　有吊顶场所的挡烟垂壁

（a）防火玻璃；（b）电动挡烟垂壁

2. 室内无吊顶

当室内无吊顶或采用镂空吊顶（开口率大于 25％）时，机电管线明装在梁底，如图 19-29（b）所示。此时，首先需要设置可供机电管线穿越的固定设施，并保证机电管线安装后不漏烟，如在梁底设置防火板或无机纤维防火布；然后在固定设施下方安装挡烟垂壁（见图 19-31），也可将固定设施和挡烟垂壁合二为一，如采用无机纤维防火布，防火布上方用于机电管线穿越，防火布下方安装至设计储烟仓底部。

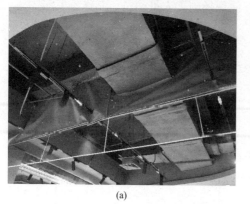 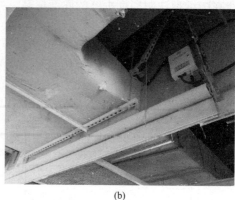

(a) (b)

图 19-31　无吊顶场所的挡烟垂壁

(a) 无机纤维防火布＋防火玻璃；(b) 防火板＋电动挡烟垂壁

图 19-32 为电动挡烟垂壁安装示意图。

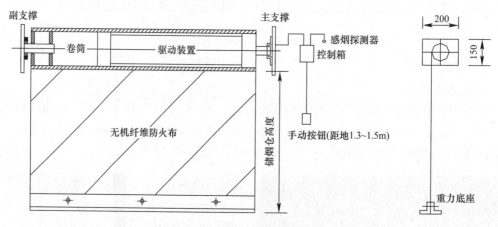

图 19-32　电动挡烟垂壁安装示意图

19.3.9　关于加压送风系统余压监控的问题

根据《建筑防烟排烟系统技术标准》GB 51251—2017 的规定，设置机械加压送风系统的前室、楼梯间，当系统余压值超过最大允许压力差时应采取泄压措施。但在实际项目中，泄压装置经常遗漏或不知道由谁来施工，导致消防验收时缺项、不通过。

建议设计单位在图纸上提供余压监控系统图和安装详图。一方面，建设单位在组织编标时不要遗漏余压监控装置；另一方面，建设单位要明确余压监控装置的施工单位，通常由消防施工单位负责安装。

19.3.10　关于风管耐火极限的问题

目前，风管满足耐火极限的做法主要有四种（见图 19-33）：

（1）镀锌风管外包防火板；

（2）镀锌风管外包离心玻璃棉；

（a）　　　　　　　　　　　　　　　　（b）

（c）　　　　　　　　　　　　　　　　（d）

（e）　　　　　　　　　　　　　　　　（f）

图 19-33　风管满足耐火极限做法（一）

（a）、（b）风管外包防火板；（c）、（d）风管外包离心玻璃棉；

（e）、（f）风管外包防火纤维卷材

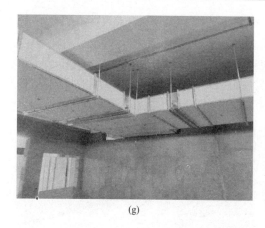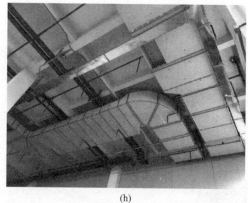

(g)   (h)

图 19-33 风管满足耐火极限做法（二）
(g)、(h) 复合防火风管

（3）镀锌风管外包防火纤维卷材；

（4）采用复合防火风管。

每种做法的技术要求详见本书第 19.2.17 节，无论采取何种做法，均需提供国家防火建筑材料质量监督检验中心出具的检验报告。

部分地区消防规定不得采用涂覆防火涂料作为满足风管耐火极限的措施，主要原因是：

（1）防火涂料高温下易挥发有毒有害气体；

（2）防火涂料高温下易膨胀变形，可能妨碍风阀等执行机构的正常动作。

19.3.11 关于镂空吊顶空调安装的问题

当室内采用镂空吊顶时，空调室内机不应安装在镂空吊顶上方，这样会导致送风口、回风口被吊顶遮挡，影响空调气流组织，甚至损坏空调（送风叶片需要摆动）。因此，在安装空调室内机时，应将面板安装在吊顶下方，并尽量与吊顶齐平，保证空调效果和室内美观，如图 19-34 所示。

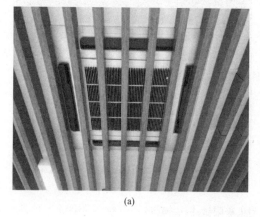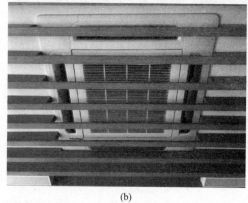

(a)   (b)

图 19-34 室内机与镂空吊顶（一）
(a)、(b) 错误安装

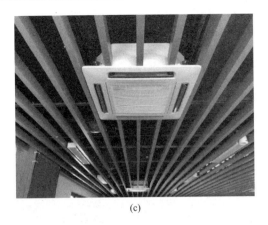
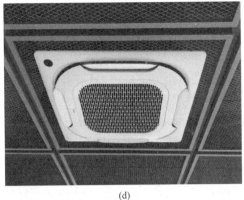

（c）　　　　　　　　　　　　　　　　（d）

图 19-34　室内机与镂空吊顶（二）

（c）、（d）正确安装

19.3.12　关于电动排烟天窗漏水的问题

在中小学校项目中，一些高大空间场所，如风雨操场、图书馆、游泳馆、门厅等，当采用电动排烟天窗自然排烟时（见图 19-35），由于排烟窗的数量较多、面积较大，若产品质量或施工水平不达标，容易导致天窗漏水，后期也很难修复。

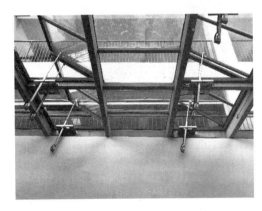

图 19-35　电动排烟天窗

天窗的防水是普遍薄弱的环节，施工单位应格外重视。首先，应选用密封性能好的排烟天窗，保证天窗的水密等级和气密等级，并有很好的耐久性，保证在使用中不漏水。其次，排烟天窗周边与屋面的连接构造要做好排水和防水措施，防止积水漫过天窗防水构造，并防止防水构造失效漏水。

当条件允许时，设计单位应优先设计电动排烟侧窗（见图 19-36），或设计机械排烟系统，避免漏水隐患。另外，排烟窗开启范围内不得有其他设备或管线，以免碰撞并损坏排烟窗，导致漏水。

19.3.13　关于手动开启装置操作长度的问题

常闭排烟口或常闭排烟阀的手动开启装置分就地控制和远距离控制，远距离控制通过

• 265 •

电源线及信号线与消防控制室连接；就地控制通过钢丝缆绳与风口或阀门的动作机构固定，如图 19-37 所示。

图 19-36　电动排烟侧窗

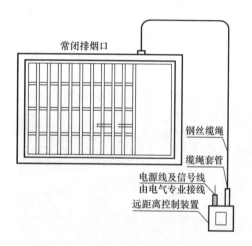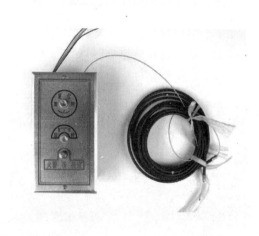

图 19-37　排烟手动开启装置

手动开启装置的主要功能有：根据火灾信号，阀门自动开启；手动操作，阀门开启；输出阀门开启信号，并在执行机构上显示；输出联动控制信号，可联锁排烟风机；手动复位；执行机构用缆绳控制阀门动作。

通常情况下，钢丝缆绳长度不大于 6m，如图 19-38（a）所示，弯曲不大于 3 处，弯曲角度不小于 90°，预埋管不应有死弯及瘪陷。由于缆绳过长会导致操作阻力变大，不利于动作机构的打开，但对于一些高大空间场所，6m 的长度往往满足不了安装要求，可适当增加长度，但最长不得超过 15m，且只能有一个大于 90°的弯道，如图 19-38（b）所示。

19.3.14　关于风机检修的问题

根据《建筑防烟排烟系统技术标准》GB 51251—2017 的规定，排烟风机两侧应有 600mm 以上的空间（见图 19-39），其目的是便于电机的散热和检修。在实际项目中，经常出现风机安装后不满足检修要求的问题（见图 19-40），主要原因有：

（1）现场未按图施工，基础、风机随意安装；

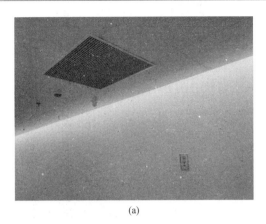

(a)　　　　　　　　　　　(b)

图 19-38　不同场所的手动开启装置

（a）走道；（b）高大空间

图 19-39　风机两侧满足检修要求

图 19-40　风机两侧不满足检修要求

（2）现场采购的风机未考虑电机的位置。

对于排烟柜式离心风机，其电机应外置，但电机的安装位置有多种形式，排烟风机的散热和检修主要针对的是电机，因此"风机两侧"主要指的是"电机两侧"。

建议设计单位在图纸上注明电机的位置，施工单位在采购风机时，电机的位置应与图纸一致。另外，除排烟风机外，加压送风机、补风机、通风机等也应满足电机两侧 600mm 以上的检修空间。

19.3.15 关于屋顶设备检修的问题

屋顶上的暖通设备较多，为便于安装、调试以及日常使用中的维护、检修、更换，建筑专业应优先设计上人屋面，否则需要设置上人孔，尺寸为 800mm×800mm。

建筑专业设置上人孔时，暖通专业应注意：

（1）管线不应布置在上人孔的正下方，否则影响人员进出，如图 19-41 所示；

（2）为便于平时操作，屋顶设备的控制装置应设置在使用房间内，具体设备及要求详见本书第 19.6.10 节。

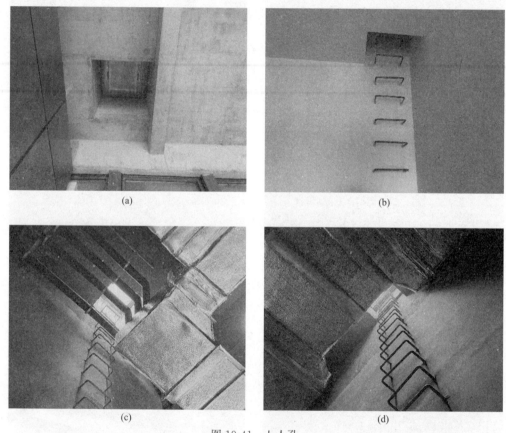

图 19-41 上人孔

(a)、(b) 无遮挡；(c)、(d) 有遮挡

19.3.16 关于机电管线穿越变形缝的问题

在中小学校项目中，建筑长度往往超过上百米，结构专业需要设置变形缝，机电管线在穿越这些变形缝时，需要进行特殊处理，如防火措施、防沉降措施。在实际项目中，施工单位经常漏设这些措施，导致后期出现质量事故和安全隐患。

机电管线穿越变形缝分两种情况：一种是管线穿越变形缝墙体，另一种是管线穿越变形缝空间。管线穿越变形缝空间时，可通过设置柔性管材来抵消建筑不均匀沉降产生的剪切力；管线穿越变形缝墙体时，为防止管线受到破坏，应采用预埋钢制套管的方式来承受剪切力。另外，为防止烟气沿变形缝往上扩散，风管穿越变形缝墙体时，还应在变形缝两侧分别设置防火阀。

暖通设计时，应在平面图上注明管线穿越各类变形缝的做法，并附带安装大样图，如图 19-42、图 19-43 所示，以防施工单位漏做或做错。另外，变形缝不应设置在制冷机房、锅炉房、空调机房、新风机房、防排烟机房、管井等管线密集处。

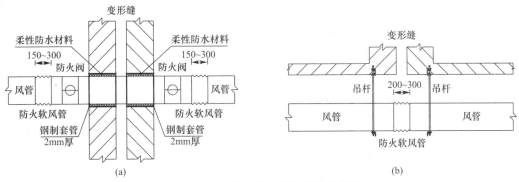

图 19-42　风管穿越变形缝安装示意图
（a）变形缝墙体；（b）变形缝空间

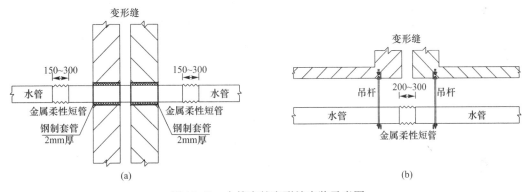

图 19-43　水管穿越变形缝安装示意图
（a）变形缝墙体；（b）变形缝空间

图 19-44 为水管穿越变形缝的两种情况，在穿越处分别设置金属波纹软管。

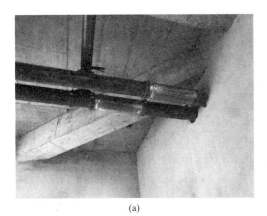

图 19-44　水管穿越变形缝
（a）变形缝墙体；（b）变形缝空间

19.3.17　关于大型管道支吊架的问题

2018 年，某商场地下一层停车场发生一起空调冷却水管道坍塌事故，造成 3 人死亡，直接经济损失 2238 万元。直接原因是膨胀螺栓选用和安装错误导致支吊架强度不足，致使空调冷却水管道坍塌。

在中小学校项目中，当设置集中供暖或中央空调时，对直径超过 300mm 的大型供暖水管、空调水管，其支吊架应进行单独专项设计计算（常住建〔2019〕130 号），且设计应明确：

（1）各类设备管道的支吊架的形式、规格、安装位置和标高等主要内容；

（2）支吊架的吊杆、横担、斜撑的材质、规格、尺寸、连接方式；

（3）连接节点焊接部分的焊缝等级；

（4）锚固连接的锚栓规格、数量、位置、间距和抗拔承载力等性能参数。

专项设计单位若非原设计单位，专项设计应由原设计单位予以确认。施工单位应编制专项施工方案，提交建设、监理单位审查，并组织专家论证。专项施工方案经审查和论证通过后，施工单位应严格按照施工方案进行施工。"大型管道"支吊架施工前，应对每种规格支吊架按设计要求制作样板件，并按 5 倍设计荷载进行现场重载荷试验，试验合格后方能进行施工。

19.4　项目验收

19.4.1　关于风管耐火极限的问题

防排烟风管一般采用镀锌钢板制作，根据规范要求，防排烟风管的耐火极限最低为 0.5h，而镀锌钢板无法满足耐火极限要求（无检验报告），即所有采用镀锌钢板制作的防排烟风管均需设置防火包覆措施。

目前，关于风管耐火极限的问题，行业内存在不同的看法，尤其是车库内的风管以及风井内的风管，各地要求也不统一，有的地区不作要求，有的地区严格检查。由于《建筑防烟排烟系统技术标准》GB 51251—2017 仅给出风管在不同场所的耐火极限要求，但未明确具体做法，在实际项目中，消防验收人员均以风管检验报告为依据，且现场耐火风管的做法应与报告中描述的一致。风管耐火极限的要求和做法详见本书第 19.2.17 节、第 19.3.10 节。

19.4.2　关于检验报告的问题

消防验收时，需要提供由国家防火建筑材料质量监督检验中心出具的检验报告，与暖通设计有关的检验报告分为两类：燃烧性能检验报告和耐火性能检验报告。

燃烧性能检验报告用于证明风管材质、保温材质的燃烧性能等级，分为不燃（A 级）、难燃（B1 级）、可燃（B2 级）、易燃（B3 级）四类，检验依据为《建筑材料及制品燃烧性能分级》GB 8624—2012。耐火性能检验报告用于证明风管的耐火极限，范围为 0.5～3.0h，检验依据为《通风管道耐火试验方法》GB/T 17428—2009。

检验报告的类型分为型式检验和委托检验。型式检验是指利用检验手段对产品样品进行合格评价，取样地点是从制造单位的最终产品中随机抽取，适用于对产品综合定型鉴定和评定企业所有产品质量是否全面达到标准和设计要求的判定；委托检验是指企业为对其生产、销售的产品质量监督和判定，委托具有法定检验资格的检验机构进行检验，检验机构依据标准或合同约定对产品检验，出具检验报告给委托人，检验结果一般仅对来样负责。

消防验收时，有关燃烧性能和耐火性能的检验报告均应提供型式检验报告。

19.4.3 关于手动开启装置的问题

排烟系统手动开启装置是消防验收中经常检查的项目（见图 19-45），也是施工单位经常遗漏的项目。根据《建筑防烟排烟系统技术标准》GB 51251—2017 的规定，以下部位需要设置手动开启装置：

（1）常闭排烟口、常闭排烟阀；

（2）高位排烟窗、高位通风窗；

（3）电动排烟窗、气动排烟窗；

（4）电动挡烟垂壁。

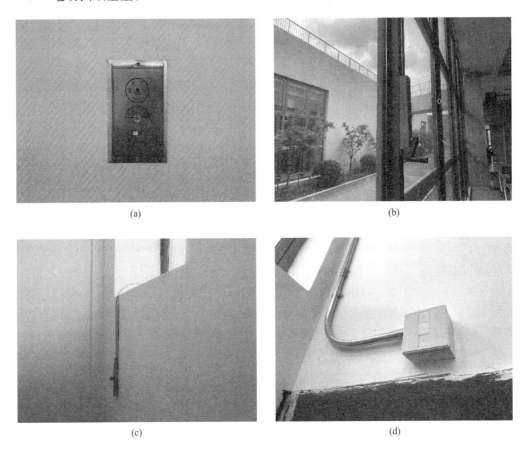

(a)　　　　　　　　　　　　　　(b)

(c)　　　　　　　　　　　　　　(d)

图 19-45 手动开启装置（一）

（a）常闭排烟口、常闭排烟阀；（b）高位排烟窗；（c）、（d）高位通风窗

(e)　　　　　　　　　　　　　(f)

图 19-45　手动开启装置（二）
（e）电动排烟窗；（f）电动挡烟垂壁

手动开启装置是通过操作机械装置，包括电动驱动的机械装置 ［见图 19-45（d）］，实现排烟设备的开启，为便于人员操作和保护装置，手动开启装置应设置在距地 1.3~1.5m 处，并靠近人员疏散口。

电动排烟窗设置手动开启装置的目的是确保火灾时，即使在断电、联动和自动功能失效的状态，仍然能够通过手动开启装置可靠开启排烟窗，以保证排烟效果。当手动开启装置集中设置于一处确实困难时，可分区、分组集中设置，但应确保任意一个防烟分区内的所有自然排烟窗均能统一集中开启。

设计单位除在施工说明中写明需要设置手动开启装置的部位外，还应在平面图上注明手动开启装置的位置和高度，并在施工交底时提醒施工单位，以防施工时遗漏。

19.4.4　关于抗震支吊架的问题

根据《建筑机电工程抗震设计规范》GB 50981—2014 的规定，抗震设防烈度为 6 度及 6 度以上地区的建筑机电工程必须进行抗震设计，其中防排烟风道、事故通风风道及相关设备、大于 180kg 的吊装空调机组和风机应采用抗震支吊架。

根据《建筑工程质量管理条例》第二十八条"施工单位必须按照工程设计图纸和施工技术标准施工，不得擅自修改工程设计，不得偷工减料"的规定。施工图中已明确要求设置抗震支吊架的项目，施工单位应严格按图施工，监督机构应对施工单位按图施工情况进行监督。

设计单位在施工图中应提供抗震设计专篇，明确抗震支吊架的设置范围、做法、节点详图等相关要求，若由抗震支吊架生产厂家深化设计的项目，应交由原设计单位审核确认后方可实施。编标单位不应遗漏抗震支吊架的内容，建设单位应明确抗震支吊架的施工单位。

图 19-46 为排烟风管抗震支吊架。

19.4.5　关于消防补风防火阀的问题

在防排烟系统设计时，消防补风管道上一般设置 70℃ 防火阀，在消防验收时，常有验收人员提出消防补风管道上应设置 280℃ 排烟防火阀，认为若补风管道上设置 70℃ 防火阀，由于火灾场所的高温特点，防火阀有可能提前熔断，而排烟管道内的烟气温度尚未达到 280℃，排烟仍在进行，但此时已无补风措施，影响排烟效果。

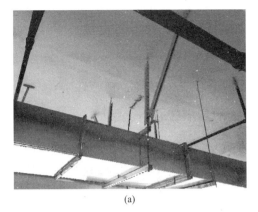
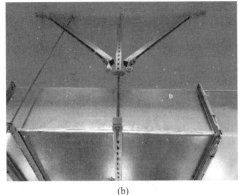

（a） （b）

图 19-46　排烟风管抗震支吊架

（a）横向；（b）纵向

根据《建筑防烟排烟系统技术标准》GB 51251—2017 的规定，消防补风机应设置在专用机房内，补风系统应直接从室外引入空气，补风口应设在储烟仓下沿以下，补风管道的耐火极限不应低于 0.5h。

耐火极限包括耐火完整性和耐火隔热性，不仅补风管道需要满足耐火极限要求，设置在补风管道上的防火阀也应满足耐火极限要求，即防火阀也应采取防火包覆措施，详见本书第 19.3.5 节。发生火灾时，补风管道内为室外新鲜空气，温度不会高于 70℃；补风管道外为火灾场所，由于防火阀满足耐火极限要求，其隔热层背火面温度（30min 内）通常不会超过 70℃。因此，消防补风管道上设置 70℃防火阀即可，无需设置 280℃排烟防火阀。

19.4.6　关于共板法兰的问题

根据《建筑防烟排烟系统设计标准》GB 51251—2017 的规定，排烟风管采用法兰连接时，应采用角钢法兰，螺栓连接，且螺栓孔的间距不得大于 150mm，如图 19-47（a）所示。

共板法兰一般只有四个角采用螺栓，中间采用卡扣固定，如图 19-47（b）所示，排烟时不仅漏风量大，而且风管拼接处受高温容易软化、松动，影响排烟效果。因此，排烟风管不可采用共板法兰连接，而应采用角钢法兰连接。

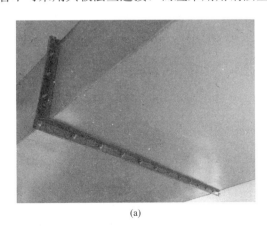
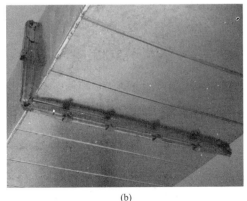

（a） （b）

图 19-47　风管法兰

（a）角钢法兰；（b）共板法兰

暖通设计时，应在施工说明中注明排烟风管的法兰要求，施工单位不得因共板法兰安装方便、价格便宜而擅自改变法兰连接方式，导致验收不通过。

19.4.7 关于玻璃隔墙耐火极限的问题

某学校图书馆按大空间设计，内装采用落地钢化玻璃分隔出若干功能房间，并形成局部通道。消防验收时，验收人员要求拆除玻璃隔墙或采用防火玻璃＋防火门，并应满足耐火极限不小于1.0h，如图19-48所示。

(a)　　　　　　　　　　　　　　　　　　(b)

图19-48　玻璃隔墙
(a) 拆除前；(b) 拆除中

根据《建筑设计防火规范》GB 50016—2014（2018年版）的规定，一、二级耐火等级的建筑，疏散走道两侧隔墙应满足耐火极限不小于1.0h，但对隔墙上的门窗并无具体要求。有些地区规定，窗户设置在1.5m以上，耐火极限不作要求；有些地区规定，隔墙应满足耐火极限要求，对隔墙上开设的门窗不作要求，但门窗面积应控制不大于所处墙面面积的50％；有些地区规定，在大空间内设置玻璃隔墙，当不作为疏散走道使用时，玻璃隔墙无耐火极限要求。

同样，对于教室外走廊，有些地区规定，外走廊属于疏散走道，教室的排烟窗不得开向外走廊，详见本书第5.3节；有些地区规定，外走廊属于疏散走道，两侧的隔墙、门窗均应满足耐火极限要求，即教室需采用防火门和防火窗。

对于此类问题，各地规定不同，实际项目应以当地要求为准。

19.4.8 关于敞开走廊防火分隔的问题

当防火分区交界处位于封闭走道时，应设置防火分隔措施，为不影响平时人员通行以及火灾时人员疏散，通常做法是设置防火卷帘，并在卷帘旁设置甲级防火门，如图19-49（a）所示。

当防火分区交界处位于敞开走廊时，由于敞开走廊的排烟效果好，通常可不设置防火分隔措施，但也有部分地区要求设置防火分隔措施，如图19-49（b）所示。

19.4.9 关于厨房吊顶形式的问题

某学校验收时，市场监督管理局卫生监督处验收人员提出，厨房应采用封闭吊顶，如打菜间，不得采用镂空吊顶，以防吊顶内积灰、落灰，影响校园食品卫生安全，如图 19-50 所示。

（a）　　　　　　　　　　　　（b）

图 19-49　走道防火分隔
（a）内走道；（b）外走廊

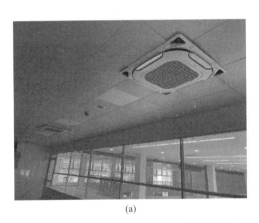

（a）　　　　　　　　　　　　（b）

图 19-50　打菜间吊顶形式
（a）封闭吊顶；（b）镂空吊顶

19.4.10　关于油烟排放在线监测的问题

为加强空气质量管理，切实把保护空气质量落到实处，部分地区生态环境管理部门要求，厨房的排油烟设施需要设置油烟在线监测系统，监测数据与环保管理部门联网。

油烟探测器应设置在油烟排放口，采集净化后的油烟浓度、油烟温湿度、颗粒物和非甲烷总烃浓度，并上传至监控平台，超标时报警。工况传感器采集排油烟风机、油烟净化设备的工作状态，并通过分析运行时间来判断油烟净化设备的洁净度。

19.5　方案效果

19.5.1　关于吊顶的问题

教学楼的机电管线通常布置在教室外走廊的上方，如电气专业的各类桥架、给水排水专业的消火栓管道。内装设计时，应采用吊顶将这些管线隐藏起来，如图 19-51 所示。在实际项目中，由于预算问题，很多教学楼未设置吊顶或中途取消吊顶，严重影响校园美观，如图 19-52 所示。

图 19-51　设置吊顶的外走廊
(a)、(b) 格栅吊顶；(c)、(d) 石膏板吊顶

图 19-52　未设置吊顶的外走廊

餐厅也是机电管线较多的场所，排烟风管、新风管、空调室内机、冷媒管、喷淋、桥架等均布置在餐厅上方。内装设计时，应采用吊顶将这些管线隐藏起来，如图 19-53 所示。同样，由于预算问题，餐厅的吊顶也经常被取消，如图 19-54 所示。

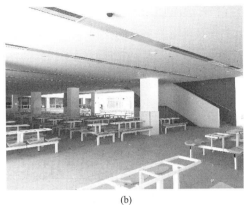

(a)　　　　　　　　　　　　　　　　　　(b)

图 19-53　设置吊顶的餐厅
(a) 格栅吊顶；(b) 石膏板吊顶

图 19-54　未设置吊顶的餐厅

　　普通教室一般不设置吊顶，空调采用柜机或壁挂机，当空调采用嵌入机、风管机或教室设置新风时，室内需要设置吊顶。同样，由于预算问题，教室的吊顶也经常被取消，如图 19-55 所示。

(a)　　　　　　　　　　　　　　　　　　(b)

图 19-55　采用嵌入机的教室
(a) 有吊顶；(b) 无吊顶

我国社会主要矛盾已经转化为人民日益增长的美好生活需要和不平衡不充分的发展之间的矛盾，在中小学校的建设中，除了要满足必要的教学功能外，还应注重提升建筑美观和校园品质。一方面，建议政府适当提高学校建设的概算指标；另一方面，建设单位在预算分配时，应重视建筑美观和校园品质，为师生创造一个良好的学习、生活、休息、活动、交流空间。

19.5.2 关于空调机位遗漏的问题

在中小学校项目中，对于设置中央空调的场所，空调基本都是设计到位、安装到位、验收到位，不存在机位遗漏的问题；对于设置分体空调的场所，由于通常为预留设计，后期由校方自行采购、安装，这种情况下容易遗漏空调机位，如图 19-56 所示。有些项目一直到交付使用时才发现没有考虑空调机位，导致后期安装困难，尤其是有玻璃幕墙的场所，临时增加空调机位也影响建筑美观。因此，暖通设计时要逐一核对每个场所的空调机位，不可遗漏。

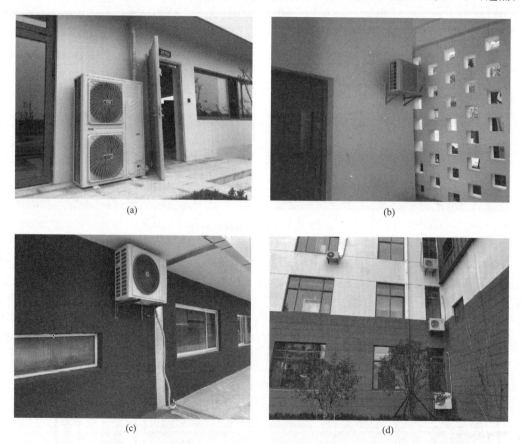

(a)   (b)

(c)   (d)

图 19-56 未考虑空调机位的场所
(a) 消防控制室；(b) 门卫；(c)、(d) 各类空调房间

除教室外，需要考虑空调机位的场所有：

(1) 变电所、开闭所；

(2) 门卫、值班室、传达室；

(3) 消防控制室；

（4）湿式垃圾房；

（5）厨房烹饪间及配套用房；

（6）弱电机房（部分地区，见图 19-76）；

（7）其他使用分体空调的场所。

19.5.3　关于屋顶设备暴露的问题

屋顶上机电设备较多，如空调室外机、各类风机、油烟净化设备、水箱、太阳能板等，还包括各类机房，如排烟机房、加压送风机房、新风机房、空调机房等。在中小学校建筑中，单体一般为多层建筑，高度不超过 24m，如果屋顶上机电设备或机房过于靠近女儿墙，容易暴露在地面人员的视野范围内，影响建筑整体的协调性、美观性，如图 19-57 所示。

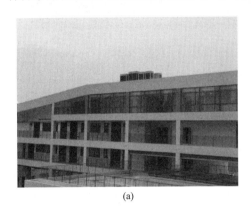

(a)　　　　　　　　　　　　　　　　(b)

图 19-57　屋顶设备暴露

(a) 空调室外机；(b) 消防水箱

方案设计时，应结合建筑高度、设备高度、机房高度、女儿墙高度确定屋顶设备或机房的位置（见图 19-58），有条件时应尽量设置在屋顶内区或采取格栅遮挡、凹槽摆放等措施，如图 19-59 所示。

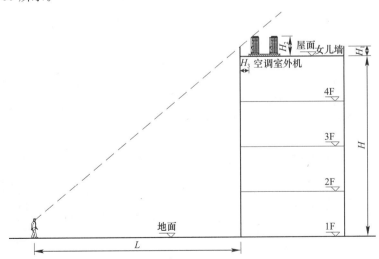

图 19-58　屋顶设备摆放要求

L—人与建筑的距离；H—建筑高度；H_1—女儿墙高度；H_2—机房或设备高度（含基础）；H_3—设备与女儿墙的距离

图 19-59　屋顶设备隐藏处理（凹槽＋格栅）

19.5.4　关于冷凝水立管的问题

空调产生的水来自两部分：空调室内机和空调室外机。室内机在夏季制冷时，空气中的水蒸气冷凝成液态水汇集在冷凝水盘中，并通过冷凝水管有序排放；室外机在冬季制热时，在机位附近也会产生少量的化霜水。通常情况下，分体空调的冷凝水就近排放到空调机位，并通过机位内的地漏排放，如果设计时未考虑冷凝水立管，后期使用时将会造成滴水现象，追加立管还会影响建筑立面的美观。因此，在设计空调机位时，要考虑冷凝水立管，且立管要隐藏设置，如安装在机位内或建筑阴角处。

19.5.5　关于分体空调管线的问题

当房间采用分体空调时，需在室内机附近预留冷媒管洞口和空调插座。当室内机采用壁挂机时，应在高位预留洞口和插座；当室内机采用柜机时，应在低位预留洞口和插座。

暖通设计时，应根据室内机的形式确定洞口和插座的位置，并应尽量靠近室内机和空调机位，否则空调内外机之间的管线会明露在室内，影响装修效果和室内美观，如图 19-60～图 19-62 所示。

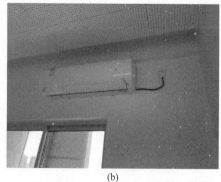

(a)　　　　　　　　　　　　　　　　　　(b)

图 19-60　教室内的壁挂机

（a）插座远离室内机；（b）插座靠近室内机

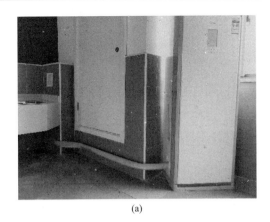
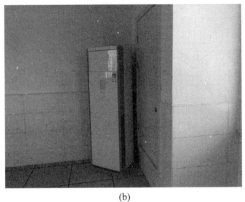

(a)
(b)

图 19-61　教室内的柜机

(a) 冷媒管明露；(b) 冷媒管隐藏

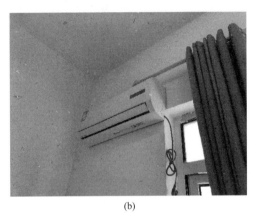

(a)
(b)

图 19-62　宿舍内的壁挂机

（a）冷媒管明露；（b）冷媒管隐藏

19.5.6　关于固定挡烟垂壁材质的问题

挡烟垂壁的形式有固定式和活动式，固定式挡烟垂壁的材质有防火玻璃、无机纤维防火布、镀锌钢板、不锈钢板、防火板、石材等，图 19-63 为汽车库内挡烟垂壁常用材质。

目前，在中小学校项目中，地上挡烟垂壁常用材质为防火玻璃和无机纤维防火布，如图 19-64 所示。防火玻璃的美观性最好，但价格相对较高；无机纤维防火布属于柔性材质，方便机电管线穿越，施工简单、性价比高，但外观相对较丑。

挡烟垂壁材质选用建议：

（1）室内有吊顶时，优先采用防火玻璃；

（2）室内无吊顶时，优先采用无机纤维防火布或无机复合板；

（3）室内为镂空吊顶时，吊顶内优先采用无机纤维防火布或无机复合板；

（4）室内为凹凸型吊顶时，优先采用防火玻璃；

（5）地下车库优先采用无机纤维防火布；

（6）挡烟垂壁高度大于 1.0m 时，应选用轻质材质或采用电动挡烟垂壁；

（7）挡烟垂壁高度影响室内美观或使用净高时，应采用电动挡烟垂壁。

图 19-63　挡烟垂壁常用材质（地下车库）

（a）防火玻璃；（b）镀锌钢板；（c）无机纤维防火布；（d）不锈钢板

图 19-64　挡烟垂壁常用材质（地上房间）

（a）防火玻璃；（b）无机纤维防火布

19.5.7　关于排烟窗手动摇杆安装的问题

高位排烟窗需要设置手动开启装置，当采用机械摇杆式手动开启装置时，摇杆应沿着窗框或窗墙布置，避免摇杆直接悬挂在玻璃上，影响室内美观，如图 19-65 所示。建筑专业在设计排烟窗时，窗框造型、窗户形式、开启方式等应有利于手动装置的隐藏安装。

图 19-65　排烟窗手动摇杆

（a）、（b）隐藏安装；（c）、（d）裸露安装

19.5.8　关于空调室外机格栅遮挡的问题

为保证方案整体效果，需要对屋顶空调室外机进行遮挡处理，常见的做法是在室外机的四周及顶部设置格栅遮挡，如图 19-66 所示。格栅应采用细条形，保证格栅的通透性，通透率不小于 80%，顶部格栅不应阻挡室外机的出风；四周格栅不应阻挡室外机的进风，且四周格栅与室外机间距不小于 600mm，满足人员通行和检修要求。

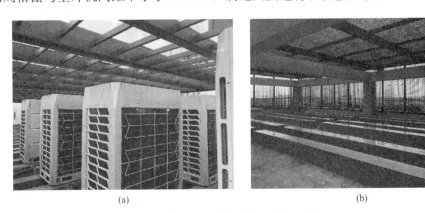

图 19-66　室外机设置格栅遮挡

（a）四周镂空＋顶部格栅；（b）四周格栅＋顶部格栅

19.5.9　关于空调室外机凹槽内摆放的问题

为保证方案整体效果，需要对屋顶空调室外机进行遮挡处理，除了采用简单的格栅遮挡外，在实际项目中，还有以下两种常用方式：（1）女儿墙抬高；（2）局部降板。

这两种方式会在空调室外机摆放区域形成天然的凹槽，如图 19-67 所示。此时，空调室外机的散热条件应格外引起重视。

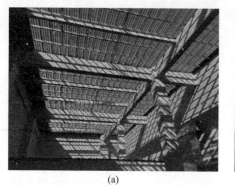

图 19-67　屋顶凹槽
（a）女儿墙抬高；（b）局部降板

图 19-68 为空调室外机布置在凹槽内的几种常见类型，主要分为平屋面和斜屋面两种情况。

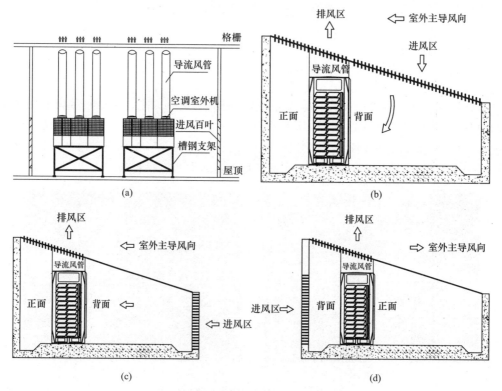

图 19-68　室外机凹槽内摆放示意图
（a）平屋面；（b）、（c）、（d）斜屋面

针对凹槽内摆放的空调室外机,暖通设计要求如下:

(1) 室外机可采用提高混凝土基础、设置槽钢支架、出风口设置导流风管等措施抬高(见图 19-69),使室外机出风口与顶部格栅齐平,排风风速控制在 7～8m/s,保证室外机的出风及时、有效地排出凹槽;

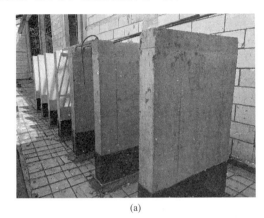

(a)　　　　　　　　　　　　　　　(b)

图 19-69　室外机抬高措施

(a) 基础加高;(b) 增加槽钢

(2) 室外机四周的女儿墙低位处应开设进风百叶(见图 19-70),百叶开口率不小于80%,水平倾斜角度不大于 15°,进风风速控制在 1.5～2.0m/s,保证凹槽内空气流通,可有效防止进、排风气流短路;

(3) 室外机布置时,宜将机组进风侧正对女儿墙进风百叶;

(4) 室外机与女儿墙间距不小于 1m;

(5) 顶部格栅开口率不小于 80%;

(6) 进风口尽量设置在室外主导风向的上风侧。

如果凹槽内设备较多,单层无法摆放时,可在局部设置架空梁,将需要散热的空调室外机架空摆放,如图 19-71 所示。需要注意的是,当屋面有排烟风机、排油烟设备时,应将排烟风机的出风口、油烟设备的排放口抬高,与室外机出风口齐平,高空排放,以防排放口对室外机造成影响,做法详见本书第 12.1.2 节图 12-2。在未采取任何措施时,室外机不可直接摆放在凹槽内,否则会影响空调效果,甚至引起校方投诉。

图 19-70　女儿墙设置进风百叶　　　　　图 19-71　室外机架空摆放

【案例一】某项目空调室外机摆放在屋顶，四周女儿墙较高，约7m，形成凹槽，顶部设置格栅遮挡，如图19-72所示。夏季使用时，室外机经常高温报警，停机保护；冬季使用时，室外机结霜严重，室内温度偏低。后经整改，在室外机出风口增加导流风管，并将风管接至凹槽顶部格栅，及时将室外机的出风排出凹槽，空调效果得以改善。

(a)　　　　　　　　　　　　　　(b)

图19-72　室外机凹槽内摆放（案例一）

(a) 未采取措施；(b) 增加导流风管

【案例二】某项目空调室外机摆放在屋顶，局部降板，约2m，形成凹槽，顶部设置格栅遮挡，如图19-73所示。空调使用时，效果不佳，夏季出现高温报警现象。后经整改，在降板区靠外墙侧增设进风百叶，保证顶部排风、侧面进风，空调效果得以改善。

(a)　　　　　　　　　　　　　　(b)

图19-73　室外机凹槽内摆放（案例二）

(a) 室外机；(b) 顶部格栅

【案例三】某项目空调室外机摆放在屋顶，女儿墙高度约2.5m，未设置进风百叶，如图19-74所示。由于室外机与女儿墙间距较大，可利用四周顶部空间进风，进、排风气流不短路，空调散热不受影响，实际使用中空调效果正常。

在中小学校项目中，除了屋顶集中摆放的大型空调外，还存在很多分散设置的小型分体空调，这些空调虽然容量不大，但也应保证良好的散热效果，不可过度遮挡或隐藏，否则也会影响空调效果和能效，甚至引起校方投诉。

图 19-74　室外机凹槽内摆放（案例三）

如图 19-75（a）所示，空调室外机设置在走道格栅吊顶内，室外机四周为结构梁，热气聚集在顶板，无法排出，影响空调效果；如图 19-75（b）所示，空调室外机设置在楼梯下方的空腔内，百叶面积较小，室外机无法进风，进、排风气流短路，且百叶形状不规则，阻挡室外机部分排风，空调效果不佳。

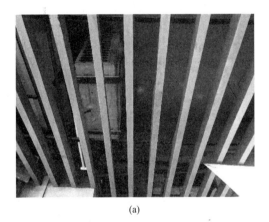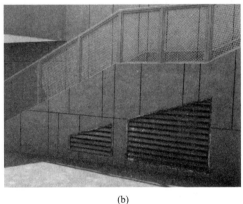

(a)　　　　　　　　　　　　　　　(b)

图 19-75　室外机隐藏设置
（a）格栅吊顶内；（b）楼梯空腔内

19.6　校方使用

19.6.1　关于空调场所的问题

设置空调的场所不仅与学校建设的档次有关，也与学校建设的预算息息相关。项目设计前，暖通专业应结合校方使用要求，并与建设单位就空调场所逐一确认，包括哪些场所的空调由建设单位安装到位，哪些场所的空调后期由校方自行采购安装。

在中小学校项目中，需要确认的空调场所有：

（1）公共区域，如大堂、门厅、走道、电梯厅、卫生间等；

（2）学生餐厅、教师餐厅；

（3）厨房烹饪间及配套用房；

（4）学生宿舍、教师宿舍；

图 19-76　弱电机房内的空调

（5）风雨操场（兼作其他功能时）；

（6）变配电间、弱电机房，如图 19-76 所示。

对于一些因预算超标暂时无法在学校建设阶段安装空调的场所，暖通专业应进行预留设计，包括空调机位、空调电量、空调基础、空调排水等，确保后期具备增加空调的条件。

19.6.2　关于空调形式的问题

空调的形式多种多样，不同的空调形式其造价和设计要求也不相同，中小学校项目中常用的空调形式有分体空调、多联机、屋顶空调、风冷热泵等。另外，相同形式的空调，其室内机形式也多种多样，如分体空调室内机有壁挂机、柜机、吊顶机等；多联机室内机有四面出风、两面出风、风管机等。项目设计前，暖通专业应结合校方使用要求，并与建设单位就空调形式逐一确认。学校常用空调形式详见本书第 4.1 节表 4-1。

19.6.3　关于教室空调室内机的问题

通常情况下，教室采用分体空调，室内机采用柜机。在实际项目中，有些校方要求采用壁挂机，认为壁挂机在高位，相对安全；有些校方要求采用吊顶机，认为吊顶机气流均匀，甚至要求采用两面出风型吊顶机。项目设计前，暖通专业应与校方确认好室内机形式，并根据室内机形式确定空调插座的位置、冷媒管预留洞的高度。

教室的分体空调（壁挂机或柜机）一般在项目交付后由校方自行采购安装，与前期施工没有交集。当教室内设置吊顶且空调采用吊顶机时，就存在吊顶施工时间与空调安装时间协调的问题。一方面，建议校方提前安排空调招标采购，待空调安装完毕后，再由内装单位完成吊顶安装；另一方面，若此类教室数量不多，如部分实验室，也可在前期编标中将这部分空调纳入工程建设预算中。关于教室空调设计详见本书第 5.2 节。

19.6.4　关于化学实验室的问题

项目设计前，设计单位应与校方确认好化学实验室的位置、数量以及桌面排风的方式。通常情况下，化学实验室设置在首层，桌面排风采用下部排风方式，风机设置在屋顶。

在实际项目中，有些校方要求增加 1 间或 2 间采用上部排风方式的化学实验室，此时排风管需要设置在吊顶内；有些校方要求部分化学实验室设置在非首层，此时化学实验室需要降板，用于安装桌面排风管、水电等机电管线。关于化学实验室的设计详见本书第 6.2 节。

19.6.5　关于舞台空调效果的问题

舞台属于高大空间场所，冬季常因烟囱效应，空调热风无法送达至人员活动区，导致舞台温度偏低，达不到设计要求，这也是中小学校项目中经常出现的问题。

暖通设计时，可采取以下措施提高舞台设计温度：

（1）采用侧送下回的气流组织形式，回风口设置在舞台两侧低位处；

（2）降低送风口高度，提高送风口风速，增大送风口风量；

（3）舞台上方的排烟口采用常闭型，防止舞台热空气在烟囱效应的作用下，经过常开风口逸出室外；

（4）有条件时，在舞台地面四周设置防踩踏型地板送风口；

（5）有条件时，在舞台地面铺设发热电缆，辅助空调制热。

另外，观众厅首排座椅与舞台台唇之间的区域，其上方的空调送风口不可缺少，否则不仅影响前排人员的热舒适度，也不利于舞台温度的控制。

19.6.6　关于风雨操场闷热的问题

对于未设置空调系统的风雨操场，校方在使用时常反映室内闷热、潮湿，尤其是在梅雨季节，感受更加明显。其根本原因是室内通风不良，导致空气长时间停滞、不流通，室内余热、余湿无法排出。

自然通风是改善建筑热环境、节约空调能耗最为简单、经济、有效的技术措施。风雨操场应优先设置自然通风，在高位设置电动通风窗，同时在低位不同方向设置自然进风窗或进风口（见图 19-77），利用烟囱效应让室内空气形成对流，改善室内空气品质。当自然通风无法满足要求时，应设置机械通风，换气次数不小于 $3h^{-1}$。

图 19-77　风雨操场两侧低位通风窗

电动通风窗与电动排烟窗可合并设置也可分别设置，有条件时，建议分开设置；当两者合并设置时，由于电动通风窗平时需要经常开启、关闭，电气专业应采取措施避免火灾误识别、误报警或单独设置日常通风开关，并配置风雨传感器。

19.6.7　关于空调室外机安全防护的问题

空调室外机设置在地面时，尤其是有人员经过的区域，应设置安全防护措施，以防发生安全事故，如图 19-78 所示。同时，设置安全防护措施也有利于室外机的遮挡和美观。

19.6.8　关于多联机集中控制的问题

在中小学校建筑中，图书馆、餐厅通常采用多联机，室内机台数较多，墙面上的控制面板也较多，如图 19-79 所示。平时使用空调时，需要同时开启或同时关闭，过多的控制面板会导致人员操作上的繁琐和不便。

图 19-78　室外机设置防护罩

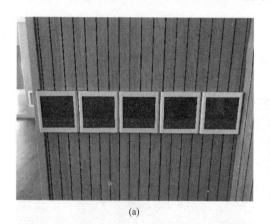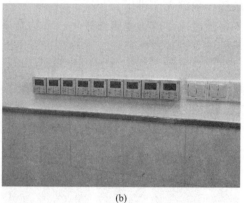

(a)　　　　　　　　　　　　　　　(b)

图 19-79　室内机控制面板

(a) 图书馆；(b) 餐厅

　　为保证末端可独立控制，多联机空调出厂时，标配为一台室内机配置一块控制面板，若校方需要统一控制空调，可采用集中控制面板（见表 19-6）。项目设计前，暖通专业应与校方确认，并在材料表中注明集中控制面板要求，编标单位也应将集中控制面板写进招标文件或采购清单中。

多联机系统常用控制器　　　　　　　　　　表 19-6

类型	图片	特点	优势
遥控器		一对一 适用于所有室内机	传统遥控器，使用电池供电，随意取用，灵活方便
线控器		一对一 固定控制某台室内机	固定在墙上，不会丢失；由室内机供电，不用电池，安心省事
集控器		可对最多 64 台室内机进行集中控制	全触摸屏控制，操作体验佳；可实现室内机群组管理、周定时等强大功能

19.6.9　关于空调辅助电加热的问题

考虑到学校建设资金限额的问题以及政府采购空调的规定，中小学校项目的空调基本为国产品牌。根据市场调研，合资品牌的空调都无辅助电加热功能，国产品牌的空调都带辅助电加热功能，辅助电加热可以保证冬季极端温度下的空调效果，但电气容量需要增加。

项目设计前，暖通专业应与校方确认空调室内机是否考虑辅助电加热。建议分体空调全部考虑辅助电加热；严寒及寒冷地区冬季使用多联机时，室内机应考虑辅助电加热；夏热冬冷地区冬季使用多联机时，室内机可考虑辅助电加热；其他地区空调室内机无需考虑辅助电加热。

19.6.10　关于设备控制方便的问题

暖通系统中的大多数设备通常安装在屋顶或设备机房内，有些屋顶或设备机房仅预留上人孔，如果设备的控制装置（控制箱、启停按钮、操作面板等）也安装在屋顶或设备机房内，会导致操作人员使用上的不便。因此，需要将控制装置安装在使用房间内或附近方便操作的位置，如图 19-80 所示。

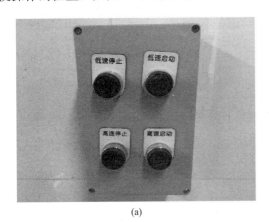
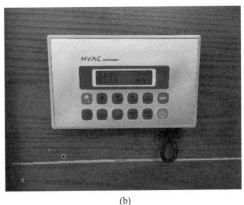

(a) (b)

图 19-80　安装在室内的控制装置
(a) 厨房通风机；(b) 图书馆屋顶空调

在中小学校项目中，需要将控制装置安装在使用场所的暖通设备有：
（1）化学实验室的局部排风机；
（2）报告厅、风雨操场、图书馆的屋顶空调；
（3）游泳馆的恒温恒湿空调机组；
（4）厨房的排油烟风机、平时通风机、事故通风机；
（5）新风机组；
（6）其他安装在屋顶的通风、空调设备。

19.6.11　关于室内吊顶滴水的问题

校方在使用空调时，吊顶有时会出现滴水现象，常见原因有：

（1）空调水管、冷凝水管保温层破损，水管表面结露滴水；

（2）空调风管未设置保温层，风管表面结露滴水；

（3）冷凝水管未设置坡度或坡度不够，冷凝水溢出；

（4）室内机无冷凝水提升泵或提升泵出现故障，冷凝水溢出；

（5）水管、阀门、室内机连接不严密，管道漏水。

另外，风口结露也会导致吊顶滴水，如图19-81所示。导致风口结露的原因有：室内湿度较大、露点温度较高，尤其是梅雨季节；空调设备冷量大、风量小；风口材质的导热系数大；外门频繁开启，增加室内湿度；风口距墙太近，如图19-82所示。

图 19-81　风口结露

图 19-82　风口距墙太近

19.6.12　关于空调效果不佳的问题

校方在使用空调时，有时会反映空调没有效果，常见原因有：

（1）房间冷、热负荷较大，空调设备选型偏小；

（2）空调凹槽内摆放，无进风措施，进、排风气流短路；

（3）空调过度遮挡，散热条件差，热量无法排出；

（4）空调气流组织不合理，部分区域无法对流换热；

（5）室内为高大空间，形成烟囱效应，热气流无法送达；

（6）风口形式不合理，送风射程不满足要求；

（7）主要出入口没有设置门斗或空气幕，冷风渗透量大；

（8）玻璃幕墙、天窗面积较大，没有考虑遮阳措施；

（9）严寒及寒冷地区采用空气源热泵，制热效率低，无辅助加热措施；

（10）空调室内外机相距较远，冷媒管较长，空调衰减严重；

（11）围护结构保温隔热性能差，热工参数不达标。

（12）空调产品或施工质量方面的原因。

暖通设计时，可根据以上原因优化空调设计，保证空调效果。

19.6.13　关于供暖效果不佳的问题

学校采用集中供暖时，末端散热器不热或室内达不到设计温度，常见原因有：

（1）室内热负荷大，散热器选型偏小；

（2）供暖系统形式不合理，如采用上供上回系统；

（3）采用单管系统时，上游散热器较多，下游水温偏低；

（4）管道、散热器内充满空气；

（5）管道、散热器、温控阀堵塞；

（6）水力失调，各环路流量相差较大；

（7）散热器过度遮挡，周围空气无法形成对流；

（8）散热器未靠外墙窗台布置，外区负荷无法消除；

（9）其他原因。

暖通设计时，应根据建筑类型选择最有利的供暖形式；负荷计算时，应考虑屋顶、天窗、玻璃幕墙、冷风渗透等增加的热负荷；散热器合理布置，优先采用同程系统，充分利用管道设计保证水力平衡；最高位设置排气阀，最低位设置泄水阀。

施工单位应对供暖系统进行逐栋、逐层、逐回路、逐末端调试，保证系统不漏水、不堵塞、不堵气，供回水温度、管道流量满足设计要求。

19.6.14　关于室内噪声偏大的问题

在中小学校项目中，最容易出现室内噪声偏大的场所是采用全空气系统的报告厅。一方面，报告厅属于高大空间，其所用的空调机组尺寸大、风量大、噪声大；另一方面，报告厅对声环境要求较高，室内噪声应控制在 40～45dB。因此，无论是设计单位还是施工单位，稍有不慎就会导致室内噪声超标。

在实际项目中，造成报告厅室内噪声偏大的常见原因有：

（1）单台空调机组选型过大，机组噪声过大；

（2）空调风管、空调风口设计风速过大；

（3）空调机房贴邻观众厅布置，且未采取隔声措施；

（4）空调回风口直接设置在空调机房隔墙上，如图 19-83 所示；

（5）空调机组直接安装在吊顶内；

（6）空调机组未设置软接、减振措施。

暖通设计时，应重视报告厅的噪声控制，合理布置空调机房；选用噪声低的空调机组，单台机组噪声不宜大于 70dB；系统风量较大时，可划分成多台小风量机组布置；机房做好隔声、消声、减振措施，如图 19-84 所示；采用消声风管；可在送、回风管上设置双重消声器。

图 19-83　回风口设置在机房隔墙上

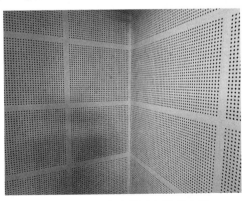

图 19-84　机房内设置穿孔吸声板

附录　学校建设分档标准

项目类别	总投资概算指标（元/m²）	建安费概算指标（元/m²）	工程名称	单项概算指标（元/m²）	工程内容描述
小学/初中（地上）	5150	4155	桩基工程	140～230	静压预制管桩、方桩、钻孔灌注桩等，根据项目地质情况确定
			土建工程	1600～1850	土方工程，钢筋混凝土楼地面、屋面、内外墙及顶棚；铝合金门窗、防火门等
			内装工程	600～900	彩色水磨石地面、地砖、木地板、防静电地板；顶棚石膏板、矿棉板吊顶；墙面刷乳胶漆、轻钢龙骨隔墙；卫生间隔砖装饰、灯具、洁具等
			外装工程	100～200	外墙弹性涂料、真石漆、面砖、格栅、雨篷；局部玻璃幕墙、石材幕墙、铝板幕墙等
			水电安装工程	160～230	电气系统、给水排水系统；强电，弱电箱体预埋
			消防工程	90～220	消火栓、火灾报警、喷淋、烟感等系统
			智能化工程	160～215	监控安防、出入口停车场管理系统、广播、网络、电视电话、会议系统、变频水系统、风系统、能耗分项计量系统等
			室外配套工程	500～800	景观（含海绵设施）、绿化、道路、运动场地、停车位、室外综合管线、永久围墙、照明等
高中（地上）	5380	4340	桩基工程	140～230	静压预制管桩、方桩、钻孔灌注桩等，根据项目地质情况确定
			土建工程	1600～1850	土方工程，钢筋混凝土楼地面、屋面、内外墙及顶棚；铝合金门窗、防火门等
			内装工程	600～900	彩色水磨石地面、地砖、木地板、防静电地板；顶棚石膏板、矿棉板吊顶；墙面刷乳胶漆、轻钢龙骨隔墙；卫生间隔断瓷砖装饰、灯具、洁具等
			外装工程	100～200	外墙面砖、弹性涂料、真石漆、格栅、雨篷，局部玻璃幕墙、石材幕墙、铝板幕墙等
			水电安装工程	160～230	电气系统、给水排水系统；强电，弱电箱体预埋
			消防工程	90～220	消火栓、火灾报警、喷淋、烟感等系统
			智能化工程	160～215	监控安防、出入口停车场管理系统、广播、网络、电视电话、会议系统、变频水系统、风系统、能耗分项计量系统等
			室外配套工程	500～800	景观（含海绵设施）、绿化、道路、运动场地、停车位、室外综合管线、永久围墙、照明等

项目类别	总投资概算指标 （元/m²）	建安费概算指标 （元/m²）	工程名称	单项概算指标 （元/m²）	工程内容描述
人防地下室 （5～5.5m）	7600	5950	基坑维护	350～1500	需根据场地地质情况、基坑周围建筑物、支护类型、基坑深度等实际分析，按照基坑面积测算
			土建	4200～4600	土方工程、钢筋混凝土楼地面、内墙面及顶棚粉刷、涂料、环氧地坪等地下室内装工程
			水电 消防 通风	480～580	室内土建部分给水排水、强电，弱电箱体预埋，含装修部分安装，二氧化碳浓度监控系统、一氧化碳浓度监控系统；消火栓系统、喷淋系统、火灾报警系统、消防给水泵、消防稳压设备、消防喷淋系统、泵房通风系统等
			大型土石方	100～300	土方开挖、外运、回填
普通地下室 （5～5.5m）	6200	4850	基坑维护	350～1500	需根据场地地质情况、基坑周围建筑物、支护类型、基坑深度等实际分析，按照基坑面积测算
			土建	3200～3500	土方工程、钢筋混凝土楼地面、内墙面及顶棚粉刷、涂料、环氧地坪等地下室内装工程
			水电 消防 通风	480～580	室内土建部分给水排水、强电，弱电箱体预埋，含装修部分安装，二氧化碳浓度监控系统、一氧化碳浓度监控系统；消火栓系统、喷淋系统、火灾报警系统、消防给水泵、消防稳压设备、消防喷淋系统、泵房通风系统等
			大型土石方	100～300	土方开挖、外运、回填

注：本表内单项指标、建安费指标根据学校类项目概算、标底案例数据及《苏州市学校类建设项目概算参考指标》分析得出。概算指标计算口径亦参考苏州指标，并在苏州指标的基础上增加设备购置费，即在建安费的基础上考虑工程建设其他费（含设计、监理、代理等，按照建安费的11%）、设备购置费（含办公与教学设备设施、家具器材等，按照建安费的11%）、预备费（按照项目总投资的5%）计算得出。本指标未考虑应用装配式建筑技术另增加的费用，若项目需应用装配式建筑技术，增加费用另行计算。

参 考 文 献

[1] 北京市建筑设计研究院. 中小学校设计规范. GB 50099—2011 [S]. 北京：中国建筑工业出版社，2011.

[2] 哈尔滨医科大学. 中小学校教室换气卫生要求. GB/T 17226—2017 [S]. 北京：中国标准出版社，2017.

[3] 中国建筑标准设计研究院. 中小学校体育设施技术规程. JGJ/T 280—2012 [S]. 北京：中国建筑工业出版社，2012.

[4] 中华人民共和国教育部. 中小学理科实验室装备规范. JY/T 0385—2006 [S]. 2006.

[5] 哈尔滨医科大学. 中小学校采暖教室微小气候卫生要求. GB/T 17225—2017 [S]. 北京：中国标准出版社，2017.

[6] 教育部教学仪器研究所. 学校安全与健康设计通用规范. GB 30533—2014 [S]. 北京：中国标准出版社，2014.

[7] 中国建筑标准设计研究院有限公司. 宿舍建筑设计规范. JGJ 36—2016 [S]. 北京：中国建筑工业出版社，2017.

[8] 中国建筑西北设计研究院有限公司. 图书馆建筑设计规范. JGJ 38—2015 [S]. 北京：中国建筑工业出版社，2015.

[9] 中国建筑西南设计研究院有限公司. 剧场建筑设计规范. JGJ 57—2016 [S]. 北京：中国建筑工业出版社，2017.

[10] 中广电广播电影电视设计研究院. 电影院建筑设计规范. JGJ 58—2008 [S]. 北京：中国建筑工业出版社，2008.

[11] 浙江省建筑设计研究院. 办公建筑设计标准. JGJ/T 67—2019 [S]. 北京：中国建筑工业出版社，2020.

[12] 中国建筑东北设计研究院有限公司. 饮食建筑设计标准. JGJ 64—2017 [S]. 北京：中国建筑工业出版社，2018.

[13] 北京建筑大学. 车库建筑设计规范. JGJ 100—2015 [S]. 北京：中国建筑工业出版社，2015.

[14] 河北省地震工程研究中心. 防灾避难场所设计规范. GB 51143—2015 [S]. 北京：中国建筑工业出版社，2016.

[15] 国家体育总局游泳运动管理中心. 体育场所开放条件与技术要求 第1部分：游泳场所. GB 19079.1—2013 [S]. 北京：中国标准出版社，2014.

[16] 中国建筑设计院有限公司. 游泳池给水排水工程技术规程. CJJ 122—2017 [S]. 北京：中国建筑工业出版社，2017.

[17] 易达科技（深圳）有限公司. 游泳池除湿热回收热泵. CJ/T 528—2018 [S]. 北京：中国标准出版社，2018.

[18] 中国电力企业联合会. 电动汽车分散充电设施工程技术标准. GB/T 51313—2018 [S]. 北京：中国计划出版社，2019.

[19] 中国电子技术标准化研究院. 电动自行车安全技术规范. GB 17761—2018 [S]. 北京：中国标准出版社，2018.

[20] 公安部四川消防研究所. 建筑设计防火规范. GB 50016—2014（2018年版）[S]. 北京：中国计划出版社，2018.

[21] 公安部四川消防研究所. 建筑防烟排烟系统技术标准. GB 51251—2017 [S]. 北京：中国计划出版社，2018.

［22］ 中国建筑科学研究院. 建筑内部装修设计防火规范. GB 50222—2017［S］. 北京：中国计划出版社，2018.

［23］ 公安部天津消防研究所. 挡烟垂壁. XF 533—2012［S］. 北京：中国标准出版社，2012.

［24］ 上海市公安消防总队. 汽车库、修车库、停车场设计防火规范. GB 50067—2014［S］. 北京：中国计划出版社，2015.

［25］ NFPA. Standard for Smoke Control Systems. NFPA 92—2018［S］，2018.

［26］ 公安部四川消防研究所. 建筑材料及制品燃烧性能分级. GB 8624—2012［S］. 北京：中国标准出版社，2013.

［27］ 公安部天津消防研究所. 通风管道耐火试验方法. GB/T 17428—2009［S］. 北京：中国标准出版社，2010.

［28］ 公安部天津消防研究所. 气体灭火系统设计规范. GB 50370—2005［S］. 北京：中国标准出版社，2005.

［29］ 中船第九设计研究院工程有限公司. 气体消防设施选型配置设计规程. CECS 292—2011［S］. 北京：中国计划出版社，2011.

［30］ 公安部天津消防研究所. 自动喷水灭火系统设计规范. GB 50084—2017［S］. 北京：中国计划出版社，2017.

［31］ 中国建筑科学研究院. 民用建筑供暖通风与空气调节设计规范. GB 50736—2012［S］. 北京：中国建筑工业出版社，2012.

［32］ 中国建筑标准设计研究院有限公司. 民用建筑设计统一标准. GB 50352—2019［S］. 北京：中国建筑工业出版社，2019.

［33］ 中国建筑科学研究院. 公共建筑节能设计标准. GB 50189—2015［S］. 北京：中国建筑工业出版社，2015.

［34］ 中国建筑设计院有限公司. 建筑机电工程抗震设计规范. GB 50981—2014［S］. 北京：中国建筑工业出版社，2017.

［35］ 中国安装协会. 通风管道技术规程. JGJ/T 141—2017［S］. 北京：中国建筑工业出版社，2017.

［36］ 中国建筑科学研究院. 多联机空调系统工程技术规程. JGJ/T 174—2010［S］. 北京：中国建筑工业出版社，2010.

［37］ 中国市政工程华北设计研究院. 城镇燃气设计规范（2020版）. GB 50028—2006［S］. 北京：中国建筑工业出版社，2006.

［38］ 中国联合工程有限公司. 锅炉房设计标准. GB 50041—2020［S］. 北京：中国计划工业出版社，2020.

［39］ 中国建筑科学研究院. 通风与空调工程施工规范. GB 50738—2011［S］. 北京：中国建筑工业出版社，2012.

［40］ 上海市安装工程集团有限公司. 通风与空调工程施工质量验收规范. GB/T 50243—2016［S］. 北京：中国计划出版社，2017.

［41］ 沈阳市城乡建设委员会. 建筑给水排水及采暖工程施工质量验收规范. GB 50242—2002［S］. 北京：中国标准出版社，2004.

［42］ 城市建设研究院. 城镇供热直埋热水管道技术规程. CJJ/T 81—2013［S］. 北京：中国建筑工业出版社，2014.

［43］ 中国市政工程华北设计研究院. 城镇供热直埋蒸汽管道技术规程. CJJ/T 104—2014［S］. 北京：中国建筑工业出版社，2014.

［44］ 同济大学建筑设计研究院. 民用建筑设计术语标准. GB/T 50504—2009［S］. 北京：中国计划出版社，2009.

［45］ 亚太建设科技信息研究院有限公司. 供暖通风与空气调节术语标准. GB/T 50155—2015 ［S］. 北京：中国建筑工业出版社，2015.

［46］ 哈尔滨工业大学. 供热术语标准. CJJ/T 55—2011 ［S］. 北京：中国建筑工业出版社，2012.

［47］ 中国城市科学研究会. 绿色校园评价标准. GB/T 51356—2019 ［S］. 北京：中国建筑工业出版社，2019.

［48］ 中国建筑科学研究院. 民用建筑绿色设计规范. JGJ/T 229—2010 ［S］. 北京：中国建筑工业出版社，2011.

［49］ 江苏省住房和城乡建设厅科技发展中心. 江苏省绿色建筑设计标准. DGJ32/J 173—2014 ［S］. 南京：江苏凤凰科学技术出版社，2014.

［50］ 中国标准化研究院. 房间空气调节器能效限定值及能效等级. GB 21455—2019 ［S］. 北京：中国标准出版社，2020.

［51］ 中国标准化研究院. 通风机能效限定值及能效等级. GB 19761—2020 ［S］. 北京：中国标准出版社，2020.

［52］ 中国标准化研究院. 清水离心泵能效限定值及节能评价值. GB 19762—2007 ［S］. 北京：中国标准出版社，2008.

［53］ 中国建筑科学研究院. 供热计量技术规程. JGJ 173—2009 ［S］. 北京：中国建筑工业出版社，2009.

［54］ 中国城市建设研究院有限公司. 热量表. GB/T 32224—2020 ［S］. 北京：中国标准出版社，2020.

［55］ 中国建筑科学研究院. 民用建筑隔声设计规范. GB 50118—2010 ［S］. 北京：中国建筑工业出版社，2011.

［56］ 河南省建筑科学研究院有限公司. 民用建筑工程室内环境污染控制标准. GB 50325—2020 ［S］. 北京：中国计划出版社，2020.

［57］ 上海市建筑科学研究院（集团）有限公司. 公共建筑室内空气质量控制设计标准. JGJ/T 461—2019 ［S］. 北京：中国建筑工业出版社，2019.

［58］ 上海市环境科学研究院. 饮食业环境保护技术规范. HJ 554—2010 ［S］. 北京：中国环境科学出版社，2010.

［59］ 国家环境保护总局. 饮食业油烟排放标准. GB 18483—2001 ［S］. 北京：中国标准出版社，2004.

［60］ 中石化广州工程有限公司. 石油化工可燃气体和有毒气体检测报警设计标准. GB/T 50493—2019 ［S］. 北京：中国计划出版社，2019.

［61］ 北京市建筑设计研究院. 《中小学校设计规范》图示. 11J934－1 ［S］. 北京：中国计划出版社，2011.

［62］ 北京市建筑设计研究院. 中小学校场地与用房. 11J934－2 ［S］. 北京：中国计划出版社，2011.

［63］ 北京市建筑设计研究院. 中小学校建筑设计常用构造做法. 16J934－3 ［S］. 北京：中国计划出版社，2016.

［64］ 北京市市政工程设计研究总院. 防水套管. 02S404 ［S］. 北京：中国计划出版社，2002.

［65］ 中机国际工程设计研究院有限责任公司. 管道穿墙、屋面防水套管. 18R409 ［S］. 北京：中国计划出版社，2018.

［66］ 中国航空规划建设发展有限公司. 金属管道补偿设计与选用. 14K206 ［S］. 北京：中国计划出版社，2014.

［67］ 中国建筑设计院有限公司. 散热器选用与管道安装. 17K408 ［S］. 北京：中国计划出版社，2017.

［68］ 北京市热力工程设计有限责任公司. 热水管道直埋敷设. 17R410 ［S］. 北京：中国计划出版社，

2017.

[69] 中国市政工程华北设计研究总院. 热力工程. 12YN6［S］. 北京：中国建材工业出版社，2012.

[70] 住房和城乡建设部工程质量安全监管司. 全国民用建筑工程设计技术措施 暖通空调·动力 (2009 年版)［M］. 北京：中国计划出版社，2009.

[71] 美的公司. 空调产品样本［Z］.

[72] 麦克维尔公司. 空调产品样本［Z］.

[73] 深圳普派克公司. 空调产品样本［Z］.

[74] 苏州创建空调公司. 风口产品样本［Z］.

[75] 苏州拉米尼特公司产品. 防火材料产品样本［Z］.

[76] 欧文斯科宁公司. 防火材料产品样本［Z］.